东莞运河志

DONGGUAN YUNHE ZHI

《东莞运河志》编纂委员会 ◎ 编

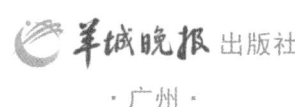
羊城晚报出版社
·广州·

图书在版编目（CIP）数据

东莞运河志/《东莞运河志》编纂委员会编． —广州：羊城晚报出版社，2024.12

ISBN 978-7-5543-1316-9

Ⅰ．①东…Ⅱ．①东…Ⅲ．①运河—水利史—东莞 Ⅳ．①TV882.865.3

中国国家版本馆CIP数据核字（2024）第100057号

东莞运河志
DONGGUAN YUNHE ZHI

责任编辑	潘子扬
责任技编	张广生
装帧设计	浪池文化 读的
出版发行	羊城晚报出版社
	（广州市天河区黄埔大道中309号羊城创意产业园3-13B 邮编：510665）
	发行部电话：（020）87133053
出 版 人	陶 勇
经 销	广东新华发行集团股份有限公司
印 刷	东莞市比比印刷有限公司
规 格	787毫米×1092毫米 1/16 印张 22.75 字数 450千
版 次	2024年12月第1版 2024年12月第1次印刷
书 号	ISBN 978-7-5543-1316-9
定 价	226.80元

版权所有 违者必究（如发现因印装质量问题而影响阅读，请与印刷厂联系调换）

《东莞运河志》编纂委员会

主　任　陶　谨
副主任　刘毅聪　莫雪峰　王建龙
委　员　肖清忠　朱志光　谭淦标　李集坚　祖秉衡
顾　问　袁满洪　罗进生　叶赖成　卢李波　王国强
　　　　　刘应芳

《东莞运河志》编辑部

主　编　王建龙
副主编　姚婉娥　庞昌盛　刘君彪　郑铁钢　王杰良
　　　　　尹　松　黎畅然　赵伟良
总　纂　刘　丹（特约）　周功成　王巧凤
编　辑　黄观平　黄贤菲　谭佩君　黄雪婷　陈　云
　　　　　王日新　钟梓杰　余　舟　朱桂冬　翟玉蝉
　　　　　李健龙　袁艳菲　张淦浇　林文芳　莫平稳
　　　　　黄育和　江　敏　邝泽钜　陈　花　黄肖金
　　　　　范缘岸　吴思慧　梁国安　周达杰　黄文灏
　　　　　彭隽枫　林晓文　黄佩斯

《东莞运河志》审查单位和审查人员

审查单位　东莞市人民政府地方志办公室
审查人员　刘念宇　李俊玉　王学林

序

　　东莞，乃南粤名城，亦是岭南古邑。在这片灵秀之地，东莞运河恰似一条灵动丝带，纵贯古今。它承载着东莞人民的勤劳与智慧，传承着悠久的莞邑文化，凝聚着岁月长河里无数人的情感牵念与情怀记忆，更见证着这座城市的沧桑巨变与蓬勃发展。

　　水，乃地之脉络、城之福祉。东莞运河，于1957至1970年称东莞运河；1970年，东江引水工程兴建，初改称东江引水运河，后统称东引运河，偶称东引河。其始凿于1957年，扩延于1966年，全通于1970年，上临东江、起自东江左岸东莞市桥头镇建塘口，下至茅洲河、终于茅洲河右岸东莞市长安镇独墩水闸。且重合千年莞邑护城河的部分古河道，沟通东江、石马河、茅洲河等水系及狮子洋，通江达海，全长百余公里。它是东莞市水利建设史上人工开凿规模最为宏大、最为壮丽的水利工程，是敢为人先的东莞人民开创的水利壮举，是东莞治水智慧与勇气的结晶。运河初期，有效化解寒溪河流域的洪涝恶患，对保障下游灌溉、排涝、引淡拒咸以及城镇供水发挥了巨大效益。其后，又担当起全市纳废排污的主要通道，为保护东江水质与供水安全，在支撑东莞经济社会快速发展的过程中做出了巨大牺牲与贡献。新时代以来，运河华丽蝶变，重焕新活力，再现绿波荡漾、鱼鸟嬉戏的生态美景，满足了人民群众对美好生活的安全保障与环境需求。它是东莞改革发展历史进程的同行者与见证者，是东莞城市精神的谱写者与杰出代表，是现代文明东莞、美丽东莞建设成效的生动缩影，无愧为一座兴利除患、护莞惠民的水利工程丰碑。

　　以史为鉴，可知兴替、明得失。《东莞运河志》的编纂，是对东莞运河历史的一次全面梳理与总结，旨在铭记历史、致敬先辈、传承文化、启迪未来。该志书以丰富翔实的史料，记载了东莞运河的形成与变迁历史，全面系统地展现了运河的建设发展历程与巨大成就。它既是一部运河流域的水情书，亦是千年莞邑的地情书，为我们开启了一扇了解东莞水文化、聆听东莞故事的窗口。它必将激励后人继续发扬敢为人先、勇于开拓、自力更生、艰苦奋斗、科学务实、无私奉献的运河精神，为建设更加美丽、繁荣、富强的东莞而奋力拼搏。

东莞因运河而兴，运河依东莞而美。展望未来，东莞运河必将绽放出更加绚烂的光彩，绘就出水城共融、人水和谐的美丽新画卷。

《东莞运河志》编纂委员会

凡 例

一、本志编纂坚持以马克思列宁主义、毛泽东思想、邓小平理论、"三个代表"重要思想、科学发展观、习近平新时代中国特色社会主义思想为指导，以"记载历史、传承文明"为宗旨，遵循存真求实、详今略古的原则，客观、全面、系统地记述东引运河（1957—1970年称东莞运河）及其流域（含寒溪河）的历史和现状，反映时代精神，突出专业特色，达到存史、资治、教化的目的。

二、本志记述对象为东引运河（含前期东莞运河），全称东江引水运河，名称源于1970年东江引水工程。东引运河在原东莞运河基础上扩建，纳入小海河、仁和水、寒溪河、银河等部分天然河道，本志为表征地方特色，体现历史渊源，便于记录传承，故选取地域"东莞"和记述对象"运河"两者之关键词，定名"东莞运河志"。

三、本志记事断限，上限追溯到运河历史发端，下限断至2021年底，连续性较强事件的时限略有延伸。

四、本志由"概述""大事记""专志""附录"等部分组成。首冠"概述"，统揽运河全貌。"大事记"以时间为顺序，具体月日不明确的事项在年末或月末记述；一事在年内延续多日的，为保持事物的连续性、完整性，采用记事本末体，展示历史发展脉络。主体为专志，以文为主，辅以图表，只记事实，不作评述，寓观点于材料之中。末设"附录"。行文采用现代语体文，以第三人称记述。

五、本志中的历史纪年，辛亥革命前用朝代年号，以汉字书写（夹注公元纪年）；民国纪年用阿拉伯数字书写（夹注公元纪年）或直接用公元纪年；文中出现的"新中国成立前"以及解放前系指中华人民共和国成立前，"新中国成立后"以及解放后系指中华人民共和国成立后。"改革开放前""改革开放后"是指1978年12月中共十一届三中全会前、后；"中共"均为"中国共产党"简称，"县委、市委、局党委、党支部"等均指中国共产党所在地方（基层）组织。

六、东莞于1985年9月撤县设市，1988年升格为地级市。文内记述当时事件及情况时均沿用原称，市以下乡、区、公社、镇和村等亦同，个别古地名则加注今名或作说明。

七、本志"人物与荣誉"部分收录事迹比较突出的人物、市级及以上的表彰奖励。

八、计量单位采用《中华人民共和国法定计量单位》，历史上使用过的计量单位照实记载，并加注释。高程除特别注明外，一律采用珠江基面高程。

九、机构、团体的名称，首次出现使用全称，括号内注明简称，再出现一般使用简称。

十、本志资料主要采自历史文献、图书、档案、报刊、文物考古记录、政府部门工作资料和统计数据，部分源于个人提供，经仔细校核鉴别、去伪存真，以保证全面系统、据实可信。

运河影像

水引运河干支流示意图

序号	地点	核点	长度	河道类型
①	桥头	企石节制闸	11千米	天然河道
②	企石节制闸	横沥仁和水正入口	7.64千米	人工河道
③	横沥仁和水正入口	横沥寒溪河口	3.6千米	天然河道
④	横沥寒溪河口	附城（今东城）峡口	19.8千米	人工河道
⑤	附城峡口	篁村（今南城）石鼓水闸	19.5千米	人工河道
⑥	篁村石鼓水闸	厚街石角（今厚街街道忠社区）东闸	5.43千米	人工河道
⑦	厚街石角	厚街双岗银河口（位于今厚街旧通入运河口）	8.15千米	人工河道
⑧	厚街双岗银河口	虎门镇口节制闸	7.4千米	人工河道
⑨	虎门镇口节制闸	虎门太平涌	1.85千米	天然河道
⑩	虎门太平涌	虎门广济涌口段	2.56千米	天然河道
⑪	虎门广济涌口	虎门大沙河正入口	2.67千米	天然河道
⑫	虎门大沙河正入口	磨碟河与厦岗涌交界处	3.42千米	天然河道
⑬	磨碟河与厦岗涌交界处	厦岗涌与长安东引河交界处	1.57千米	天然河道
⑭	厦岗涌与长安东引河交界处	独墩水闸	7.6千米	人工河道

审图号：粤 SS（2024）008 号

东莞大围防洪排涝工程
——开凿运河

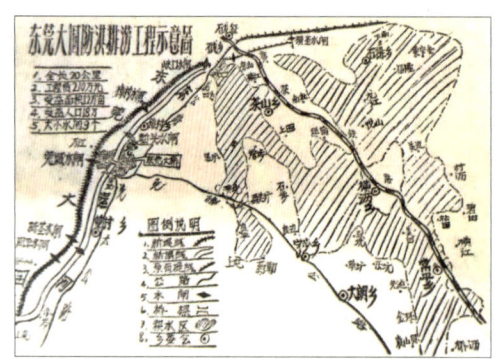

▲东莞大围防洪排涝工程示意图

► 1957年11月16日,《东莞报》头版头条关于东莞大围防洪排涝工程即将兴建的报道[由峡口至三屯(应为石鼓)挖一条二十千米的运河,由峡口至莞城筑一条防洪大堤,建筑水闸五座,公路桥两座,准备12月初施工]

◄ 1957年12月18日,《东莞报》头版头条关于东莞大围(东莞运河)水利工程全面开工的报道

▲挖运河筑大围

▲劳动大军在工地风餐露宿

◀ 1958年3月1日,《东莞报》关于清除运河渠道顽石的报道

▼ 一扦扦地撬石

▲ 采回石材建峡口水闸

▲ 1958年1月22日,《东莞报》报道第一批解放军支援东莞大围工程挖河任务

▲ 1958年1月25日,《东莞报》报道解放军官兵劳动场景

▲ 支援挖运河筑大围的解放军部队官兵

运河影像　05

▲ 1958年5月1日，《东莞日报》头版头条报道东莞大围建成，运河当天通水
▶ 1958年5月1日，运河通水典礼剪彩

▲ 1958年5月1日，东莞县委书记袁卫民在庆祝大会上给民工模范颁奖（时县委设书记处，有第一书记和多位书记）

▲ 1958年5月1日，东莞县委书记张焕熙在庆祝大会上给民工模范授旗
◀ 工程建设者获颁的奖状

▲ 1958年5月,运河上第一座桥梁建成——东莞大桥(今莞城桥)

▲ 1958年5月1日,庆祝东莞大围竣工、运河通水的游行队伍通过东莞大桥

▲ 20世纪60年代,群众和学生在运河游泳,纪念毛泽东畅游长江
◀ 20世纪60年代,运河上的划船比赛

东江引水工程
——运河上伸下延

◀ 东江引水工程示意图（1989年制）

审图号：粤SS（2024）008号

▲ 1970年1月，东江引水运河兴建时，在虎门公社召开万人动工誓师大会

▲ 东莞县千军万马修筑东江引水运河工程

▲ 桥头公社工地

▲ 实干苦干的青年突击队

▲ 1971 年镇口堵河场景

◀ 1973 年建成的东江引水运河镇口水电站

▲ 被称为"铁姑娘"的九位突击手

▲ 虎门公社工地

▲ 东江引水运河长安段两岸绿满田畴

运河扩建
——拓宽挖深绿化

▲ 1975年运河扩建,重建运河上的东莞大桥

▲ 20世纪70年代底部拓宽后的运河

▲ 1978年运河企石闸下游段

▲ 20世纪70年代的运河风光　王峰/摄

▲ 20世纪80年代初的运河　王峰/摄

▲ 1986年的运河两岸　王峰/摄

▲ 20世纪80年代中后期的运河（莞城段）

▲ 1986年虎门运河一角

▲ 1985年6月30日，在运河上举行的常平首届龙舟邀请赛

▲ 1988年11月的东莞运河北门桥段

◀ 20世纪八九十年代，横沥在运河上举办龙舟赛的盛况

运河影像　11

▲ 1988年的运河和游泳池桥　陈锦波/摄
◀ 20世纪80年代运河两岸繁华街景　王峰/摄

▲ 20世纪80年代的磨碟口水闸

▲ 20世纪80年代的峡口水闸

▲ 20世纪80年代的镇口水闸

◀ 20世纪80年代的运河东段

▲ 20世纪90年代的莞城大桥

▲ 20世纪90年代的运河两岸　苏建东/摄

▲ 1994年运河河畔的东信酒店和西城楼　苏建东/摄

▲ 20世纪90年代运河城区段全景

运河整治

◀ 20世纪90年代运河博厦段清淤作业

▲ 20世纪90年代运河截污干管施工

▲ 1995年初步治污后的运河

▲ 1996年6月至1997年5月，运河护岸工程梨川段施工

▲ 1999年东莞市举行"向国庆献礼——东引河整治工程开工仪式"

▲ 1999年8月，峡口水闸施工现场

▲ 2002年，整治后的运河莞城段

▲ 2003年，莞城东门河改造（人民公园至运河段）

▲ 2003年，镇口节制闸重建工程通过竣工验收

▲ 2005年的运河梨川段
◀ 2005年，樟村水质净化厂在运河上的节制闸

▲ 2006年的运河建塘引水口旧址（堤围涵洞处）

▲ 2006年的虎门水闸

▲ 2006年的运河莞城大桥上游段

▲ 2006年的运河博厦水闸段

▲ 2006年的运河莞城大桥下游段

运河综合治理

审图号：粤SS（2024）008号

▲运河综合整治工程示意图（2007年制）
◀运河整治B段东城余屋周屋段整治后实景（2009—2012年间建设，2016年摄）

▲ 运河整治B段茶山段整治后实景（2009—2012年间建设，2016年摄）

▲ 2008年运河博厦段风光

▲ 2010年，樟村水闸扩建工程下闸

▲ 2011年，建设中的峡口水闸扩建工程

▲ 2013年1月29日,东莞市运河治理中心举行成立揭牌仪式

▲ 2015年运河两岸夜色　曹永富/摄

▲ 2017年的峡口水闸　翟国强/摄

▲ 2017年，桥头至企石水闸段河道进行清淤疏浚

▲ 2017年，与东江并行的运河　张超满/摄

▲ 2017年,运河边的石鼓污水处理厂　姚泽林/摄

▲ 2018年的运河莞城段　巫业通/摄

运河流域水污染治理攻坚

▲ 2019年8月30日，东引运河—寒溪河流域水污染治理攻坚战启动　郑琳东/摄

▲ 2019年治理中的运河东城段

▲ 2019年的运河上桥段

▲ 2019年的运河峡口段

▲ 2019—2020年治理后消除黑臭的运河支流石鼓河

▲ 2019—2020年治理后消除黑臭的运河支流鸿福河

◀ 2019—2020年治理后消除黑臭的运河支流周溪水陂涌

▲ 2020年的运河莞城段

▲ 2020年治理后的运河白鹭成群

▲ 2020年的运河南城段　王巍/摄

▲ 2021年运河峡口水闸段

▲ 2021年运河茶山段碧道

▲ 2021年运河樟村段

▲ 2022年运河东江大桥段

▲ 2022年运河东坑段南岸碧道

▲ 2022年运河南城段新貌

▲ 2022年焕发新生的新时代运河

目　录

序

凡　例

运河影像

概　述 001

大事记 005

- 清代以前 006
- 中华民国时期 007
- 中华人民共和国时期 008

第一章　流域概况 025

- 第一节　河流水系 026
  - 一、东引运河干流 026
  - 二、其他主要支流 027
- 第二节　自然环境 031
  - 一、地形地貌 031
  - 二、气象水文 031
  - 三、自然灾害 032

- 第三节 人文环境 035
    - 一、流域行政区划 035
    - 二、经济社会状况 039

第二章 运河形成与功能变迁 042

- 第一节 运河开挖与河道变迁 043
    - 一、东莞运河 043
    - 二、沙田引淡渠 046
    - 三、东江引水工程 048
    - 四、运河局部扩建 051
- 第二节 运河功能与利用 053
    - 一、防洪排涝 053
    - 二、灌溉供水 059
    - 三、防咸拒潮 063
    - 四、水上运输 064

第三章 运河工程设施 066

- 第一节 工程建设概况 067
    - 一、大规模建设时期（1957—1977年）..........................067
    - 二、维修配套完善时期（1978—1997年）......................068
    - 三、防灾减灾提升时期（1998—2006年）......................068
    - 四、生态治理保护时期（2007年起）..............................069
- 第二节 关键工程设施 070
    - 一、堤防 070
    - 二、水闸 073
    - 三、排灌站 086
    - 四、水库 097
- 第三节 其他工程设施 106
    - 一、干流桥梁 106

二、管线...111

　　三、堤路结合...112

第四章　运河治理保护..114

- 第一节　污染调查..115

　　一、水质由自净到逐渐变劣（1957—1977年）.................................115

　　二、水质由逐渐变劣到全面恶化（1978—1993年）.........................116

　　三、水质由全面恶化到基本丧失自净能力（1994—2000年）..........117

　　四、水质污染初步遏制触底转折向好改善（2001—2008年）..........118

　　五、水质稳步改善并基本达到功能水质目标（2009—2011年）......119

　　六、水质总体好转至轻度污染水平乃至良好状况（2012—2021年）.....119

- 第二节　水体监测和水质评价..120
- 第三节　系统治理和生态修复..126

　　一、保护起步（1973—1990年）...126

　　二、初步治污（1990—2003年）...128

　　三、面上治污（2003—2007年）...133

　　四、综合治理（2007—2018年）...142

　　五、流域治理（2018—2021年并延续）...164

第五章　运河管理..184

- 第一节　机　构..185

　　一、东江引水工程管理处（所）...185

　　二、东莞市运河治理中心...188

　　三、临时机构...191

- 第二节　管　理..192

　　一、防汛...192

　　二、水资源管理保护...196

　　三、项目建设管理...197

　　四、工程运行管理...200

五、水政巡查执法 ... 202

六、资产管理 ... 203

七、安全生产 ... 204

第六章 运河文化 ... 205

- 第一节 文物古迹 ... 206
- 第二节 民俗风情 ... 213
- 第三节 文化场馆 ... 220
- 第四节 诗词碑赋 ... 222
  - 一、建设礼赞 ... 222
  - 二、运河歌咏 ... 231
  - 三、碑记 ... 234

第七章 人物与荣誉 ... 235

- 第一节 人物传 ... 236
- 第二节 奖励和荣誉称号 ... 241

附　录 ... 246

- 主要参考资料 ... 247
- 相关文献 ... 249
- 重要文件（告）辑存 ... 259
- 媒体专访和报道 ... 283

后　记 ... 317

概 述

一

东江引水运河（以下简称东引运河或运河）是截至2021年底东莞水利建设史上人工开凿的规模最大、最宏伟的骨干水利工程，是东莞人民自力更生开创的水利壮举。运河始凿于1957年，初延于1966年，全通于1970年，随后30年又陆续扩河，形成现今规模。运河全通后，其主干河道上临东江，起自东江左岸东莞市桥头镇建塘口，下至茅洲河，终于茅洲河右岸东莞市长安镇独墩水闸，自东北向西南呈"C"字形环抱半个东莞市，沿河流经桥头、企石、石排、横沥、东坑、寮步、茶山、东城、莞城、万江、南城、厚街、沙田、虎门、长安15个镇街，沟通东江、石马河、仁和水、寒溪水、黄沙河、石鼓河、银河、广济河、大陂河、大沙河等河流水系，全长102千米，与东江、石马河一同构成东莞水网的主骨架和大动脉。运河流域位于东经113°33′57″～114°06′29″、北纬22°43′06″～23°07′07″，流域面积1210.3平方千米，涉及4个街道、15个镇和1个园区，涵盖中心城区、松山湖园区、滨海湾新区三大核心片区（东莞科技创新和先进制造产业大本营，全市参与粤港澳大湾区建设的重要战略平台）。

二

追溯运河历史，源远流长。有零星资料记载显示，运河古即有之，时名护城河，窄而浅。据民国16年（1927年）《东莞县志》记载："城之有池也，所以设险守固也。"古时，东莞先辈曾经凝聚智慧，用砖砌城墙，挖深壕引东江水在城外筑起一条护城河，以达到保卫城池的效用。明洪武十七年（1384年），筑新城，"城濠一千三百五十丈，阔三丈，深三丈五尺"，形成了一道防御外敌的人工屏障。因护城河部分河段与运河走向重合，有的成为运河主河道或支流的一部分，人们普遍认可护城河是东莞运河最早的雏形。

东莞先辈也在此基础上兴修各项水利工程，宋代起开始筑陂开渠、修堤建闸，时任邑令李岩带领修筑东江堤。到晚清时，不仅建有东江防洪堤、沿海防潮堤，共长3.8万余丈，还有牛过莨堤、龙湖堤、西湖堤等相关水利工程。民国时期又兴建寒溪水闸、南畲塱水闸等惠及民生福祉的工程，大多位于运河流域内。

东莞历来是广东水患较为严重的地区之一。新中国成立初期，东莞每年遭受水患灾害，造成严重经济财产损失。其中数寒溪河流域受害最深,水中做饭、马路行船、粮食浸水、房屋倒塌,皆是常有之事。据《东莞水利志》记载,1953年东江大水,全县淹浸田地1.4万公顷,倒塌房屋3704间,受灾人口12.4万人,死亡12人。

为预防洪涝灾害,保卫莞邑人民的正常生活,帮助农业稻谷增收,东莞开始大力兴修水利,通过6次水利普查,制订出全面、系统、综合治理的水利规划,因地制宜进行水利建设。1957年10月,县委第一书记林若在东莞中学礼堂向水利干部作报告,动员大兴水利建设,随后掀起兴修水利的高潮。

为解决寒溪河排涝问题,东莞动员逾万社员,在1957年冬开始开凿东莞运河并修筑东莞大围工程。奋战约半年时间后,在1958年5月1日,东莞运河通水。东莞运河以莞城段为中心,起于东城峡口,西穿莞城,至南城石鼓水闸连接东江南支流厚街水道,全长19.5千米,底宽20米,成为寒溪河流域重要的排涝通道,发挥排涝功能。为解决沙田咸田灌溉问题,同时兴建沙田联围工程防咸引淡,修筑沙田引淡渠,从石鼓连接东莞运河引水至鳌台入沙田围。

1970年1月,东江引水工程动工,以东莞运河及沙田引淡渠为基础,通过人工开挖河道,将上游小海河、仁和水、寒溪河,下游银河等天然河道,上伸下延,连接而成东引运河。东江引水工程出动民工最多时达30万人,计完成土方394万立方米,砂石方12万立方米。沿河新建涵闸21座,改建水闸8座,共有桥梁19座。主体工程于当年10月建成通水,每年可引淡6亿立方米,解决沙田、虎门和长安公社的引淡压咸问题,沿河灌溉受益面积1.13万公顷。随着经济社会发展,东莞运河又经历四次较大规模的扩建。1975年,运河进行第一次较大规模局部扩建,将峡口水闸至石鼓水闸段21千米河道底从20米扩宽至35米。1991年,运河进行第二次较大规模局部扩建,将石鼓水闸至双岗银河口段13.2千米河道底从20米扩宽至30米。1998年,运河进行第三次较大规模局部扩建,将黄沙河口至峡口水闸段3.5千米河道扩宽为75～120米。2009年实施的东引运河(或寒溪水)堤路结合达标工程B段(东城峡口至神山桥)工程,对17.78千米河道拓宽至120～150米,部分河段最宽处达200米。20世纪八九十年代还陆续进行护坡、岸线绿化等工程建设。

东引运河修建初期,对保证下游的灌溉、排涝、引淡压咸及城镇供水发挥巨大效益,工程沿线受自然灾害的影响大幅缓解,水乡咸田地区水稻由单季改为双季,亩产量大幅增加。同时,运河畅通,兼得航运之利,对沿河的经济发展起到促进作用。当时的东引运河,河水清澈,鱼虾肥美,迎来它靓丽的高光时刻。运河两岸逐渐成为东莞昔日的城市中心、经济中心、文化中心,不仅承载历史文化的精粹,而且汇集商贸的繁荣,形成兴旺一时的运河商圈。十里长河流光溢彩,有着"火树银花不夜天"的美丽图景。

三

"六十年代淘米洗菜，七十年代引水灌溉，八十年代水质变坏，九十年代鱼虾绝代。"这首歌谣是半个世纪以来东莞市河道变更的真实写照，也是运河功能发展变化的境况缩影。

20世纪六七十年代至八十年代初，运河曾在引淡、压咸、灌溉、防洪、排涝、通航、城市供水等方面发挥巨大的社会效益；20世纪80年代中后期，随着沿岸各镇街工业的崛起和快速发展，加上东江水位下切，运河在20世纪90年代初逐渐无法引水，成了吸收沿线废水、污水的主要河道，各种有害物质严重超标，饱受污染之痛。运河原有的农田灌溉、引淡压咸、供水等功能逐步丧失。1991年，运河水质由Ⅲ类水降为Ⅳ类水；1993年，恶化为Ⅴ类、劣Ⅴ类水，严重影响沿河居民生产生活和城市景观。正是从这一年开始，运河治理开始成为东莞历届市委、市政府的难题和重视的民生工程。从历史沿革来看，从20世纪90年代起截至2021年底，运河整治先后经历初步治污、面上治污、综合治理以及流域治理四个阶段。

1990—2003年是运河初步治污阶段。2000年8月成立东引运河整治工程指挥部，采取扩河建闸、建设分散式污水处理厂、樟村水质净化厂、市区污水处理厂等系列工程措施整治运河污染。

2003—2007年是运河面上治污阶段。为确保东江水质及供水安全，2004年东莞实施石马河调污工程，将石马河污（雨）水调入东引运河，运河污染及排洪压力进一步加大。东莞启动有史以来最大规模的污水处理工程建设，尽力消除舍运河而保东江的不利影响，改善运河水质。

2007—2018年是运河综合治理阶段。市政府连续出台多项重要决策，印发实施运河综合整治方案，确立"截污、清淤、活源、治堤"总体思路，通过全面综合规划，实施河道整治、堤路结合、水体修复、水景观建设，以及截污和污水处理等工程措施，努力实现"安全河、清水河、景观河"目标。2012年8月，东莞市撤并原东江引水工程管理处、石马河流域管理处、挂影洲围管理所三大流域管理单位，组建东莞市运河治理中心，进一步强化运河综合治理职能、加大统筹协调力度。2016年起，东莞市委、市政府多次高规格、大规模召开全市性治水工作会议，围绕水污染治理工作，举全市之力、集全市之智做出一系列重大部署，全面打响水污染治理攻坚战。运河列入重点治理对象，水质加速向好改善。

2018年开始进入运河流域治理阶段。东莞市成立东引运河流域综合整治现场指挥部，围绕樟村国考断面水质达标展开攻坚行动。2021年樟村国考断面水质从2019年的劣Ⅴ类提升到2021年的Ⅲ类（氨氮浓度下降78%、总磷浓度下降47%），2021年底实现东引运河流域8条重点一级支流、70%内河涌全面消劣目标，运河恢复绿波荡漾、榕荫环绕、鱼鸟嬉戏的美景，在历史车轮的不断前进中获得新生，迈入高质量发展新时代。

大事记

清代以前

唐至德二年（757年），改宝安县为东莞县，移县治于到涌（今莞城），建城池，挖深濠引东江水于城外，筑护城河。

北宋元祐三年（1088年），邑令李岩自东江南岸京山（今属茶山镇）至司马头筑东江堤，以防东江洪水；元祐四年（1089年），又于南部滨海之咸西、獭步（今长安镇乌沙）筑防潮堤，以防海潮侵害，是为东莞最早防洪堤、最早海堤。

南宋淳祐元年（1241年），邑令赵善鄘修福隆旧堤15990丈，又在石龙之南增筑西湖新堤185丈。

南宋宝祐年间（1253—1258年），邑宰杨公顺筑牛过蓢堤（今属茶山镇），后邑人在牛过蓢堤外又筑龙湖堤，长300丈，护田200余顷，建石桥为水门，以资蓄泄。

南宋咸淳年间（1265—1274年），厚街人王鳌石于深溪引龙潭水沿山腰开凿渠道30余里至大汾头，灌田数十顷。

元大德年间（1297—1307年），福隆堤（今属石排镇）溃20余丈，成潭，漂民庐舍，次年达鲁花赤甘卜、县尹邓荣修复。

元至正二年（1342年），福隆堤溃决35处。元至正七年（1347年），县令杨大举修复。

明洪武年间（1384年），筑新城，"城濠一千三百五十丈，阔三丈，深三丈五尺"。

明永乐年间（约1413年），乡人麦茂贯等重筑牛过蓢堤，中建小石拱桥，天旱可灌溉，遇潦堵塞。

明天顺六年（1462年），御史李曰良命镇抚范实疏浚县城癸水渠。

明万历八年（1580年），4月，东莞山水暴涨，南门城外平地水深五六尺，城门民居尽毁。

明万历四十四年（1616年），5月，福隆堤溃决，田地房屋均被淹没，邑令周昌晋沿乡亲勘慰劳，即时修复，次年复溃，淹没如前，冬间修复。

明崇祯十一年（1638年），知县汪运光在石冈（今属石排）、石排、窑尾等处筑羊蹄坐，长195丈。

清康熙三十三年（1694年），闰五月初二，东莞大水，坏民房，决堤损禾，舟入莞城东湖，城北白浪如山，避水者多集于城南高地。

清乾隆三十八年（1773年），6月，福隆堤坏，县城平地水深五六尺。

清乾隆五十五年（1790年），冬，史藻疏浚癸水涌，捐俸金千两，邑人相率出金助役。清乾隆五十七年（1792年）3月落成。

清光绪十四年（1888年），3月，东江遇百年未见大水，福隆堤决70余丈，茶山水淹半年，水位高达门楣。

清光绪年间（1875—1908年），常平土塘乡人黄鹏骞等倡凿狮坑垄湖，以蓄水灌田，湖面150亩。

清宣统三年（1911年），村人倡捐合筑五村大围堤（今企石五八围），长5400丈，防御东江水，捍卫深巷、坐厦、上洞、大地、湖尾5村。

中华民国时期

民国2年（1913年），连续四个月不雨，稻禾失收，米价飞涨，贫民被迫卖儿卖女。同年，扩建迳贝围（今属桥头镇迳联村，该围原建于清朝中叶），堤长938丈，扩建后，比原来面积增大三分之一，面积达1050亩。

民国4年（1915年），7月12—15日，东、西、北三江同时盛涨，全县堤围均被冲崩或漫顶。

民国7年（1918年），6月，东江大水，全县堤围漫顶、崩决。

民国12年（1923年），9月，东江大水，全县堤围漫顶、崩决。

民国18年（1929年），两头塘村（今属寮步镇）商人梁用倡议，在磡岭尾兴建活陂一座，自农历二月动工至四月建成，灌溉面积1800亩。

民国21年（1932年），8月28日晨8时许，山洪暴发，水自莞城南门入，城南街水深过丈，洪水直冲北门，历时一昼夜，民房纷纷倒塌。

民国22年（1933年），6月25日，东莞全县疏理河渠委员会正式办公。

秋，疏浚县城内外河渠，沿市桥河以河槽宽度6米为界，凡两旁铺地占河部分，一律照线退缩，共修河长1066米，至1934年3月完成。

民国23年（1934年），8月，东江大水，沿江堤围溃决10多处，堵口复堤。8月23日午夜赤坎、黄家坐、水贝（今属石排镇）等处复决。是年，寒溪水闸兴工建设。

民国24年（1935年），5月，寒溪水闸建成，防御东江洪水倒灌，保护56个乡村、81000余亩农田。

民国29年（1940年），8月，淫雨连绵，水患严重，莞城附近如一片汪洋。

民国33年（1944年），大水，93条村受浸。因受浸及饥饿而死亡的人，仅寮步、万江、企石3个区共有362人。

民国35年（1946年）

2月28日，南畲塱水闸排水工程开工，同年5月竣工。

3月29日，怀德水库工程动工，施工至1949年才基本完成，实际受益灌溉面积7000亩。

民国36年（1947年），6月24日，东江水涨，云岗（今属石排镇）、南庄等处被淹，灾民达 10 万人。

民国 37 年（1948 年）

6 月 17 日，东江水灾，东莞福隆围崩溃，附近 96 个乡被淹，溺死四五百人，全县灾民 30 万人以上。

9 月 3 日，台风暴潮，为 30 年来巨灾，冲毁所有围田的基围、窦口、低地水及屋檐。

中华人民共和国时期

1949 年

10 月 17 日，东莞全县解放，成立东莞县人民政府，设置建设科，负责农业、水利、水产、交通、电信、工矿等县政工作。

1950 年

6 月 23 日，东江水涨，受涝成灾，受涝面积 1.06 万公顷。莞城、石龙两镇均遭水淹。

是年冬，修建东江堤围工程，主要有五八围、潢新围、挂影洲围。

1951 年

1 月，列为全省重点水利工程的福燕洲围工程动工，把原福隆、铁燕、独洲 3 条堤围联成能捍卫农田 3886 公顷的大围。工程于次年汛期前完成。

6 月，洪、涝成灾，受浸面积 1.07 万公顷，损失稻谷 8500 吨。

1952 年

9 月，久旱，溪流、水氹干涸，田龟裂，全县受旱面积 666 公顷，严重的有五区的寮新、寮旧两乡共 333 公顷，产量损失三至五成；七区的独洲围及向西、田寮两乡共 133 公顷，六区的桥头乡、涌口乡共 66 公顷。

是年冬，兴建白泥塘堵口工程，堵支强干，该工程由东莞县人民政府副县长王寿山任指挥，七区区长袁善任副指挥。出动 800 多人，完成 10 万土方。

1953 年

6 月，东江水灾，福燕洲围、京西鳌围等决堤。

是年冬，沙溪水库动工，该库集雨面积 4.3 平方千米，总库容量为 289 万立方米。

1954 年

11 月，在五八围兴建东莞第一座机械排灌站，装机容量 243 马力，1955 年建成。

1955 年

5 月，去冬今春奇旱，东江（石龙北站）流量减少，咸潮上涌至莞城、中堂一带。受旱面积 8333 公顷，受咸面积 2600 公顷，损失稻谷 11200 吨。

7月18—24日，连日暴雨，京西鳌围部分堤坝崩决、漫顶。全县洪灾面积8640公顷，涝灾面积1.48万公顷，倒塌房屋703间，死11人。

1956年

4月，天大旱，全县受旱面积9333公顷，到18日止，5.93万公顷早稻还有2.27万公顷无法插秧。

秋旱，到10月1日止，全县受旱稻田面积2500公顷，占晚稻总面积31%。

1957年

6月8日，石龙北站洪峰水位5.75米，4米以上水位持续33天。全县涝灾面积1.98万公顷，倒塌房屋1280间。

10月1日，东莞县水利工程总指挥部成立，总指挥林若。

11月，成立东莞大围工程指挥部，东莞县人民政府县长袁卫民任指挥，副县长张如、县委常委陈新任副指挥，由各单位抽调干部100多人组成，办公地点设在东湖寺（位于今东莞市莞城区北隅社区新沙坊），任务是开挖东莞运河，新建东莞大围，全面治理寒溪涝区，圈围17条（1970年增至18条）。

12月13日，东莞大围水利工程全面开工。

12月28日，《东莞报》发表社论《迅速组织力量突破水利关》。

1958年

1月23日，中共东莞县委召开大乡基层党委书记会议，对水利工作做出重要决定，要求继续鼓足劲头以拼命精神跨过水利关。

2月22日，沙田联围动工，1960年冬建成，受益农田3200公顷。

5月1日，东莞大围、运河工程、东莞大桥、博厦公路大桥全部竣工，并举行剪彩典礼。

5月19日，常平大围动工兴建。

5月，松木山水库动工兴建，翌年9月竣工，集雨面积54.2平方千米，总库容量5750万立方米，灌溉面积2600余公顷。

6月，横岗水库动工兴建，翌年5月竣工，集雨面积44.6平方千米，总库容量3280万立方米，灌溉面积2400公顷。

8月，同沙水库动工兴建。1960年4月，主体工程基本完成，集雨面积100平方千米，总库容6520万立方米，灌溉面积3600余公顷。

1959年

6月，洪水暴涨，多处堤围决口，受灾公社18个，受灾面积3.3万公顷，淹死7人，失踪2人，倒塌房屋3.8万多间，为东莞数十年来罕见的大水灾。

6月18日，东莞县人民政府成立复堤堵口总指挥部，林若任总指挥。洪峰过后，其立即组织16277人支援福燕洲围、五八围、京西鳌围等10条堤围复堤堵口工作。至7月底全部决口堵复。

8月1日，同沙水库首期工程竣工，并建成东莞县第一座水力发电站——同沙水库水力发电站，同日开始发电。

11月，黄牛埔水库动工兴建，翌年7月竣工，集雨面积33.8平方千米，总库容1423万立方米，灌溉面积870余公顷。

1960年

2月中旬，东莞第一期电动排灌工程南畲塱等14个排灌站动工兴建。

去冬今春，5个月无雨，全县受旱农田13333公顷，受咸农田14666公顷。中共东莞县委成立堵河总指挥部，决定封江堵河，防咸蓄淡。

1962年

8月31日至9月1日晚，第6213号强台风侵袭东莞县，风力一般10级，最大阵风11～12级，为10年来所罕见。共倒塌房屋8110间，堤围决口11处，经济作物受到严重损害。

1963年

5月，大旱。从1962年9月3日起，连续250天无大雨，半年间降雨量仅146.3毫米，以致塘库干涸，山溪断流，水井无水，咸潮上涌至中堂斗朗一带。全县出动11万多人抗旱3个月之久。

1964年

5月28日，第6402号台风在珠江口西岸登陆，沿海风力10级，台风挟着暴潮，为历史罕见。全县海堤漫顶、崩堤168处，2.3万多农民被大水包围，死亡群众3人，有18963人需要安置。参加抢险的海军战士在基宁河仔堤段牺牲5人。

8月8日，第6411号台风袭击东莞县，阵风11～12级，吹倒吹坏茅屋20936间，死1人，伤34人，大多数公社电话中断。全县受灾11565户，32109人。

9月5日和10日，第6415号、第6416号台风先后袭击东莞县。受16号台风影响，塘厦、清溪、桥头、谢岗风力11级，倒塌房屋1342间，受浸稻田2361公顷。

10月13日，第6423号台风再次袭击东莞。

是年，东莞县共受5次台风袭击，是新中国成立后台风灾害最严重的一年，全县粮食减产23.2%。

1965年

3月1日，东江—深圳供水工程竣工，位于东莞县的雁田水库划归东江—深圳供水工程管理局统一管理。是日，开始向香港、深圳供水。

4月5日，茶山公社党委《治水六年，茶山巨变》的报告，先后在《人民日报》和《南方日报》头版加以报道。

1966年

秋，东莞县出现几十年来未有的秋旱，江河水位下降，咸潮上涌，有22个公社1333

公顷农田受旱，全县出动 8.5 万多人抗旱。石鼓至厚街石角东闸扩河引淡工程动工，河段长 6 千米，河底原宽 15 米，扩为 20 米。工程于翌年 2 月竣工，改善引淡灌溉 8000 公顷。

1967 年

4 月 5 日，西大坦预制浮运沉装式反虹涵浮运施工成功，引淡灌溉 333 公顷。1972 年西大坦与沙田联围，本工程撤销。

1968 年

8 月 23 日，受第 6808 号强台风袭击，损失严重，海堤决口 3 处，水稻受浸 4317 公顷。

1969 年

10 月 1 日，莞城自来水厂竣工通水。同月，成立农林水、工交、财贸和卫生 4 条战线革命委员会。

10 月，秋旱，全县受旱面积 20666 公顷，占晚稻总面积 35%，每天投入抗旱 10 万人，出动电动机 2236 台，水车 14313 部。后旱患缓解。

1970 年

1 月 7 日，东江引水工程动工，10 月主体工程建成。该工程由建塘引水至独墩水闸，全长 102 千米，设计流量每秒 53 立方米，灌溉受益农田 11333 公顷。

7 月 24 日，东莞县第一座水压升降闸——北门水闸建成，比普通的卷扬机升降闸节省钢材 54%。

1971 年

1 月，东莞县东江引水工程管理所成立，陈新任所长，有工作人员 49 人，当时为县内最大的水利工程单位。

6 月，越南社会主义共和国驻中国大使吴船由副省长罗天陪同来东莞县参观东江引水工程。

8 月 17 日，第 7118 号台风在珠江口登陆，风力 10～12 级，伴有暴雨和暴潮，冲崩海堤 680 处，塌房 9068 间，死 11 人，伤 150 人。同沙、横岗水库主坝内坡被风浪冲击，损坏严重。

1972 年

10 月，兴建虎门大溪水水库，施工中采用空中吊索运土筑坝。翌年 5 月建成。

11 月 26 日，东莞县革命委员会文件东革〔72〕63 号中提出关于寒溪地区防洪排涝整治的五点意见。

1973 年

9 月 1—2 日，普降大雨到暴雨，全县有 20 条堤崩裂，内涝积水严重，受浸稻田 9933 公顷，房屋倒塌 1226 间。

1974 年

是年，东莞寒溪整治运河扩建工程指挥部成立，中共东莞县委副书记莫淦钦任指挥。

1975 年

10 月 6 日至 14 日，受第 7513、第 7514 号台风连续袭击，阵风 10～11 级，连天阴雨，损失巨大。中共东莞县委、东莞县革命委员会组织 35 万多人进行抗灾抢险。

11 月 22 日，寒溪整治运河扩建工程全面开工，河长 21 千米，河底由原宽 20 米扩至 35 米，翌年 1 月 9 日通水。

1976 年

是年，兴建虎门联围，该围全长 8.6 千米，面积 1600 公顷。

1977 年

12 月 1 日，农田基本建设重点项目——南畬塱系统整治工程全面开工。

1979 年

4 月 19 日，厚街白濠、虎门白沙遭龙卷风夹冰雹袭击，直接经济损失 20 万元。

8 月 2 日，东莞县遭受第 7908 号台风袭击，倒塌房屋 2200 间，沉没大小船只 221 艘，死 4 人，伤 66 人，经济损失 2100 多万元。全县出动 30 万人抗灾抢险。

是年，东莞县东江引水工程管理所升格为东江引水工程管理处，升格前管理所主任为陈浩，1980 年 7 月王泰明任管理处主任。

1981 年

6 月 29 日—7 月 1 日，县内大部分地区降特大暴雨，受淹稻田 1.43 万公顷，倒塌房屋 916 间，冲塌桥梁 32 座，死 2 人，伤 2 人，经济损失 2740 万元。

10 月，全县先后受到"寒露风""霜降风"侵袭，晚稻大幅减产，损失稻谷 4.5 万吨。

1983 年

9 月 9 日，第 8309 号强台风卷着暴潮袭击虎门等地区，全县海堤漫顶，冲崩决口总宽 42 千米，浸田 1.68 万公顷，倒塌房屋 605 间。驻沙角南海舰队训练团派出 810 名官兵抢险救灾，不幸牺牲 7 人，誉为"爱民抢险七勇士"。

1985 年

6 月 15—20 日，在莞城召开东莞县三级干部会议，东江引水工程管理处被评为文明单位。

1986 年

8 月 11—12 日，受第 8613 号台风影响，连降暴雨。东莞市受浸农作物共 8588 公顷，直接经济损失 7000 万元。

9 月 25 日，东江引水工程博厦船闸管理员违反规定，在水头差 0.7 米情况下开闸进水，造成急流卷沉运砖船两艘，损失打捞费、赔偿费共 1.3 万元。

1987 年

8 月 18—21 日，广东省水电系统社会主义精神文明建设先进表彰会在东莞召开，东江引水工程管理处被评为先进单位。

10月23—24日，菲律宾水库养鱼考察团4人到同沙水库、长安镇、东引工程等地考察水库养鱼和淡水养殖。

1989年

7月19日，第8908号台风袭击东莞市，全市海堤漫顶10.5千米，造成直接经济损失1575万元。

1990年

8月10日，中共东莞市委常委、东莞市人民政府副市长联席会议决定：拆除东莞大围万江渡头当地居民和船民违章在堤身建的35间房屋，以确保堤围安全。

1991年

春，大旱。东莞市受灾面积2.53万公顷，部分耕地因缺水错过农时。

9月，东引扩河建闸工程开工。工程自石鼓水闸至双岗银河口，总长13.2千米，河底由20米扩宽至30米；新建新基水闸1座，4孔净宽20米；石角水闸1座，2孔净宽12米；完成投资1650万元。

12月30日，东江引水工程管理处获"东莞市模范集体"光荣称号。

1993年

9月25—27日，受第9318号台风影响，东莞市连降暴雨，其中丘陵埔田、山乡地区受灾严重，为1983年以后受灾最严重的一次。全市农田受灾6400公顷，受浸民房、厂房3858间，直接经济损失3.2亿元。

10月，运河莞城北门桥至新楼桥段（长1900米）运河护岸工程开工。同年12月竣工，完成投资1700万元。该工程在改善市区交通状况、美化市容环境等方面起到一定作用。

1994年

9月，南畬塱电排站竣工，该站装机4台共1320千瓦，完成投资668万元，受益农田2393公顷。

11月，黄牛埔水库（中型）泄洪闸扩建工程动工，主要工程为加固土坝、重修疏水设备等。

1995年

4月19日，特大龙卷风袭击新湾镇，造成11艘渔船沉没，23人死亡，2人失踪，经济损失近1000万元。

6月，松木山水库（中型）泄洪闸改建和加固土坝工程竣工，完成投资300余万元，水库防洪标准进一步提高。

冬，重建东莞运河樟村水闸，由原3米单孔水闸改建为5米2孔箱涵。

1996年

4月18—19日，东莞市普降大暴雨，市区7小时连续降雨达151毫米，罗沙、草塘、博厦、花园新村等低洼地带民房、商店、街道被淹，水深1米～1.5米；莞龙、莞樟、莞长、莞太等主要公路交通中断5个小时。

5月，东莞市人大常委会组织东莞市人民政府办公室、莞城区人民政府、东莞市水利局、东莞市建设委员会、东莞市城建规划局等单位有关负责人视察市区低洼易遭水淹地区，提出"上截、中排、下降，加强管理"等治涝措施，由市财政投资1000余万元，扩宽东门河，新开草塘排渠，整治城区内涝。

12月，东莞运河莞城、博厦、细村段混凝土护岸工程（共2150米）及河道清淤工程（长6千米）竣工，完成投资1480万元。

1997年

6月23日，市区运河两岸改造工程竣工，该区段交通状况得到改善，同时减轻河水污染，实现堤固河畅。

8月2日，第9710号台风于20时30分在香港登陆，正面袭击东莞市。全市农作物受灾4200公顷，直接经济损失7275万元。

11月，沙步陂扩建工程竣工，工程总投资400余万元。工程建成后，黄江镇洪涝灾害威胁得以减轻。

1998年

5月27日，广东省人民政府在全省开展治理水库环境大行动。东莞境内松木山水库、同沙水库、横岗水库、契爷石水库被列为重点治理对象。

冬，东莞出现干旱，降雨量仅142毫米。旱情持续至翌年3月。全市农作物受旱面积3万公顷，谢岗、黄江、大岭山等镇近10万人出现生活用水困难。

1999年

8月12日，第9905号台风袭击东莞市，全市普降暴雨，受浸农田2926公顷，直接经济损失1442万元。

8月22日，第9908号台风袭击东莞市，大风6~7级，阵风11级，全市普降大到暴雨，有7座水库达到或接近警戒水位，22个镇区不同程度受灾，受灾农作物8536公顷，鱼塘漫顶964公顷，受浸民房1122间、厂房25.76万平方米，崩塌堤围10段，冲毁公路100米、桥梁1座，全市直接经济损失1.45亿元，其中农业损失1.04亿元。

9月16日，第9910号台风袭击东莞市。全市1.32万公顷农作物受灾，3人死亡，直接经济损失5560万元。

9月中旬，东莞大堤首期达标工程竣工。东莞大堤为广东省十大重点堤围之一，首期达标工程于1998年5月启动。达标堤段为东莞大围梨川至附城柏洲边堤段，长5千米，为与运河共用堤防。达标建设主要施工项目为按百年一遇标准加高培厚大堤，路、堤结合建设。达标堤段堤面宽20.2米，双向4车道，两侧均辟有人行道，并配套绿化、美化。

9月23日，东莞市"向国庆献礼——东引河整治工程开工典礼"在虎门水闸现场举行。

9月23日，东莞市"三个一百"（百里东莞大堤达标建设、百里海堤达标建设、百里东引河综合整治）重点水利建设工程向国庆50周年献礼奠基仪式暨海堤达标建设动员大会在沙田镇举行，会上，长安、虎门、麻涌、沙田、望牛墩、洪梅6个沿海镇分别同市政府签订海堤达标建设工程责任书。

9月29日，东莞市人民政府颁布《关于整治东引运河污染的通告》，决定对东引运河水环境和工程环境实施保护并进行综合整治。

10月6日，《东莞市东引运河水质污染防治办法》由东莞市人民政府颁布实施。

12月24—26日，东莞市持续出现低温天气，为近10年来同期最低气温，其中城区3.1℃，塘厦镇最低为0.5℃，全市农业直接经济损失3.65亿元。

2000年

5月，峡口水闸重建工程动工，是东莞市第一宗使用液压设备启闭闸门的水闸，设4孔8米宽排水闸和1孔10米宽船闸。工程于2001年底完工。

8月3日，成立以中共东莞市委副书记为总指挥的东引运河整治工程指挥部，开始对东引运河进行系统整治。

10月，运河虎门水闸（原称镇口水闸）重建工程动工，次年12月竣工并投入运行。

2001年

7月6日，受台风"尤特"影响，东莞市风力6~7级、阵风8~9级，沿海地区阵风10级，并伴有大到暴雨，同沙水库当日降雨量209.4毫米。沿海及水乡部分内堤因遭暴潮漫顶，个别村庄遭水浸，受灾范围涉及6个镇，农作物受灾面积4452公顷，大牲畜死亡200头，全市直接经济损失1.05亿元。

7月7日凌晨，受台风"尤特"带来的狂风暴雨影响，运河水位上涨迅速，虎门运河水位达到1.25米（珠基），沙田、厚街、南城等多地出现水浸，镇口水闸重建工程上下围堰紧急破口排洪。三天后围堰破口填塞修复。

9月，市区污水处理厂动工建设，一期工程于2002年9月竣工，2002年10月投产运行。

11月14日，东江引水工程管理处档案管理工作达标，被评为广东省一级达标单位。建档资料从1986年开始至2000年，共整理516卷（册），编制各种目录7本，并建立完善的检索工具。

2002年

4月1日，东莞市人大常委会组织东莞市水利局、东莞市规划局、东莞市市政局、南畲塱电排站、石龙镇、茶山镇等单位有关领导在东莞市水利局召开"南畲塱排污改造工程方案论证会"。

4月20日，重建磨碟口水闸工程动工。2003年4月4日竣工验收，其质量达到优良标准。

8月14日，东莞市人民政府召开东莞运河流域污染源清理动员大会，要求沿河18个镇区迅速行动起来，对各种污染源进行全面清理。

11月20日，重建镇口节制闸工程动工。2003年6月23日竣工验收，其质量达到优良标准。

2003年

1月1日，《东莞市堤围防护费征收管理实施办法》施行。

1月15日，峡口水闸维修工程动工。同年3月3日完工并通过验收，恢复通航。

1月，海口庙水闸重建工程动工，同年11月竣工。

3月，樟村水质净化厂一期工程动工建设，2005年开始投入运行。

4月30日，东引运河磨碟口水闸重建工程水下部分通过检查验收。该项目是东引运河综合整治的重点工程项目之一。5月22日开启闸门投入运行。

7月23日，受第0307号台风"伊布都"影响，东莞普降中到大雨，局部地区大到暴雨，虎门一带阵风8级。受其影响，泗盛水位站最高潮水位2.01米。

7月，东莞市持续高温酷热，月平均气温29.6℃，比同期多年平均值偏高1.1℃。全月累计降雨量仅86毫米，较同期多年平均值偏少65.1%。

9月2日，台风"杜鹃"正面袭击东莞，为东莞近24年来遭受的强度最大的热带风暴。全市共死亡3人，有30人受伤送医院治疗；有23个镇区局部停电，部分企业遭水浸，直接经济损失4.88亿元。

9月14—16日，东莞市连降暴雨，寒溪河流域出现5年一遇洪水，埔田片各镇区受到不同程度影响。

10月14日，第35次中共东莞市委常委、东莞市人民政府副市长联席会议召开，研究决定在石马河口建拦河坝，将石马河污水调入东引运河，以确保东江下游供水安全。

11月，新基水闸重建工程动工，拆除1958年建设的2孔旧闸和1991年建设的新闸。工程于2004年9月竣工。

12月，南畲塱电排站重建第一期工程即燕岭排站出水渠及防洪闸重建工程动工，计划投资1000余万元。

是年底，东引运河整治主要工程项目及配套项目完成，实际完成投资8007.5万元。

2004年

2月，石马河调污工程施工，至年底基本完成。

6月，南畲塱电排站重建第一期工程即燕岭排站出水渠及防洪闸重建工程全面竣工并通过验收，被评为优良工程。

7月3—4日，受低压槽及台风"蒲公英"外围共同影响，市内部分地区出现强降雨过程。因上游连续降雨，石马河水位上涨，常平朗州桥段最高水位7米。4日24时，石马河调污工程施工围堰被大水冲垮，缺口30余米。

是年，东莞市秋（冬）旱严重。11—12月总降雨量不足10毫米。12月底，全市小（一）型以上水库蓄水量仅9593万立方米，较多年同期蓄水量减少21.8%。

是年，东莞大堤完成达标堤段建设16.46千米，未完成48千米，32个标段有26个完成招标投标进入施工阶段。

2005 年

8月19日,东莞受南海热带辐合带影响,普降大暴雨到特大暴雨,降雨量普遍超过100毫米,降雨量最大的石龙镇达到366毫米。受大面积高强度暴雨的影响,全市各镇区都不同程度出现内涝和水浸的情况。

从10月开始,东莞市着手开展东莞运河的综合整治工作,聘请中国环境科学研究院调查运河水质污染和污染源情况,并完成《东莞运河水质污染整治工作方案》。

11月,东莞大堤达标加固建设持续推进,拆除周溪水闸。

年内,东引运河防灾减灾峡口水闸除险加固工程动工,是全市防灾减灾工程启动开工建设的第一宗工程。

2006 年

7月14—18日期间,东莞市和东江流域均受连场大暴雨影响,寒溪水各水位站均超警戒水位。

7月17日,受台风"碧利斯"影响,峡口水闸24小时降雨313毫米,运河水位达到5.3米(珠基),东江水位达到5.2米(珠基),南坑水闸最高水位6.28米(珠基),埔田片出现严重内涝,仁和水水边段河堤塌方决堤,常平大面积受浸。

10月,作为东引运河防灾减灾工程实施内容,神山水闸拆除。同年底,1962年建设的石角水闸和1991年建设的石角新闸也相继拆除。

11月6日,第36次中共东莞市委常委、东莞市人民政府副市长联席会议讨论通过联合中国环境科学研究院编制的《东莞运河综合整治方案》《东莞市内河涌整治规划》。确定由市水利部门统筹落实相关整治工作,确定各主要内河涌的整治时间和进度安排。

11月10日,东莞市东引工程管理处隆重举行防汛大楼落成庆典仪式。东引防汛大楼工程占地面积600平方米,总建筑面积3800平方米,总投资500万元(其中市政投资375万元)。

2007 年

1月,东引运河防灾减灾石鼓水闸重建工程动工,2008年9月竣工。

6—8月,中共东莞市委、东莞市人民政府先后三次召开东引运河城区段整治方案技术讨论会,争取在最短的时间内解决运河中心段黑臭问题。

10月,东引运河防灾减灾企石水闸重建工程动工,2011年6月竣工。

10月30日,东莞市人民政府实地考察观澜河与石马河交界河段、石马河调污工程、南畲塱调污工程等,深入了解东引运河的水污染现状,提出针对性治理措施。

12月25日,东莞市人民政府印发运河综合整治总体方案和五个专项方案,对运河综合整治的目标、整治范围、工作内容及组织领导、工作安排等作出明确部署,运河综合治理全面推开。

12月,东引运河防灾减灾赤岭水闸重建工程动工,2013年1月竣工。

是年，东莞市编制《东莞市运河整治构想》，明确"截污、清淤、活源、治堤"的总体原则。制订《东莞运河污水净化工程建设实施方案》《东莞运河城区段消除黑臭方案》。

是年，东莞市启动40多处污水和垃圾处理工程，对六大污染行业采取关闭、搬迁、在线监控等措施。首批污水处理工程中12项主体工程、15项管网工程开工建设。

2008年

4月10日及9月9日，东莞市政府两次专门组织召开污水处理工程建设工作现场会。全年共完成工程投资19.8亿元，其中，管网工程13.3亿元，建成管网长度190千米；污水处理主体工程投入6.5亿元。

9月23日，受台风"黑格比"影响，出现历史暴潮。虎门水闸潮水位达到2.8米（珠基），虎门、沙田、道滘、望牛墩等出现潮水倒灌受浸。

9—10月，东莞市环境保护局对东引运河和上游沿岸的排污企业进行全面检查。共检查企业450家，其中污染防治设施正常运转的366家，停产12家，关闭15家，搬迁2家，查处违法企业15家，发出限期整改通知书40份。

是年，东莞市水利局根据《东莞市运河综合整治工作实施方案》任务分工，制定《关于运河综合整治清淤、活源工作实施意见》，成立东莞市运河综合整治清淤、活源工作专项工作小组。

是年，东莞樟村水质净化厂全年保持满负荷生产，全年污水处理总量约83574万吨，实际处理量约274万吨/天，比原设计水平260万吨/天增加14万吨/天，全年湿污泥产出总量约29.5万吨。

2009年

5—12月，市政府先后批准《东引运河（寒溪水）流域综合整治规划》及《石马河流域的干流防洪规划》，塘板、樟村及峡口三宗水闸工程扩建，寒溪水合浦市陂至梅塘水汇入口段堤防建设及扩河工程、东引运河峡口至樟村段河道整治等5项工程作为应急工程先行实施。

9月，东莞市成立东引运河综合整治工程建设指挥部。截至当年底，《东引运河、寒溪水流域综合整治干流防洪规划》及近期实施计划获东莞市人民政府批准，清淤示范工程前期工作基本完成，东引运河路堤及景观工程B段动工，A、C段方案设计工作有序开展。堤防设计标准从20年一遇提高到50年一遇。

10月，东引运河防灾减灾广济涌水闸重建工程动工，2011年7月竣工。

12月24日，塘板水闸扩建工程开工，扩建水闸4孔8米、管理房、箱涵（桩号塘0+000至桩号塘4+600）及河道疏浚，2011年6月17日完工。

年内，樟村水闸扩建工程动工，扩建水闸，装修管理楼，建设人渡码头，2010年底完工。

2010年

3月10日，东莞市运河整治办公室与深圳大鹏液化天然气公司协调东引运河A段峡口桥—樟村桥段燃气管道迁改事项。

3月20日，梅塘水工程开工，建设堤防5.8千米，扩建环常路桥（东桥），拆除沙步陂水闸，整治河道5.33千米，防洪标准达到50年一遇，2013年12月完工。

5月20日，虎门镇长堤路初步设计通过专家评审。

6月，东莞市人民政府十件实事之一的东引运河堤路结合达标工程A段（石碣大桥至南城新基段）工程由东莞市城建工程管理局开工建设，工程投资规模54080万元，涉及南城、东城街道，整治长度12.8千米。

6月29日，东莞市人民政府批复同意组建运河整治设计联合体；由广东省水利电力勘测设计研究院作为联合体牵头单位，成员单位包括：东莞市城建规划设计院、东莞市水利勘测设计院。

11月12日，东莞市举行污水治理工程竣工验收工作动员大会，标志着34项污水处理厂主体工程、35项截污主干管工程、35项污水管提升泵站及配套工程、21项污水处理厂尾水排水管工程等四项污水治理工程启动竣工验收工作。

11月15日，峡口水闸扩建（一期）工程开工，扩建水闸4孔及1孔船闸总净宽60米及管理楼，2013年12月完工。

2011年

3月31日，东莞市运河整治办公室在东莞大堤管理处，组织东莞市城建工程管理局、东莞市水务局、东莞市交通运输局、东莞市城乡规划局、东莞生态园管委会、广东省冶金建筑设计研究院、东莞市水利勘测设计院等单位，协调推进西溪河段在建工程建设事项。

3月，运河综合整治工程虎门长堤路工程由虎门镇人民政府主持开工建设。工程集水利、景观和交通于一体，投资规模139966万元，整治长度11.54千米。

6月30日，东江大道（峡口水闸段）恢复临时通车，标志着峡口水闸扩建工程阶段任务顺利完成。

11月，东引运河防灾减灾博厦水闸（船闸）重建与调度中心楼工程动工，拆除1958年所建的船闸并改为箱涵。工程于2015年竣工。

2012年

6月14日，运河整治设计联合体向东莞市人民政府专题汇报《东莞市运河综合整治干流实施方案建议》。

7月5日，东莞市人民政府发布《东莞市水资源保护与水环境治理"十二五"规划》，东莞市在"十二五"期间将集中开展包括饮用水源保护、运河治理在内的内河涌治理等5个方面工作，重点实施联网水库水源保护等八大工程。

8月，根据《关于组建东莞市运河治理中心的批复》（东机编〔2012〕116号）文件精神，原东江引水工程管理处、石马河流域管理处、挂影洲围管理所三个单位整合组建东莞市运河治理中心。

2013 年

3月1日，东莞市运河治理中心组建完毕，合署办公。

3月，神山桥至坑美段堤防和市政工程开工，整治长度5.2千米，工程涉及东坑和横沥两镇。

8月14—19日，受台风"尤特"影响，东莞市出现连续暴雨和特大暴雨，东莞市运河治理中心全体员工坚守岗位，防洪排涝。

8月23日，东莞市运河整治东引运河（寒溪水）堤路结合达标工程茶山北段通过东莞市水务局组织的工程竣工验收。

9月22日，台风"天兔"在汕尾登陆，东莞市运河治理中心成立5个三防应急小组，分别对石马河、东引运河及挂影洲围沿线在建、已建水利工程及后勤物资等方面进行全面督导检查。

是年，东莞市运河综合整治东引运河、寒溪水流域新建峡口节制闸工程，峡口水闸扩建工程（二期）和莞龙路至峡口段河道工程的项目建议书获东莞市人民政府批复。

是年底，寒溪水合浦市陂至梅塘水汇入口段堤防建设及扩河工程、峡口水闸至樟村水闸段河道整治工程、峡口水闸扩建工程陆续全部完工。

2014 年

1月26日，峡口水闸扩建工程（一期）通过东莞市水务局组织的工程预验收。

2月27日，东莞市人民政府批复同意《关于运河综合整治项目建设程序》（东府办复〔2014〕107号）。同意设立运河综合整治专项资金，同意运河综合整治项目报建程序分为六阶段。

3月18日，东莞市人民政府常务会议审议通过《东莞市主要河流"河长制"实施方案》、环境保护责任考核办法、环境保护责任考核指标体系等举措，要求严格落实政府环境保护责任，保障生态建设和生态恢复。

5月11—12日，东莞市普遍出现暴雨，降水量达到100毫米以上的镇街有凤岗、清溪、塘厦、虎门、大岭山、樟木头、谢岗、长安、黄江、寮步等。最大雨量出现在凤岗镇，为318.8毫米，1小时最大雨量达到81.9毫米。大风最大为清溪镇，录得25.1米/秒（10级）。塘厦、凤岗等镇受灾严重，有7人因灾死亡，直接经济损失16.18亿元。

5月21日，东莞市人民政府第15届第84次常务会议讨论关于修复"511"洪灾全市水毁工程问题，决定由东莞市水务局确定设计、监理和抢险施工单位，制定临时抢修和加固方案，由东莞市运河治理中心作为实施主体，立即进行抢修和加固。

9月15—16日，受台风"海鸥"影响，东莞市凤岗、清溪、塘厦、谢岗、麻涌、企石6个镇街出现暴雨，最大降水出现在凤岗镇，为66.3毫米。最大阵风出现在樟木头镇，为25.6米/秒（10级）；其次为凤岗镇23.3米/秒（9级）。

12月，横沥中心区段（南环桥至铁路桥）工程开工，整治堤防4.06千米，改造道路

2.94 千米,绿化景观带 3.75 千米,绿化面积 6.7 万平方米,新建新海排站排渠 279.71 米。

是年,东莞市制定《东莞市内河涌综合整治工作实施方案》及《东莞市内河涌水环境综合整治技术指引》。

2015 年

4 月 27 日,东莞市三防办督办广济涌水闸挡墙裂缝修复情况。

5 月 27 日,东莞市运河治理中心赴深圳考察观澜河、深圳河整治成效,与深圳市水务局河道处座谈。

6 月 26 日,广东省发改委收费检查组到峡口船闸对过闸收费项目进行检查。

10 月 20 日,广东省东江流域管理局到东莞市运河治理中心峡口水闸、樟村水闸调研水量调度情况。

12 月 18 日,虎门城区水闸项目启动。

是年,东莞市制定实施《东莞市 2015 年南粤水更清行动工作方案》,制定《东莞市"涌长制"实施方案》和《东引运河、寒溪河"河长制"实施细则》。

2016 年

4 月 11 日,由《东莞时报》、东莞市水务局主办的东莞市"十佳最美水生态景观"网络评选活动结果揭晓,东坑镇滩美湖、大朗镇荔香湿地公园、麻涌镇华阳湖湿地公园、黄江镇黄牛埔水库、石排镇海仔湖、沙田镇(东莞港)穗丰年湿地公园、塘厦镇电光村水库、麻涌镇"走进飘香四季"项目、南城街道水濂湖公园、东莞生态园湿地景区为东莞市"十佳最美水生态景观",其中,7 个位于东引运河流域。

是年,东莞市成立污水治理设施建设工程总指挥部,打响新一轮水污染治理攻坚战。

是年,按照《关于市运河治理中心升格为副处级的通知》(东机编〔2016〕58 号),东莞市运河治理中心升格为副处级单位。

2017 年

7 月 22 日,受台风"洛克"影响,东莞市气象局发出台风白色和蓝色预警信号,东莞市运河治理中心根据《东莞市运河治理中心三防应急预案》启动三防Ⅳ级应急响应。

8 月 22—23 日,受台风"天鸽"影响,东莞市运河治理中心分别启动中心三防Ⅳ级、Ⅲ级应急响应,虎门水闸录得最高历史暴潮水位 3.30 米(珠基)。

8 月 26—27 日,受台风"帕卡"影响,东莞市运河治理中心分别启动中心三防Ⅳ级、Ⅲ级、Ⅱ级应急响应。

9 月 12 日,虎门城区段河道清淤疏浚工程开工,清淤疏浚 3.88 千米,清淤总量 12.06 万立方米,2019 年完工。

9 月 15 日,桥头至企石水闸区段河道清淤疏浚工程开工,清淤疏浚 12.51 千米,清淤总量 38 万立方米,拆除阻水旧桥,重建上洞桥,2019 年完工。

10 月 20 日,石马河河口东江水源保护一期工程开工,新建节制闸、重建建塘反虹涵、扩建调污箱涵，2020年完工。

12月11日，深圳大学到东引运河下游段石鼓水闸至虎门水闸段河道清淤清障应急工程临时固化场实地调研，在东莞市运河治理中心召开座谈会。

2018年

2月8日，东莞市人民政府常务会议审议通过《东莞市2018年度水污染防治工作方案》，计划到2018年底，全面消除城市建成区黑臭水体，这些水体多数位于运河流域。

6月28日，东莞市召开重污染河涌整治工作会议，部署加快推进污染河涌整治任务。

8月29—30日，暴雨袭击东莞，造成经济损失862万元，受灾人口5129人，转移人口1685人，解救内涝积水围困人员80人。

9月10日，东莞市举行首个"河湖保洁日"活动，之后定期开展活动，对全市纳入河长制范围包括运河在内的669条河流进行保洁。

9月16日，受台风"山竹"（强台风级）影响，东莞市出现强风大浪及风暴潮，全市启动三防应急Ⅰ级响应，安全转移14.7万人，妥善安置12.27万人。虎门水闸录得暴潮水位3.30米（珠基）。

9月19日，东莞市举行"河湖治理大家谈"论坛暨水污染治理工作情况发布会，介绍全市水环境综合整治工作情况。全市669条河流设立河长918名，建成877千米截污次支管网。

11月15日，东莞市人民政府常务会议审议通过《东莞市打好污染防治攻坚战三年行动计划（2018—2020）》等事项。

12月25日，东莞市全面推行河长制工作领导小组第一次会议召开，传达学习广东省全面推行河长制工作领导小组第一次会议精神，审议通过相关文件。根据有关方案，市四套班子28位领导挂点督办包括运河在内的全市28条重点河涌治理。

是年，东莞市排查河湖"四乱"（乱堆、乱采、乱占、乱建）问题1595个，清理整治1467个。

是年，东莞市开展"五清"（清理非法排污口、清理水面漂浮物、清理底泥污染物、清理河湖障碍物、清理涉河湖违法建筑）专项行动，清理水面垃圾、水浮莲等漂浮物8.45万吨，治理污染河涌102条，整治河道管理范围内砂场182个，清理2008年以来涉水违章建筑909宗共17.77万平方米，整治规范排污口4206个。

是年，东莞市完成东引运河下游段石鼓水闸至虎门水闸段河道清淤清障应急工程、樟村泵站设备升级改造、市第三水厂生态补水应急项目等工程建设。

2019年

1月28—29日，东莞市举行镇街水污染治理工作思路陈述会，交流互鉴治理经验，集智攻关重难点问题。

2月12日，东莞市举行决战茅洲河流域水污染治理攻坚战誓师大会。

4月19日，东莞市污染防治攻坚战指挥部发布2019年1号令《关于开展东莞市茅洲河共和村国考断面水质达标攻坚行动的命令》、3号令《关于开展东莞市樟村国考断面水质达标攻坚行动的命令》和4号令《关于开展东莞市沙田泗盛、角尾村、石龙北河、石龙南河考核断面水质达标攻坚行动的命令》。

4月25日，东莞市组织召开环境保护督察整改工作会议暨黑臭水体整治现场会。

5月7日，生态环境部通报2019年1—3月全国地表水环境质量状况。东莞市为10个国家地表水考核断面水环境质量相对较差的城市之一。

6月14日，东莞市成立东引运河流域综合整治现场指挥部，17日进驻东莞市运河治理中心集中办公，全面统筹推进东引运河流域樟村国考断面水质达标攻坚行动。流域范围内的13个镇街（园区）由分管领导牵头，分别组建镇街层面的东引运河流域综合整治现场指挥部，负责与市现场指挥部对接协调。

6月27日，生态环境部水生态环境司在东莞实地调研东引运河樟村国考断面攻坚情况。

7月26日，东莞市水污染治理现场指挥部召开第6期办公会议，明确横沥镇地下排水管网系统摸查工作查漏补缺、抽调百名人才到市东引运河流域综合整治现场指挥部和市城建局工作。

8月30日，东莞市召开东引运河—寒溪河流域水污染治理攻坚战誓师大会。

9月19—20日，广东省生态环境厅组织专家组到东莞市开展东引运河—寒溪河流域水污染治理攻坚专家技术指导及咨询。

9月29日，东莞市重污染河涌整治百日攻坚动员会召开，对推进重污染河涌整治进行再动员、再部署。

10月12日，东莞市人民政府召开常务会议，审议通过《东莞市东引运河流域樟村断面综合治理工程可行性研究报告》。

10月，东莞市东引运河樟村断面综合治理工程动工，流域面积843.13平方千米，涉及13个镇街（园区）的321条河涌。工程投资约99亿元，包括污水管网完善工程及河涌水环境整治工程。

12月8日，2019年第1号《关于开展河长制湖长制重点工作攻坚行动的河长令》发布，聚焦发力国考断面水质达标攻坚行动，确保2019年底前，石马河旗岭国考断面实现消除劣Ⅴ类的水质目标，茅洲河共和村国考断面水质稳定达到Ⅴ类标准，樟村国考断面水质达到Ⅴ类标准。

是年，东莞市印发《东莞市整治侵占江河湖泊违法违规建设问题专项行动方案》，全市503个纳入省"清四乱"（清理乱占、乱采、乱堆、乱建）范围的河湖问题在全省率先全部销号。对全市669条河涌（1146段河段）两岸实施"清6米"专项行动，累计清理河段数1121段，占河段总数97.82%。

是年，东莞市开展"五清"（清理非法排污口、清理水面漂浮物、清理底泥污染物、清理河湖障碍物、清理涉河湖违法违建）专项行动，东莞市完成省认定（1516个）的1266

个入河排污口的整治，清理水面漂浮物 9.55 万吨，河道清淤疏浚 49.95 千米，清理河湖障碍物 157 宗，清理涉河湖违建 340 宗。

2020 年

1 月 9 日，长江水利委员会到东莞市运河治理中心调研，察看东引运河峡口至虎门段沿线水闸和河道情况。

2 月，东引运河樟村国考断面水质监测结果为Ⅳ类，达到国家、省水质目标，攻坚战成效明显。

3 月 10 日，东莞市人民政府召开全市污染防治攻坚战暨镇、村级河长工作会议。

4 月 9 日，东莞市人民政府召开东引运河流域河道整治及碧道建设工作推进会。

5 月 21 日，东莞市 30 个镇街降雨量超过 50 毫米，23 个镇街超过 100 毫米，8 个镇街超过 250 毫米，东城街道录得最大 3 小时雨量 351 毫米（22 日 0 时 30 分至 3 时 30 分），为有气象记录以来历史最高纪录（2008 年 6 月 13 日的 3 小时雨量 219 毫米），1 小时最大降雨量 157.1 毫米，历史少见。

是年，东莞市完成污染河涌整治 213 条。樟村国考断面上游重污染河涌一体化污水处理项目涉及的 39 座一体化污水处理设施全部投入运营。虎门德隆围、广济涌完成整治，基本消除黑臭。

是年，东莞市开展"清四乱"专项行动回头看，完成清理并销号 669 条河涌（1146 段河段）的两岸"清 6 米"工作，"清四乱"工作进入常态化。完成省下达的"五清"工作任务，河道清淤疏浚 127.8 千米，清理河湖障碍物 157 宗，清理涉河湖违建 340 宗，整治入河排污口 1516 个，清理水面漂浮物 8.58 万吨。

2021 年

4 月 21 日，水利部专项检查组到虎门水闸、厚街水道挡潮闸、峡口水闸开展水闸安全运行管理检查。

11 月 3 日，东莞市运河治理中心到江门市江新联围管理处进行调研学习，交流河道、堤防、水闸、泵站等水利工程的运行维护管理经验。

11 月 12 日，佛山市水利局来莞调研，实地查看东引运河流域茶山污水处理厂提标改造项目、茶山镇博头村雨污分流工程等项目，交流治水工作经验。

是年，东引运河流域 8 条重点一级支流、70% 的内河涌实现全面消劣，樟村国考断面水质提升到Ⅲ类（氨氮浓度下降 78%、总磷浓度下降 47%），顺利达标。

是年，东莞河湖长制获得国务院激励奖励，被授予国家生态文明建设示范区称号，运河治理取得显著成效是重要得分项之一。

第一章
流域概况

东引运河流域位于广东省东莞市境内,属于东江流域支系。运河干流从东北到西南斜贯整个东莞市境,串联东江左岸东莞境内各主要水系,为东莞水网骨干河道。其东邻石马河流域的塘厦、樟木头和谢岗镇,南接深圳宝安区、光明区,西邻狮子洋和珠江口,北邻东江干流和东江南支流,隔江对岸为惠州市博罗县。位于东经113°33′57″~114°06′29″、北纬22°43′06″~23°07′07″之间,最东点地理坐标为东经114°06′29″、北纬23°03′19″,最南点地理坐标为东经113°40′49″、北纬22°43′06″,最西点地理坐标为东经113°33′57″、北纬22°52′29″,最北点地理坐标为东经113°54′05″、北纬23°07′07″,涵盖东城、莞城、万江(部分区域)、南城4个街道和桥头(部分区域)、企石、石排、横沥、东坑、寮步、茶山、厚街、沙田、虎门、长安、大岭山、大朗、黄江、常平(部分区域)等15个镇,以及东莞松山湖高新技术产业开发区,流域总面积1210.3平方千米,占东莞全市陆地总面积的49.2%。

第一节　河流水系

东引运河流域主要水系117条,由东引运河干流和仁和水、寒溪河、黄沙河、大陂河、大沙河等支流组成,其中一级支流66条,10平方千米以上一级支流24条;二级支流35条;三级支流16条。

一、东引运河干流

东引运河全河段于1970年建成通水,为人工河道与天然河道相连而成,源起桥头镇建塘引水口,终至长安镇独墩水闸,全长102千米。运河源头引水口位于东江左岸东莞市桥头镇建塘口,破东江堤筑闸,无坝引东江水入企石镇小海河,后因东江水位下切无法引水,引水口于1997年封堵,改引石马河水和潼湖水。建塘引水口至企石镇节制闸段长11千米,又名小海河。企石镇节制闸至仁和水汇入口段长7.64千米,仁和水河口至常平镇寒溪河口段长3.6千米,于横沥镇半仙山入寒溪河,以上两河段原名为寒溪水横沥支流。然后转向西南,横沥支流入口至峡口水闸段长19.8千米,为寒溪河天然河道。再向下由峡口水闸经东城街道、莞城街道、万江街道、南城街道至石鼓水闸段,长19.5千米。从石鼓水闸向下连接沙田引淡渠、银河至镇口节制闸,河道长20.98千米。再经虎门镇的镇口节制闸至磨碟河与厦岗涌交界处,河道长10.5千米。沿厦岗涌经长安东引河至独墩水闸,河道长9.17千米。运河沿途配套工程众多,建有黄牛埔、松木山、同沙、横岗 4 座中型水库，峡口、樟村、虎门、磨碟口等 19 座水闸，其中 5 座节制闸、14 座排水闸。

二、其他主要支流

（一）寒溪河

寒溪河旧名青鹤湾水，上游梅塘水发源于大屏嶂山之观音髻，自黄江镇北流经大朗镇东部，在常平镇袁山贝村与松木山水汇合后称寒溪河，再北流经常平镇西部至横沥镇与东引运河汇流，又经东坑镇、寮步镇、茶山镇直至东城街道峡口，于峡口水闸排入东江南支流，其中横沥汇流口至峡口水闸段长 20.3 千米，作为东引运河干流一部分。寒溪河主流河道（含与东引运河共用河道）全长 59 千米，集雨面积 720 平方千米。

（二）梅塘水

梅塘水发源于大屏嶂山之观音髻，自南向北流经黄江镇、常平镇、大朗镇，于大朗镇的沙步村汇入寒溪河，集雨面积 119.1 平方千米，河流长 30.5 千米，河宽 8 米～60 米，河道平均比降 1.71‰。由蝴蝶地水库以下至黄牛埔水库排洪渠入口段河道习惯称为田心水，田心水以下至寒溪河口段称为梅塘水。

（三）仁和水

仁和水为东引运河左岸较大的一条支流，发源于常平镇松园村老虎凹，自南向北流经常平镇的麦元、元江元、横江厦、白石岗、沙湖口村和横沥镇水边、桃子园、村头、村尾、田饶步、六甲村，于横沥镇水边村汇入东引运河，河道长 17.13 千米，集雨面积 53.1 平方千米。其中，流经常平镇河道长 11.28 千米，流经横沥镇河道长 5.62 千米，平均宽 20 米～60 米，河道下宽上窄，河道平均比降 0.5‰，弯曲系数较大。

（四）寮步河

寮步河发源于大朗镇黎贝岭，两岸有河堤防护，河道下游段宽 30 米～70 米，上、中游段宽 20 米～50 米，于寮步镇良边村、石步村汇入东引运河。河长 11.27 千米，集雨面积 24.6 平方千米，河道平均比降 1.8‰。寮步河是寮步镇主要排水河道。

（五）黄沙河

黄沙河发源于大岭山镇，流经水朗、大岭山、龙岗、龙山，于旧大沙进入同沙水库，再经同沙、上屯、霞边、新旧围、岭厦、竹园村，于温塘汇入东引运河。全长 37.3 千米，集雨面积 197.6 平方千米，河道平均比降 1.4‰，两岸大部分有堤防或河岸防护。中游有同沙水库，坝址控制流域面积 98.8 平方千米。同沙水库以下河道长 12.6 千米，河道平均比降 2.6‰，主要支流有军氹河与西南河、横竹河。

(六)下桥河

下桥河起点靠近东城街道温塘路,由南向北经过石井大道、下桥水果批发市场,横穿莞龙路,通过上桥社区,下游位于下桥社区内靠近运河部分为明渠及自然冲沟,出口直接排至运河,全程 3.94 千米,汇水面积 4.47 平方千米。

(七)新开河

新开河旧称东门河,起点位于莞城街道境内东莞市人民公园侧门,出口位于运河新楼桥,为市区的一条主要排洪渠。流域范围包括新河北路、罗沙路、旗峰路、石井大道、圃园路、黎屋围大道及运河所围合的区域,集雨面积 11.7 平方千米,河道长 6.55 千米,河道加权比降 3.8‰。新开河全部覆盖为暗渠,下游底宽 12 米,运河东一路至一亩元桥段(长约 550 米)标准断面顶宽 20.36 米,一亩元桥至东门广场段(长约 504 米)标准断面顶宽 12.6 米。

(八)鸿福河

鸿福河发源于东城街道火炼树社区,全长 8.02 千米,集雨面积为 17.41 平方千米,河道加权比降 3.7‰。一环路至南四环路及旗峰路所包围的区域均属鸿福河流域,沿河为高密度住宅及商业区。

(九)新基河

新基河位于南城街道,河道总长 10.58 千米,上游为西平水库,水库以上河道 3.62 千米,水库以下河道加权比降 2.8‰,集雨面积 18.4 平方千米,其中水库以上集雨面积 6.84 平方千米。下游科技大道至运河段已覆盖为暗渠,暗渠断面为 2 孔 7.5 米×3.5 米,长 1.78 千米,其余为明渠。

(十)石鼓河

石鼓河又称白马河,发源于南城街道水濂山,集雨面积为 24.06 平方千米,河长 17.95 千米。自水濂山水库溢洪道出口至运河入口全长 5.99 千米,水库以上集雨面积 12.2 平方千米,河道平均比降 4.16‰,为南城街道内一条主要的排水明渠。石鼓河源头至东莞大道现状为自然明渠,明渠宽 3 米~4 米,长度 1.7 千米。东莞大道至黄金路段河道已加盖为暗渠,渠道断面为 2 孔 5 米×3 米,长约 800 米,其余为明渠。

(十一)黑水陂、大陂河

黑水陂、大陂河发源于大岭山镇大鼓顶,集雨面积 86.9 平方千米,河道总长 22.7 千米,平均坡降 3.1‰,其中,上游横岗水库控制流域面积 44.6 平方千米。河道从水库溢洪道向下,至广深高速东侧与白庙水库、草塘水库所在支流汇合后,经环岗、汀山、寮厦过厚街大道后分为两支,北支建有 4 孔分水闸分水入黑水陂,横穿涌口村,最后于涌口村北入东引运河,河道长 5.18 千米,平均坡降为 1.42‰。南支仍称为大陂河,水库以下全长 9.67 千米,河道平均坡降 0.92‰,也在黑水陂口下游 150 米于涌口村南汇入东引运河。

（十二）白濠水

白濠水发源于厚街镇大清溪山，总集雨面积 11.3 平方千米，河道长 8.47 千米，河道宽 6 米~20 米，上游建有沙溪水库和百足地水库，水库以下白濠水控制集水面积 3.09 平方千米，河道平均坡降 3.28‰；上游沙溪水库控制集水面积 4.2 平方千米，坝址以上河道长 3.78 米，河道平均坡降 12.4‰。

（十三）大沙河

大沙河发源于虎门镇怀德村，在京港澳高速公路以上为东北—西南走向，高速公路以下折向正南，在怀德村与鲫鱼岗水库下泄洪水汇合，行经龙眼、北栅、大宁等村，下游与大宁西涌、大宁南涌、江门涌等交汇，最后汇入东引运河磨碟河段。大沙河总集雨面积 43.26 平方千米，河道长 15.53 千米，河道坡降 3.7‰。

（十四）龙眼新涌

龙眼新涌发源于虎门镇鸡翼山，为大沙河支流，河道长 9.48 千米，集雨面积 15.45 平方千米。上游建有白坑水库，水库溢洪道排洪渠沿 107 国道向南，在龙眼村南部进入大沙河，后东北—西南走向，汇入东引运河虎门城区河段，水库以下河道总长 3.59 千米。

表 1-1　2021 年运河流域主要水系情况表

序号	河渠	长度（千米）	集雨面积（平方千米）	备注
1	东引运河	102	1210.3	
2	寒溪河	59	720	含横沥汇流口至峡口水闸段 20.3 千米
3	旧石马河	6.3	17.8	
4	东丫湖河	6.24	13.91	东丫湖水库以下 0.5 千米
5	十二丫排渠	4.93	8.36	
6	仁和水	17.13	53.1	铁路桥以下 12.2 千米
7	松木山水	28	110.9	松木山水以下 9.41 千米
8	梅塘水	30.5	119.1	蝴蝶地水库至松木山水汇流口 15.32 千米
9	板湖河	6.81	16.81	

续上表

序号	河渠	长度（千米）	集雨面积（平方千米）	备注
10	水口排渠	6.4	10.6	
11	东坑内河	10.1	18.3	
12	茶山内河	6.8	14.45	
13	寮步河	11.27	24.6	三支松水库以下 5.29 千米
14	黄沙河	37.3	197.6	长湖至同沙水库入口 9.3 千米
15	连平河	18.5	8.49	老虎岩水库坝下 5.63 千米
16	东之流	3.1	7.77	
17	军氹河	1.2	18.9	
18	下桥河	3.94	4.47	
19	新开河	6.55	11.7	
20	鸿福河	8.02	17.41	
21	新基河	10.58	18.4	西平水库坝下 6.41 千米
22	石鼓河	17.95	24.06	水濂山水库坝下 5.99 千米
23	大陂河	22.7	86.9	横岗水库坝下 9.67 千米
24	三丫陂水	8	7.1	
25	白濠水	8.47	11.3	沙溪水库坝下 5.62 千米
26	龙眼新涌	9.48	15.45	白坑水库坝下 5.49 千米
27	大沙河	15.53	43.26	鲫鱼岗水库坝下 8.76 千米
28	马尾山水	14	29.28	马尾水库坝下 3.5 千米

第二节 自然环境

一、地形地貌

东引运河流域地处东莞中西片区，地势东南高、西北低，地貌以丘陵台地、冲积平原为主。南部多山，集中成片，起伏较大，海拔多在200米～530米，坡度30左右，最高峰为大岭山山脉的大鼓顶，海拔高530.1米。中部低山丘陵成片，为丘陵台地区。东北部为东江河滨，丘陵和平原分布其中，海拔30米～80米，坡度较小，地势起伏和缓，为易于积水的埔田区。西北部是东江冲积而成的漫滩和冲积平原，地势低平。西南部是濒临珠江口的江河冲积平原，地势平坦而低陷，是受潮汐影响较大的沙咸田地区。低丘平原区以城镇为主，局部有少部分农田和鱼塘水面。耕地大部分是比较平坦的埔田，小部分是河岸洲地。流域植被茂盛，以阔叶林为主。

地形地貌对流域水资源的分布影响密切。桥头、企石、石排、常平、东坑、横沥、茶山等镇地势低洼，为余水区，易积水为涝。黄江、大朗、寮步、大岭山、东城、莞城、南城、厚街等镇街为丘陵或台地，上游水库、山塘较多，可以蓄水补水，为上游来水补充区。沙田、虎门、长安等沿海地带，易发咸潮，淡水资源紧缺，为缺水区。

二、气象水文

东引运河流域属亚热带季风气候区，长夏无冬，光照充足，热量丰富，气候温暖，温度变幅小，雨量充沛，干湿季明显。

（一）气温、湿度

流域气温较高，多年平均气温22.42℃，一年中七月最热，一月最冷，极端高温38.2℃（1994年7月12日），极端低温0℃（2016年1月24日）。多年平均相对湿度77%。

（二）风向、风速

流域季风明显，最多风向为东风，多年平均风速1.94米/秒，最大风速26米/秒，多年平均年最大风速13米/秒。

（三）日照、蒸发

流域日照时间长，蒸发量大。多年平均日照时数1891.9小时，一年中2～3月份日照最少，7月份日照最多，年内日照时数亦分布不均。多年平均年水面蒸发量1602毫米。

（四）降水

流域多年平均降水量1772.2毫米，最大年降水量2394.9毫米（1981年），最小年降水量972.2毫米（1963年），24小时最大雨量367.8毫米（1981年7月1日）。降水以南北冷暖气团交绥的锋面雨为主，多发生在4—6月。其次是台风雨，多发生在7—9月。降水年内分配不均，冬春干旱，夏秋洪涝，4—9月降水量占全年总降水量80%以上，降水面上分布一般西南多，东北少。

（五）径流

流域多年平均年径流量5.6亿立方米。径流年内分配变化明显，4—9月多年平均径流量一般占全年径流量的70%～80%。径流地区分布不均，年际变化较大，丰枯水年交替出现，且常伴有连丰连枯现象发生。

三、自然灾害

东引运河流域地处东江下游，珠江入海口东侧，濒临狮子洋，常遭受洪、涝、潮、旱、咸等灾害侵袭。东引运河流域洪水与暴雨出现时间基本一致，大多发生在4—9月。东引运河流域内河床坡降较陡，汇流时间短，受峡口出流控制，洪水陡涨慢落，洪水历时较长，大多在1～5天以内。同时由于台风并发暴潮，一般每年有2～3次台风对流域造成影响，多发生在7—9月。20世纪70年代东引运河建成以来，东引运河流域发生的较大自然灾害有：

1971年，第7118号台风在流域内的太平公社（今属虎门镇）登陆，冲毁海堤170千米，淹没14万亩，倒塌房屋9086间，死11人，伤150人。

1981年6月底至7月初，受第8105号台风影响，流域内沿海地区出现70年以来最大暴雨，从6月29日下午至7月1日下午48小时内，莞城、篁村公社雨量769毫米，厚街、寮步、虎门等公社雨量700毫米，三丫陂水库连续降雨量802.9毫米，莞城最大时雨量73.1毫米。

1983年9月9日，受第8309号强台风袭击，东莞全县包括运河流域在内的海堤漫顶成灾，决口总宽42千米，淹没农田1.68万公顷，倒塌房屋605间。在抢险中沙角海军战士牺牲7人。

1989年5月20日，第8903号台风于广东台山市登陆，受其影响，流域内沿海地区各镇日降雨量300毫米，长安镇五点梅水库5月21日8时降雨量为339.5毫米，又逢大潮，沿海镇区产生严重内涝，3333公顷农田受浸，冲毁水利设施17处，直接经济损失1485万元。

1990年9月秋旱，受旱水稻40万亩，经济作物24万亩。出动抗旱2.5万人次，水泵4969台，机电容量49929千瓦，抗旱资金1500万元。流域内埔田片区亦受灾。

1991年，早晚两季干旱，早季受旱面积38万亩，晚季受旱20万亩。东莞市出动抗旱人员4.3万人次，水泵8384台，机电容量6万千瓦，拦河筑坝蓄水1965处，新开引水渠

2109 条，长 1609 千米。因抗旱及时，流域未受灾害影响。

1993 年 9 月 26 日，受第 9308 号台风影响，流域普降暴雨，从 26 日 8 时至 27 日 8 时，大岭山镇为最大降雨，降雨量为 312 毫米，流域内的大朗、黄江、常平、东坑等镇降雨量均在 200 毫米～250 毫米之间，由于东江水顶托，峡口不能排水，茶山角社新基围、刘黄新围等几条小围漫顶或决堤，淹没农田 6400 公顷，浸没房屋 3000 多间，倒塌 700 多间，堤围决口 9 处，死亡 2 人，失踪 8 人，伤 4 人，2.2 万人口被洪水围困，直接经济损失 3.2 亿元。

1995 年 8 月 12 日，受第 9505 号台风影响，东莞市普降暴雨，茶山镇 3 日暴雨 349 毫米，流域内的 10 个镇区 2926 公顷农田受浸，直接经济损失 1442 万元。

1996 年 4 月中旬，东莞市普降暴雨，流域各镇及城区中罗沙、草塘、博厦、花园新村等地道路均有不同程度的水浸现象，农作物受灾面积 490 公顷，粮食减产 536 吨；水产养殖影响面积 40 公顷，造成损失 47.04 吨；损坏房屋 46 间（2700 平方米），倒塌房屋 1 间（60 平方米）。

1999 年春旱，东莞市 1—4 月累计降雨量为 256.7 毫米，仅为正常年份的一半。水库总蓄水量为 4200 万立方米，为多年同期平均值的 32.9%，126 宗小型水库中有 86 宗干涸。春季农作物受旱面积 36666 公顷，其中水稻 9333 公顷，约占应播种面积的 50%，流域内的黄江、大岭山等镇近 10 万居民用水受到严重威胁。

1999 年 8 月 22 日，受第 9908 号台风侵袭，风力最大 11 级，并伴有大雨和暴雨。8 月 22 日 8 时至 25 日 8 时，东莞市平均降雨量 200 毫米以上，流域寒溪涝区受灾严重，农作物受灾 8536 公顷，死亡 3 人，受浸厂房 25.76 万平方米，民房 1122 间，直接经济损失 1.45 亿元。

2002 年 4 月 6 日，流域受龙卷风袭击，厚街镇倒塌一幢简易厂房，掀翻一座简易宿舍，造成 3 人死亡，3 人受伤。沙田镇被龙卷风折断香蕉树 12.3 万棵，受灾面积 1266 公顷，受灾农户 2083 户，直接经济损失约 800 万元。

2004 年 8 月 11 日，流域沿海地区刮强风，沙田、虎门两镇直接经济损失共 1080.5 万元。其中受灾香蕉树面积 156 公顷，蔬菜 50 公顷，除香蕉树外果树 14 公顷，鱼塘 4 公顷，吹倒临时房屋 525 间，有 13 座 10 千伏线杆倒塌，10 千伏线路停电 67 条，威远变电站 4 座 110 千伏高压线铁塔倒塌，供电损失 185.5 万元。强风造成 1 人死亡，另有 8 人受伤住院。

2006 年 7 月 15—17 日，受台风"碧利斯"的影响，流域普降暴雨，松木山水库日最大降雨量 282.5 毫米。峡口以上运河水位（牛塘排站处）由 16 日 18 时的 5.54 米迅速攀升到 23 时的 6.74 米，超过警戒水位 1.3 米。7 月 17 日 10 时，外江东江水位高于内水位，峡口水闸被迫关闸，城区以上运河持续高水位，峡口水闸内水位 5.74 米以上持续超过 24 小时。房屋倒塌 790 间，约 9.2 万人受灾，直接经济损失 11.12 亿元。

2008年6月12—18日，受西南暖湿气流和低压槽影响，东莞市连续降雨，因灾死亡6人，直接经济损失19.8亿元。流域内的常平镇受灾严重，直接经济损失为4.98亿元，其中工厂企业损失为4亿多元。

2010年5月7日，东莞市普降暴雨，包含流域大部分镇街在内的受灾镇（街）19个，受灾人口2.72万人，倒塌房屋15间，因灾失踪人口1人，直接经济损失2.79亿元。

2013年，强台风强降雨灾害严重，连续强降雨导致洪涝灾害，受灾人口达2.23万人，转移人口2.73万人，倒塌房屋6间，损毁水利工程36宗，直接经济损失1.50亿元。流域内各镇街均普遍受到影响。

2014年3月30日，受低压槽和切变线影响，东莞市普降大暴雨，并伴有雷雨大风等强对流天气，26个镇街受灾（其中流域有14个镇），2人因灾死亡，1人因触电死亡，1人失踪，直接经济损失6484.04万元。

2014年5月11日，受强盛西南气流影响，东莞市普降暴雨至大暴雨，局部特大暴雨，因灾死亡7人，直接经济损失16.18亿元。流域内的大朗、大岭山、虎门、沙田、石排、寮步镇不同程度受灾。

2016年1月23—26日，强寒潮影响东莞市，低温冰冻灾害造成总经济损失9275.82万元。流域内的茶山、虎门、大朗3个镇出现农作物冻伤、冻死。

2016年8月2—3日，台风"妮妲"正面袭击东莞，全市普降暴雨，局部大暴雨，降雨量超过100毫米的镇街有28个，降雨量最大站点为流域内的沙田虎门港，达190.7毫米，造成流域内长安、石排、厚街、横沥、虎门、企石等13个镇受灾，直接经济损失856.96万元。

2017年8月23日，受台风"天鸽"影响，东莞市遭受严重风暴潮影响，沿海地区因海水倒灌出现大面积水浸，因灾死亡1人，受伤1人，直接经济损失1.97亿元，流域内的虎门、南城、厚街、长安镇受灾较重。

2018年9月15—17日，受超强台风"山竹"影响，东莞市普降暴雨到大暴雨，局部特大暴雨，泗盛围站出现超红色警戒的高潮位，共有15个镇街录得11级或以上阵风，其中有2个镇街录得12级阵风，因灾1死2伤，直接经济损失4.37亿元。全流域不同程度受灾。

2020年5月22日，东莞市普降暴雨到大暴雨，局部特大暴雨，发生严重积水和内涝，流域内的莞城、南城等7个镇街共38个地下车库被浸，全市共出现113个内涝积水点和8处小型地质滑坡，直接经济损失8313.6万元。

2021年，东江流域遭遇60年来最严重旱情并咸潮上溯，东莞市制定落实抗旱防咸保供水工作方案，有效应对56天咸潮上溯侵袭，流域内各镇街供水安全得到有力保障，旱情及咸潮未对经济社会发展造成大的影响。

第三节　人文环境

一、流域行政区划

东引运河流域所在东莞市，于东晋咸和六年（331年）立县，初名宝安县，隶属东官郡。唐至德二年（757年）更名为东莞县，县治从芜城（今宝安南头）移至到涌（今莞城），县名沿用至今。1949年10月17日，东莞县全境解放，属广东省东江行政区管辖。1985年9月，东莞县改设为东莞市（县级），属广东省惠阳地区管辖。1988年1月，东莞市升格为地级市，直属广东省管辖。

中华人民共和国成立后，东莞县设区、乡体制，有3县辖市9区78个乡。1958年9月，建立"政社合一"的人民公社制，有14个人民公社196个生产大队。1983年10月，人民公社改设为区，撤销生产大队，设立乡，有31个区公所、3个区级镇、487个乡政府、29个乡级镇。1986年，撤销区，改设为镇。1987年，撤销乡和乡级镇，成立管理区，有29个镇、5个区街道办事处、581个管理处。从1998年9月起至2000年5月，撤销管理区，建立村（居委会）。2004年起，部分村（居委会）改设为社区。截至2021年底，全市设32个镇（街道）。

（一）1957年运河始凿时的行政区划

1957年，东莞县隶属广东省惠阳专区。3月13日开始撤区并大乡工作，至12月26日结束。全县撤掉15个区，设立37个大乡和莞城、石龙、太平3个区级镇。1957年末，流域范围内有莞城、太平2个区级镇，篁村、万江、罗沙、茶山、寮步、金桔、温塘、大朗、东坑、黄江、常平、土塘、横沥、企石、石排、上南、桥头、虎门、沙头、北栅、厚街、仙桥、横岗共23个大乡。

（二）1970年建设东江引水工程时的行政区划

1970年，东莞县隶属广东省惠阳专区，时为人民公社制。流域范围内有长安、虎门、厚街、沙田、附城、万江、寮步、大岭山、大朗、黄江、常平、桥头、横沥、东坑、企石、石排、茶山、莞城、篁村、太平、莞城渔业、太平渔业22个人民公社。

（三）1975年运河拓宽扩建时的行政区划

1975年，东莞县隶属广东省惠阳专区，仍设人民公社，与1970年比略有变化，莞城、太平、石龙3个渔业人民公社合并为新湾渔业人民公社。流域范围内有长安、虎门、厚街、沙田、附城、寮步、大岭山、大朗、黄江、常平、桥头、横沥、东坑、企石、石排、茶山、莞城、篁村、万江、太平、新湾渔业21个人民公社。

（四）1991年运河扩河建闸时的行政区划

1991年，东莞市是直属广东省管辖的地级市，设镇区、管理区。流域范围内有城区、虎门镇、附城区、万江区、篁村区、长安镇、沙田镇、厚街镇、寮步镇、大岭山镇、大朗镇、黄江镇、常平镇、桥头镇、横沥镇、东坑镇、企石镇、石排镇、茶山镇、新湾镇共20个镇区。

（五）2000年时的行政区划

2000年，东莞市是直属广东省管辖的地级市，设镇区、村（居）委会。流域范围内有城区、虎门镇、东城区、万江区、篁村区、长安镇、沙田镇、厚街镇、寮步镇、大岭山镇、大朗镇、黄江镇、常平镇、桥头镇、横沥镇、东坑镇、企石镇、石排镇、茶山镇共19个镇区。

（六）2021年时的行政区划

2021年，东莞市是直属广东省管辖的地级市，设镇、街道、村（居）委会。流域范围内有东城、莞城、万江、南城4个街道，桥头、企石、石排、横沥、东坑、寮步、茶山、厚街、沙田、虎门、长安、大岭山、大朗、黄江、常平15个镇。

表1-2 2021年运河流域行政区划情况表

镇（街道）	所辖行政村（社区）数量（个）	所辖行政村名称	所辖社区名称
莞城街道	8		东正、市桥、北隅、西隅、罗沙、博厦、兴塘、创业
虎门镇	30		虎门寨、东方、则徐、大宁、树田、白沙、沙角、怀德、博涌、镇口、村头、新联、九门寨、居岐、金洲、南面、北栅、小捷滘、北面、陈村、东风、武山沙、黄村、南栅、龙眼、宴岗、赤岗、路东、新湾、民泰
东城街道	24		岗贝、花园新村、东泰、温塘、桑园、周屋、余屋、鳌峙塘、峡口、柏洲边、上桥、下桥、樟村、梨川、堑头、主山、石井、同沙、光明、牛山、立新、火炼树、星城、旗盛

续上表

镇（街道）	所辖行政村（社区）数量（个）	所辖行政村名称	所辖社区名称
万江街道	30		万江墟、万江、石美、莫屋、拔蛟窝、黄粘洲、蚬涌、谷涌、小享、滘联、上甲、新村、新谷涌、共联、水蛇涌、大莲塘、牌楼基、严屋、大汾、流涌尾、金泰、曲海、坝头、胜利、官桥滘、简沙洲、新和、新城、坝新、万新
南城街道	18		鸿福、宏远、胜和、元美、亨美、三元里、篁村、新基、周溪、袁屋边、白马、石鼓、蛤地、西平、雅园、水濂、新城、宏图
厚街镇	24		竹溪、厚街、珊美、宝屯、三屯、陈屋、赤岭、河田、寮厦、汀山、环冈、大迳、新围、桥头、南五、新塘、涌口、双岗、溪头、沙塘、宝塘、下汴、白濠、湖景
沙田镇	18	中围、和安、大流、泥洲、杨公洲、福禄沙、阐西、民田、先锋、西大坦、穗丰年、大泥、齐沙、稔洲、义沙、西太隆	横流、滨港
长安镇	15		长盛、涌头、霄边、咸西、锦厦、新安、乌沙、新民、沙头、上沙、厦岗、厦边、上角、长怡、长乐
寮步镇	30	西溪、凫山、石龙坑、石步、良边、富竹山、塘唇、向西、霞边、上屯、下岭贝、竹园、上底、药勒、刘屋冚、浮竹山、陈家埔、井巷、小坑、长坑	寮步、塘边、横坑、岭厦、新旧围、缪边、牛杨、泉塘、坑口、良平

续上表

镇（街道）	所辖行政村（社区）数量（个）	所辖行政村名称	所辖社区名称
大岭山镇	23	太公岭、大塘朗、下高田、连平、鸡翅岭、马蹄岗、金桔、大沙、百花洞、大塘、水朗、杨屋、矮岭冚、颜屋、大片美、梅林、元岭、大岭、新塘、旧飞鹅、大环	大岭山、农场
大朗镇	28	高英、洋乌、洋坑塘、松柏朗、黎贝岭、松木山、犀牛陂、水平、宝陂、石厦、杨涌、沙步、新马莲、佛子凹、蔡边、水口	大朗、佛新、巷头、屏山、竹山、巷尾、求富路、长塘、黄草朗、大井头、圣堂、长富
黄江镇	7		新市、田美、三新、梅塘、宝山、北岸、长龙
常平镇	33	岗梓、塘角、苏坑、袁山贝、金美、还珠沥、朗贝、桥沥、卢屋、九江水、朗洲、陈屋贝、司马、霞坑、漱旧、漱新、黄泥塘、元江元、横江厦、沙湖口、白石岗、松柏塘、上坑、木榆、下墟、板石、田尾、白花沥、桥梓、麦元、土塘	常平、新民
桥头镇	17	田头角、李屋、朗厦、岗头、屋厦、禾坑、邓屋、邵岗头、东江、山和、石水口	莲城、田新、桥头、大洲、迳联、岭头
横沥镇	17	石涌、隔坑、半仙山、田头、田坑、横沥、村头、长巷、田饶步、六甲、村尾、水边、新四、山厦、月塘、张坑	恒泉
东坑镇	16	东坑、坑美、角社、塔岗、黄麻岭、初坑、凤大、黄屋、寮边头、长安塘、新门楼、井美、彭屋、丁屋	草塘、骏达

续上表

镇（街道）	所辖行政村（社区）数量（个）	所辖行政村名称	所辖社区名称
企石镇	20	铁岗、深巷、湖美、博夏、上洞、江边、旧围、清湖、东平、上截、下截、东山、莫屋、杨屋、新南、南坑、铁炉坑、企石、霞朗	宝石
石排镇	19	石排、福隆、庙边王、下沙、沙角、黄家堂、赤坎、向西、水贝、田寮、横山、埔心、谷吓、塘尾、李家坊、田边、中坑、燕窝	太和
茶山镇	18	上元、茶山、下朗、横江、增埗、卢边、寒溪水、南社、塘角、博头、冲美、粟边、孙屋、超朗、京山、刘黄	茶山圩、茶溪
合计	395	198	197

二、经济社会状况

东莞作为岭南文明的重要发源地、中国近代史的开篇地、华南抗日根据地、中国改革开放的先行地，其标志性事件均发生在运河流域。莞城街道自唐宋起向来是县城中心，南城街道自 2004 年起是东莞市委、市政府所在地，与东城街道形成繁华的现代都市经济、金融、文化商圈。支撑东莞经济社会发展的中心城区、滨海湾、松山湖三大核心区，主要的科技创新与先进制造产业亦位于东引运河流域。

（一）人口

据《东莞市志》记载，1949 年末，东莞全县人口 68.24 万人，随着生产发展和生活条件的改善，全县人口以 1.14%～1.87% 的平均年增长率持续增长，1957 年达到 77.48 万人，1970 年达到 98.56 万人，1975 年达到 107.94 万人，运河流域人口也随之持续增长。1964 年、1982 年两次人口普查统计，运河流域人口分别为 54.28 万人、76.48 万人。20 世纪 80 年代中期，因全市（县）外向型经济的发展和工业化、城市化进程的加快，大量外来人口进入东莞，流域人口进入快速增长通道。据统计，1991 年全市有户籍人口 133.65 万人，常住人口 200.01 万人。2000 年第五次全国人口普查，东莞市总人口 644.58 万人，运河流域人口 444.31 万人，占全市人口数的 68.9%，流域内的长安镇、虎门镇各有 50 多万人，厚街镇、常平镇、东城街道各有 30 多万人，大朗镇、寮步镇各有 20 多万人，其余各镇区的总人口都在 20 万人以下。2021 年，流域总人口达到 743.09 万人，占全市人口数的 70.52%，是 2000 年流域总人口的 1.67 倍。

（二）产业

1978 年改革开放前及改革开放初期，运河流域及全东莞县农业经济在国民经济中占有重要地位，以商贸服务业为代表的第三产业发展比较缓慢。1978 年 7 月，全国第一家"三来一补"企业——太平手袋厂在东引运河流域开办，成为中国改革开放的标志性事件，以制造业为代表的第二产业迅猛发展，推动东莞从一个传统的农业县发展成为先进的国际制造业名城。改革开放初期第一、第二产业占比和超过 80%。随着改革开放的不断深入，城镇化水平持续提升，流域内第一产业所占比重大幅缩小，第二、第三产业所占比重明显增大，到 2000 年，第一产业占比已降到 10% 以下。2021 年末，流域地区生产总值 7041.52 亿元，占东莞全市地区生产总值的 64.87%。其中，第一产业 19.89 亿元，第二产业 3762.4 亿元，第三产业 3259.23 亿元，各占 0.3%、53.4%、46.3%。

（三）交通

运河流域自古是交通要道之地。东莞古代的交通要道，从县城（莞城）往东经鼓镇（今峡口）至惠阳，可直抵福建，北接增城、博罗入广邮驿。明清时期设有城西水驿（位于今莞城）、铁岗水驿（位于今企石）等驿站。1949 年东莞解放后，全县抢修公路，交通条件迅速改善，至 1978 年改革开放前，流域内交通以土筑公路为主。20 世纪 80 年代中期，全市（县）兴起以砂土路改铺混凝土路面为重点的公路建设高潮，至 1987 年底，流域各区镇均可互通汽车。2000 年底，流域基本实现镇区通高等级公路和行政村"村村通公路"。截至 2021 年底，流域内有 G4（G15）北京—港澳（沈阳—海口）（广深高速）、G94 珠三角环线高速（莞深高速）、G9411 莞佛高速、G1523 宁波—东莞、S3 广深沿江高速、S29 从莞高速、S31 龙大高速、S9918 常虎高速虎门港联络线、S6 广龙高速（莞番高速）等高速，G107、G220、G228、S120、S122、S256、S357、S359、S529 等国道、省道，以及国家一类口岸东莞港，交通运输网络四通八达。

表 1-3　2021 年运河流域经济社会基本情况表

镇（街道）	面积（平方千米）	人口		地区生产总值（万元）				各项税收总额（万元）
		户籍人口（人）	常住人口（万人）	总计	第一产业	第二产业	第三产业	
莞城街道	11.16	209472	17.43	2423944	0	536011	1887933	449858
虎门镇	178.5	178543	83.8	7201394	19543	3739998	3441853	1004062

续上表

镇（街道）	面积（平方千米）	人口		地区生产总值（万元）				各项税收总额（万元）
		户籍人口（人）	常住人口（万人）	总计	第一产业	第二产业	第三产业	
东城街道	105	172170	60.25	6700180	2090	2752307	3945783	1349919
万江街道	48.5	117354	33.11	1935350	10357	898635	1026358	487093
南城街道	56.62	170946	42.38	7018446	1594	1448932	5567920	1650075
厚街镇	125.7	140531	55.43	4742314	25423	2652788	2064103	1058705
沙田镇	107.29	59443	21.16	2411223	22889	1163123	1225211	500139
长安镇	79.69	91224	81.22	8806601	2112	5633730	3170759	1632247
寮步镇	72.54	126699	51.74	3820667	52360	1952005	1816302	940538
大岭山镇	95.53	70943	36.83	3410286	4553	2160823	1244910	653291
大朗镇	97.5	105579	55.96	4044995	7506	2586094	1451395	588208
黄江镇	92.86	47818	28.52	2563837	2603	1704548	856686	490982
常平镇	103.3	122036	44.68	4220048	11972	2457194	1750882	604048
桥头镇	56	49401	20.85	1943477	6254	1404182	533041	332931
横沥镇	44.67	56045	28.07	1985348	9840	1461132	514376	399772
东坑镇	18.92	41000	18.92	2063504	3019	1618989	441496	287279.76
企石镇	58.22	52152	17.03	1320213	4875	908783	406555	193962
石排镇	48.7	53329	23.64	1851598	7456	1317936	526206	300582
茶山镇	45.4	58533	22.07	1951777	4405	1226796	720576	412419
合计	1446.1	1923218	743.09	70415202	198851	37624006	32592345	13336110.76

第二章
运河形成与功能变迁

运河的形成和发展有着鲜明的时代特征，与东莞特定的地理位置、气候类型、资源禀赋和人文精神密切相关。东莞经济社会发展模式及路径的选择，对运河河道的地理通联、功能的转变产生着重要影响，一定程度上决定了运河建设发展的方向。同时，运河的开发利用，对东莞经济社会的持续发展发挥着举足轻重的作用，是东莞建设发展的历史见证。伴随历史发展进程，城市与运河和谐共生，共促共荣。

第一节　运河开挖与河道变迁

一、东莞运河

根治水患，兴水之利，避水之害，历来是水利工作的重中之重。开挖东莞运河，缘起东莞自然灾害频发多发，寒溪涝区洪涝灾害尤甚，严重影响当时农业生产的发展，威胁着人民生命财产的安全。

寒溪涝区位于运河流域上游的埔田片，通常指石排、茶山、横沥、常平、东坑、寮步和企石一带区域，三面环山，一面临江，地势低洼，易积水为患。据1976年佛山地区编《珠江三角洲农业志》记载："在古时这里是东江河网地带，其一支水由南岸入潼湖，又分一支经司马，西入横沥，沿茶山、京山、峡口出东江。另一支由企石、石排流入茶山。宋代未修建东江堤（今东莞大堤）之前，这段古河网区仍未断流，茶山为当时东江必经之地。"宋以后虽筑有东江堤以御洪水，但寒溪流域面积720平方千米，有九支山水集流至此洼地，形成170平方千米的水面。东江发大水决堤倒灌或流域强降雨山水汇集，寒溪涝区必遭洪涝之灾，虽土地肥沃，但灾害频繁侵袭，造成房屋倒塌和人员伤亡，农业生产损失严重，早季常受水浸，晚季要待水退后才插秧，比正常推迟两个季节以上，是一大片十年九不收的地方。民国17年（1928年）广东治河会曾拟就防潦计划，民国21年（1932年）至民国24年（1935年），广东省治河委员会、广东省财政厅及东莞明伦堂借款兴建寒溪水闸工程（位于今茶山，峡口水闸兴建后，寒溪水闸基本丧失防东江水倒灌功能，已拆除），降低了洪泛影响，但内涝仍然严重，效益不显著。

新中国成立初期，东莞全县有低洼易涝土地面积1.53万公顷，寒溪涝区就占到9667公顷，比例达63%，是全县最大的连片涝区。这一时期，东莞接连遭受1950年夏莞城积涝、1953年夏东江大水泛滥、1954年冬至1955年春奇旱咸潮、1955年夏东江水灾、1957年夏强降雨等自然灾害。1953年的东江水灾，全县淹没农田1.4万公顷，倒塌房屋3704间，受灾人口12.39万人，死亡12人。面对频繁的水灾、惨重的损失，全县更加深刻认识到大兴水利的重要性、紧迫性，水利建设成为当时东莞县的第一要务。寒溪涝区人民饱受水灾之苦，当地群众迫切要求解决这个威胁着 46147 户 180728 人口生活生产的涝灾，在每届县人民代表大会上都提出建设峡口水闸来防止东江水倒灌，减轻灾害。治理这个最大涝区成为全县水利建设的迫切任务之一，列入水利工程主要议题。1952 年，当时的珠江水利工程局曾提出过三个开渠排涝方案，一是由沙步循梅塘至宵边开挖渠道，二是由沙步经松木山至宵边开挖渠道，三是由温塘经横坑至厚街开挖渠道，这三个方案中最短的渠线长度也达 24 千米，而且开挖深度有些达几十米，未能确定方案。1955 年 6 月 29 日，县水利科开会布置水利普查工作，成立以邝耀水为领队的勘察队，开展水利实地勘测和普查，制定水利规划，寒溪涝区治理是其中的重要内容。1956 年 6 月，东莞县委制订《东莞县 1956—1962 年农业建设七年规划（初步草案）》，率先提出这阶段水利建设的目标和三大任务，主要治理对象就是运河流域及其包含的寒溪涝区。规划目标是：至 1962 年全县范围基本消灭水旱灾。计划将 7 条东江沿线主要堤围（福燕洲、挂影洲、圆洲、京西鳌、山洲、黄洲、五八围）加高培厚，提高防洪能力；计划兴建沙田、虎门两区的抗咸引淡工程，峡口水闸，山塘水库，机械排灌，挖平塘、挖水井，并将圆洲、福燕洲、挂影洲、山洲等围排灌系统进行整理，提高排灌效能；在受咸潮影响严重地区（双岗至鲛沙以南）联围建水闸，兴筑道滘联围工程，并发动群众圈小围，做到基本上解决咸潮的威胁。根据这一规划，县组织群众因地制宜进行水利建设，对沿江沿海地区实行联围，兴建大堤，抗御洪潮，拒咸引淡；对山乡丘陵地区实行建库蓄水，开渠引水，机电提水，防治旱患；对寒溪涝区所在的埔田片实行截、排、导兼施，整治涝患。

修堤筑围是当时抵御洪涝灾害的主要手段。每次东江大水均不同程度地造成部分堤围崩决或漫顶，县采取的主要应对工程措施是堵口复堤，毁了再堵，但均治标不治本。在 1955 年 6 月至 1957 年 4 月的水利勘测普查过程中，勘察队发现东城峡口与南城白马高程相差 4 米，具备把寒溪水引到厚街排泄的天然条件。县人民委员会建设科科长张如、防汛指挥部负责人邝耀水以及一些技术人员据此提出新思路，建议把堵口防洪的主力转移到排涝和蓄水抗洪。具体办法为：新建一条河把寒溪水和东江河分流，把寒溪水引到篁村石鼓（今南城街道石鼓）排出，再往上游加建几个水塘和水库，加强上游的蓄水和灌溉功能。这一"设想"得到当时中共东莞县委、县人委领导的重视并被采纳，开挖运河再次提上日程。1957 年 10 月，县委第一书记林若在东莞中学礼堂向水利部门干部作《过好水利关 用劲在今年》的报告，发出大搞水利号召，全面掀起兴修水利高潮。为响应号召，县委派出副县长张如及技术人员再三查勘，重新测量，规划渠线由峡口起沿东江河岸经板桥、樟村、莞城、博厦、篁村至石鼓出海，全长约 19.5 千米。该线地势平坦，工程最省，而且可将渠线土方建筑大围，保障樟村、莞城的洪泛地区，扩大工程效益。

1957 年 11 月，经过反复研究，东莞县委最终决定实施由峡口起沿东江挖运河建大围的方案，东莞大围工程指挥部随即成立，县长袁卫民任指挥，副县长张如、县委常委陈新任副指挥，从各单位抽调干部 100 多人，作为指挥部工作人员，办公地点设在东湖寺（位于今莞城街道北隅社区新沙坊，1958年改建为敬老院）。指挥部的任务就是开挖运河，新建大围，全面治理寒溪涝区。工程命名为东莞大围防洪排涝工程，规划由峡口（今东城街道峡口）至石鼓（今南城街道石鼓）挖一条运河，由峡口至莞城（今莞城街道）筑一条防洪大堤，建筑水闸5座，公路桥2座，共分为峡口、常平、企石、石龙、附城（今东城街道）、莞城、寮步、大朗、东坑9个工区。

1957年12月13日，工程正式开工。莞城工区的西门口（今莞城西城楼）至荔枝湾（今莞城北门桥）这一段，是东莞的老护城河，也是运河规划建设利用的一部分。工程指挥部决定从护城河开始挖起，由此全面拉开工程建设序幕，老护城河也因此成为运河开挖的施工起始点。全县组织11个公社1.3万名民工上阵劳动，工人、学生、知识分子等多个阶层群体也义务参加，年龄覆盖老中青少，驻莞解放军也出动官兵1000余人支援建设。

运河开凿条件艰苦。当时东莞尚没有一张像样的地图，战争年代缴获的一张五万分之一比例尺地图是唯一的勘测设计施工用地图。开挖劳动完全靠人力，劳动工具实施统一配给，做工前到制作工间领取。开挖中遇到25万余方的坚硬顽石挡道，开凿岩石缺少钢材做钢钎和撬棍，从广州协调支援约2吨碳素钢，同时动员各公社会打铁的人集中起来，在每个工区设炉炼钢，沿河两岸共开设四五十个小型炼钢炉。爆破顽石或开采石料缺乏炸药，就从化肥中提炼出硝酸铵结晶制作成黄色炸药，用完后又从广州军区弄来一些雷管，最后设法从香港购买200公斤配上雷管的黄色炸药。

艰苦的环境和火热的革命热情激发人们的斗志。劳动大军思想高度统一，认为开挖运河是为了自己远离水患之苦的切身利益，是东莞有史以来的创举，只有共产党领导才能做到，是社会主义制度的胜利，人民劳动热情高涨。千军万马挖运河，热气腾腾的施工场面振奋人心。县委书记、县长袁卫民，副县长张如以身作则，吃住在工地，和数万民工打成一片，一起拿着钢钎撬石，肩挑背扛运泥。据当时《东莞报》（今《东莞日报》）报道记载，劳动大军中有的写下决心书、发起挑应战；有的带病坚持劳动不下火线，采集石头被钢钎磨破双手不叫苦叫痛；有的为了获得炸药速成方法孜孜不倦到广州取经；有的运输炸药时用雷管当枕头，差点危及生命。运河开挖中涌现出一大批先进模范，比如，苦干实干任劳任怨的复员军人黄满海（获特等奖励），经常超额完成任务50%的50岁民工刘吉（获特等奖励），每天完成16.3个土方的企石工区挑土能手黄锦涛（获特等奖励），寮步工区不怕死的爆石组长韩尹春（获特等奖励），担泥如火箭、每日1000担的挑土能手钟袁灼（获特等奖励），一天打11个炮眼的石埗中队打眼能手陈应根（获一等奖励），以及吃苦在前、事事带头的附城工区主任钟志，西溪队优秀小队长尹柱洪等。支援建设的首批解放军前日下午从55千米外的驻地步行到莞城受领任务，第二天不顾休息冒雨开工。全体官兵士气很高，情绪饱满，以战斗姿态积极挖土挑泥，推动工程好、快、省、安全完成。1958年1月中旬，指挥部决定实施工作定额和开展竞赛活动，按定额分配任务，以完成任务的好坏作为竞赛的条件，开展社会主义红旗竞赛，进一步鼓舞民工们的劳动热情，推动工效不断提高。在劳动竞赛中，青年突击队表现尤其活跃，女队员叶翠婵一天完成挑土 12 个土方轰动整个工地，迸发一轮"学习叶翠婵，赶上叶翠婵"的奋进热潮。挖运河激发了人们的艰苦奋斗意志，也激发着人们的创造发明活力。石美大队社员新创劳动工具"鸡公车"（在一个轮子架构上面，铺上木板或者床板而成），被广泛应用到运河建设中，有效提高运石运土效率，加快工程进度。

经过四个半月夜以继日的奋战，1958 年 4 月底工程顺利竣工，成为当时全县有史以来最大的一项水利工程，在缺资金、缺技术、缺物资的年代，看起来是不可能完成的事情，东莞人凭着一股韧劲创造了这一奇迹。据当时统计，从峡口起到下屯止，工程建成长达 20 千米的堤防，共担运 89 万余土方。人工开挖的运河，从峡口起经莞城至篁村石鼓水闸出东江南支流，全长 19.5 千米，底宽 20 米，挖运 180 多万土方，爆破搬运 25 万多石方。沿河建有人行木便桥 15 座，水泥砌石的莞城大桥一座，博厦公路桥一座，新建峡口、樟村、北门、莞城、海口庙、新基、周溪、石鼓等防洪排水闸及排灌涵闸共 10 座，修理扩大六甲、水冲水闸 2 座。工程总费用 210 万元（国家投资 100 万元，其余群众自筹），总用工数 170 多万人次（其中，土工占 107 万余人次，石工占 23 万余人次）。工程的建成，使寒溪涝区 8000 多公顷渍水稻田受益；对石龙以下东江南支流左岸的防洪起着保证作用；当寒溪内涝达峡口内水位 5 米时，运河过水流量为每秒 190 立方米，发洪水时峡口内渍水可长期排出；船只航运由莞城至寮步、常平可畅通无阻。

1958 年 5 月 1 日下午 4 时许，全县在庆祝五一劳动节大会后举行了隆重的运河通水典礼，人们习惯称之为"东莞运河"（名称首见于 1958 年 5 月 1 日的《东莞日报》头版头条）的运河工程投入使用，隆重登上东莞发展历史舞台，开始发挥举足轻重的作用。

二、沙田引淡渠

东莞濒临狮子洋，咸潮是又一频发的自然灾害，遇旱情年景灾害更甚。沿海沙田咸田地区为冲积平原，土地肥沃，境内河涌纵横交错，排灌便利，但是冬春枯水季节常受咸潮包围，大多数年份不能依时春耕，需要到上游淡水区租地育秧，不但无淡水灌溉，连人畜饮用水供应也很困难。1955 年春旱，发生空前未有的咸潮上涌，洲仔水位站（泗盛水位站的前身）咸度达到 12‰，咸潮上涌到莞城、中堂一带，作物损失严重。1956 年又有部分区域受到咸潮灾害，东莞县动员大批群众堵塞东江南支流（老鼠涌），才保护部分田亩未受灾害。据不完全统计，单是 1955 年和 1956 年稻谷的损失就有 30 万担以上。咸害对沙田地区的生产危害甚大，如不能解决这个问题，则沙田生产无法发展，防咸引淡成为当时群众的迫切要求。有效解决办法是联围筑闸，开渠引淡，咸潮期间引用东江淡水解决下游灌溉问题，防洪期间上游积水则向下游排泄，同时通过联围，将以往很多的小堤围进行整理，减少防守堤线负担，提高对灾害的抵御能力。

1957年10月后,全县掀起兴修水利行动高潮,多项工程相继动工。1957年12月14日,开挖东莞运河的第二天,县撤销水利科,成立县水利局,加强水利建设组织领导力度。在解决寒溪涝区排涝问题、建设东莞运河的同时,为解决沙田地区咸潮危害,县决定同时兴建沙田防咸引淡工程,下游建设沙田联围工程,把原来25个分散的小围联成一个大围拒咸,上游在鳌台设闸引东江淡水入围灌溉,适时连接东莞大围排水渠尾开挖引淡渠。遂成立沙田联围工程指挥部,祝陈溢任指挥,王泰明任副指挥,工程师廖仕新。1958年2月22日,沙田联围工程开始施工。

同年,县水利规划进一步分析指出,5月份建成的东莞大围排水渠(即东莞运河),不但对排涝起到一定的良好作用,而且对相连接的沙田区6万亩咸田问题给予有力的帮助。在已开工的沙田防咸引淡工程接东莞大围排水渠尾开渠引淡,在排水渠尾处筑一水闸,这样大围的渍水可以有一定的流量,借沙田引淡渠直接排出狮子洋,而沙田防咸引淡工程又可以借东莞大围的排水渠作为引水渠,由石鼓到峡口段均可引淡水,纵使如1955年的咸潮到达了莞城,亦可以由樟村、峡口引淡,实现沙田在任何时候均可有淡水补充。

1959年东莞县河流规划报告书提出,1957—1958年建成东莞运河引水灌溉,同时兴建沙田防咸引淡工程(当时建设中,尚未完成),当下的咸潮仍未全部解决,部分地区水源缺乏,尚需继续完成续建防咸引淡工程和兴建蓄水工程,才能解决沙田地区的受咸和受旱的威胁。规划具体工程措施是继续在下游建闸筑堤,与上游引淡同时并举,使得沙田咸田保证足水,生产可以得到进一步发展。规划在石鼓赤岭各筑进水闸一座,利用高潮时引水进田,满足在一般不太咸的情况下引水。继续开挖连接东莞运河尾至鳌台的引淡渠,上移沙田围引水口,保证在咸潮较为严重的时候能引东莞运河的水灌溉农田。

至1960年冬,历时近三年的沙田联围工程基本完成,共堵河35处,总长4234米,建设鳌台、横流、齐沙等水闸5座,共28孔,闸孔净宽74.7米,开挖排灌渠2条,长30千米,完成土方278.85万立方米,浆砌石方3170立方米,干砌石方1950立方米,混凝土935立方米,用去工程费42万元(全部群众自筹)。沙田围的建成,实现河海分家,围内河涌约有5平方千米形成淡水湖,从鳌台水闸引淡潮灌溉补充,初步解决防咸引淡问题。受当时经济发展和生产条件的限制及三年困难时期影响,连接东莞运河的沙田围上移引水口工程尚未完成,无法发挥效益。后上移引水口工程陆续进行部分河渠开挖,1962年建设赤岭、塘板、东闸等水闸设施,1965年又施工一部分,因工程任务大,一度搁停。

随着经济社会发展,生产生活淡水利用和需求不断增加。1960年沙田围建成后,淡水湖除供水给围内3330多公顷农田灌溉外,1964年起又供水给虎门三级电灌站(1963年大旱时兴建)抽水灌溉4260余公顷,1966年还规划供水给对岸南北面孤岛灌溉566公顷,给西太坦和洲仔围供水灌溉333公顷,需由淡水湖供水灌溉的沙田共达约8500公顷。至1966年,沙田围上移引水口工程仍未完成配套,只能从鳌台水闸进淡潮。而在春耕浇田期间,鳌台水闸上游2.8千米的上屯水文站咸度也很高,根据1959—1962年实测资料统计,咸度在

3‰以上的，1月份4.9天，2月份6.2天，3月份3.5天，4月份3.3天。1960年中旱，咸潮上涌到中堂、万江一带。1963年大旱，泗盛站咸度达到当时有记录以来的最大咸度20‰，咸潮上涌到斗朗、中堂、大汾、共联、博厦一带。为此，在1966年水电工程规划报告中，县提出必须上移引水口至距鳌台水闸5.4千米左右的石鼓水闸连接东莞运河，将该水闸加多闸孔达净宽20米，并将引淡渠作相适应的加大，以保证水质，满足需要流量。

1966年，东莞县又遭遇较为严重的旱情咸潮。从8月初开始旱，河涌水位低枯，咸潮上涌。县判断旱情将会延至第二年春耕，如果继续干旱，咸水就会上涌到鳌台18孔水闸，因咸不能引水，进水和需水的矛盾就会更加突出。中共东莞县委实地考察，召开长安、虎门、沙田、厚街四个公社党委书记会议，一致认为必须利用已经施工开挖的成果，继续引淡渠施工，尽快挖通接上东莞运河，引东江水入淡水湖。10月10日又召开现场会议，研究决定实施石鼓至东闸扩河引淡工程，副县长袁善任指挥。工程于10月12日动工，11月5日实现通水，河段长近6千米，把原已开挖河渠底宽由15米扩至20米，完成土方20万立方米，石方1万立方米，虎门、长安、沙田、厚街等受益公社共动员民工1.4万人，解放军沙角部队派来百余人支援炸石，整个工程于1967年2月全部完成，从石鼓接通东莞运河引淡水自流到鳌台，经东闸注入沙田淡水湖，改善引淡灌溉8000公顷。因引淡水入沙田围，后称之为沙田引淡渠。

三、东江引水工程

东莞大围、东莞运河和沙田引淡渠建成，防洪、排涝和引淡效益显著。东莞大围有效解决东江洪水倒灌问题，东莞运河和沙田引淡渠既可将寒溪涝区渍水引至潮区直接排出狮子洋，又可及时引蓄淡水灌溉利用，一定程度上有效减轻寒溪涝区排涝问题，缓解沙田地区咸潮侵害和淡水紧缺问题。这为全县建设更大规模的引水工程奠定了基础，提供了借鉴，也鼓舞了信心。

自古以来，为抵御旱情咸潮，运河流域陆续建有不同大小规模的引水工程。流域内陆地区以开渠引水抗旱为主。据清代《东莞县志》记载，宋代年间（年月不详），厚街人王鳌石于深溪（今大岭山森林公园白石山景区内）开凿渠道引龙潭之水（今厚街镇龙潭水库）迂回30余里至大汾头灌溉农田数十顷，称王家渠；清乾隆四十七年（1782年），厚街人王应遇（礼部主客司主事）重新修浚。大岭山人罗夐（生卒年不详）在大林迳修筑陂坐200余丈截水，又凿渠90余丈以引水灌田，称罗家陂（属今大岭山镇连平村）；明代成化年间（1465—1487年）当地人罗时再行修建。1963年遇大旱，石马河水干石现，村庄水井普遍无水，一向水源较充足的寒溪流域各山溪先后断流，为缓解旱情，寮步、横沥、东坑等以公社为单位，组织12个大队开挖一条20多千米长的大灌渠，从峡口水闸引入东江水，从寮步河口流到神山再提水入东坑大围。茶山公社的超朗、粟边另开一条10多千米长的灌渠，由坑口电灌站经大圳埔再经牛过荫抽水上田。附城、大岭山公社等则开渠从同沙水库取水灌溉。厚街、虎门、长安等公社则建设虎门三级电灌站（总净扬程15.8米，装机13台，容量1375千瓦，设计流量5立方米/秒）和配套引水渠，从厚街涌口乡（今厚街涌口）抽东江河水到三丫陂上横岗水库干渠，至虎门白沙乡园山仔新开支渠，沿白坑水库边而行，经赤岗、陈黄新村、怀德至金银山，从芦花坑入五点梅水库，渠线全长19.2千米，又把五点梅和横圳、马尾两水库沟通，增大引蓄水量，灌区渠渠相连，远程引水，提蓄结合，解决灌溉用水问题。据统计，当年抗旱开挖引渠600多条长达300千米，都以小规模为主。流域沿海地区以引淡防咸为主，重点措施是堵河建闸，修筑海堤。新中国成立后，从1955年冬起，东莞县发动群众，联围筑闸，堵支强干，至1960年共堵河88处，堵口总长度7001米，建闸89座，海堤初具规模，同时择址在海堤上开引水口，引东江之淡水入围内河涌压咸灌溉，改善河涌水质，生产生活条件有了一定改善。

随着东江开发利用、河道及气候水文的变化，为进一步改善寒溪河上游地区灌溉条件，加强对沙田、虎门、长安等沙田咸田地区淡水补给，1970年，东莞兴起大规模引水工程建设，以1957—1958年建成的东莞运河及1966年建成的沙田引淡渠为基础上伸下延，建设东江引水工程。

1970年1月，东江引水工程动工，主体工程于当年10月建成通水。工程引水口位于县东北部桥头镇建塘口，破东江堤筑建塘进水闸，无坝引水（设计按东江水位为2.8米时引水流量53立方米/秒）进入企石河，绕虾公山脚经上洞至企石圩，破福燕洲围企石横堤建企石节制闸后，挖新河（底宽48米）经远塘、南坑进入寒溪河道（寒溪河支流），经横沥、茶山至峡口水闸接东莞运河（底宽20米）经樟村穿莞城、过篁村至石鼓（东莞运河出水口），接通沙田引淡渠至厚街石角（今属厚街宝屯社区）东闸进入沙田围。在其左侧建石角节制闸后开新河至双岗联接银河直达镇口，堵河筑镇口水闸（今虎门水闸）。并在堵河堤东端即镇口前建镇口节制闸，挖新河（底宽20米）绕林则徐公园东行穿过太平镇（今虎门镇）后沟通太平涌、广济涌（涌口分别建太平涌、广济涌排水闸），经金洲至磨碟口主干流入海，于入海口处建磨碟口水闸，兼作防潮、排洪及蓄淡灌溉之用。末段另一支流于磨碟口水闸上游1千米处通过厦岗涌节制闸（今已堵塞弃用）流入厦岗涌，人工开挖东引河，沟通厦岗涌（位于今长安厦岗社区）、独墩河（位于今长安锦厦社区），自西向东横过长安围中部，从独墩水闸（位于今长安排涝站附近）排水出东宝河（又称茅洲河）。在地图上整个引水工程呈"C"字形，环抱半个东莞。沿河经桥头、企石、石排、横沥、东坑、寮步、茶山、附城（今东城）、莞城、万江、篁村（今南城）、厚街、沙田、虎门、长安15个公社（镇），干流由桥头建塘引水口至长安独墩水闸，全长102千米，新建涵闸21座，净宽285.2米，改建水闸8座，净宽80米，桥梁19座。共计完成土方394万立方米，沙石方12万立方米，总工程费131.94万元（其中国家投资40万元，主要用于收尾工程），以工代赈329.47万元，耗用水泥6021吨，钢材267吨，木材1151立方米。

东江引水工程通过人工挖河建闸，自县东北至西南连通多条天然河道，形成人工河道和天然河道水系相互通联的流域水网。干流自桥头建塘引水口起，从桥头建塘引水闸至企石节制闸为约 11 千米的天然河道（小海河），从企石节制闸至横沥仁和水汇入口段为 7.64 千米的人工河道，从横沥仁和水汇入口段至横沥寒溪河口段为 3.6 千米的天然河道（原仁和水横沥段，又称寒溪水横沥支流），从横沥寒溪河口至附城峡口段为 19.8 千米的天然河道（寒溪河），从附城峡口至篁村石鼓水闸段为 19.5 千米的人工河道（即 1957—1958 年开挖的东莞运河），从篁村石鼓水闸至厚街石角东闸段为 5.43 千米的人工河道（即 1966 年建成的沙田引淡渠），从厚街石角东闸至厚街双岗银河口（位于今厚街旧涌汇入运河口）段为 8.15 千米的人工河道，从厚街双岗银河口至虎门镇口节制闸段为 7.4 千米的天然河道（银河），从虎门镇口节制闸至虎门太平涌口段为 1.85 千米的人工河道，从虎门太平涌口至虎门广济涌口段为 2.56 千米的天然河道（太平涌），从虎门广济涌口至虎门大沙河汇入口为 2.67 千米的天然河道（广济涌），从虎门大沙河汇入口至磨碟河与厦岗涌交界处为 3.42 千米的天然河道（磨碟河）。磨碟河与厦岗涌交界处至厦岗涌与长安东引河交界处为 1.57 千米的天然河道（厦岗涌），厦岗涌与长安东引河交界处至独墩水闸为 7.6 千米的人工河道。东江水经建塘引水口入，可由企石水闸（位于原东莞大围今东莞大堤上，属东深供水一期工程配套设施）排入东江干流，经峡口水闸、樟村水闸、海口庙水闸、新基水闸、石鼓水闸等排入东江南支流，经东闸可进沙田淡水湖排入狮子洋，经虎门及长安段沿岸水闸除排茅洲河外，均排入珠江口海域和狮子洋。

施工时，东莞县在太平镇（今属虎门镇）成立东引工程指挥部，由县人民武装部部长徐东明任指挥，技术干部大部分从"五七"干校临时借用。参加建设的民工，除受益公社外，还组织部分非受益公社民工支援，出动民工最多时达 30 万人。各地各村的农民，争着报名上工地，父子同行、夫妻联袂、姐妹并肩、兄弟携手的情景，随处可见。施工队伍中有九位耀眼的"铁姑娘"突击手，都是 18～20 岁的花样年华，手拿锄头，肩挑担子，挖土炸石，巾帼不让须眉。在桥头工地、虎门工地上，都飘扬着鲜艳的红旗，远远望去，施工队伍白天是一条条游龙，到了晚上灯火连片，欢歌笑语，热气腾腾。面对县政府修建运河投入的资金不足，各公社的社员大都自带粮食、自带工具、自带卧具，自发参与，领取不足 0.8 元一天的薪酬。东江引水工程的修建仅对寒溪河下游流域沿线地区有效益，对山区、水乡等地区并无直接效益，非受益的公社依然积极参与东江引水工程建设。因工程建设需要，不少社员顾全大局，不惜拆掉自家房屋，不计较拆迁费多少，舍小家顾大家，全力支持工程建设。

工程施工主要分东段与南段两大工地，东段工程包括建塘进水闸、企石节制闸、南坑节制闸和从企石至横沥的新开河；南段工程包括从镇口至长安的堵河、开河和建闸工程。东段工程施工由东莞县革命委员会副主任莫淦钦领导，历时 50 天建成；南段工程处于沿海，因淤土地基，施工困难，尤其是镇口堵河水深 5 米，河底淤泥层厚 28 米，初时用抛石、填土打围墩的方法筑堤，因淤土沉陷量大，涨潮抢筑加堤20多次，3次合龙仍未成功，后来采用工程技术人员提出的填沙固基方法，动用数十艘船从上游40多千米的石龙铁路南桥下采运河沙1万多立方米，经过一个多月的日夜施工终于合龙成功。堵河堤长320米，最大堤高9米。

沿河建筑物在设计中为解决钢材短缺及机械设备供应不上等问题，建塘进水闸、企石节制闸和南坑节制闸采用反拱底板及拱形涵盖结构；广济涌节制闸和镇口节制闸采用少筋混凝土预制浮运式水闸；闸门均用钢筋混凝土门，其中有4座水闸采用水压式升降门；跨河桥梁大部分采用石拱桥或双曲拱桥。采用少筋混凝土预制浮运式的广济涌和镇口节制闸分别在镇口水闸前后坦预制。其中，广济涌节制闸在浮运前破堤放水，因水位突涨，无法控制，到漫过封口板仍不起浮，封口板被压断，在闸孔内操作的民工因躲避不及死一人伤一人，随后重新封口加固，从闸室内抽水起浮运出。沿河新建公路桥中的太平医院桥和广济涌桥采用双曲桥，太平医院桥因地基一边为岩基一边为桩基，广济涌桥是淤土地基，在基础处理时虽曾打松桩，仍沉陷不均匀，造成拱圈严重断裂，几年后报废重建。

东江引水工程建成时接着兴建镇口和磨碟口两座潮汐发电站。镇口潮汐发电站水工建筑物及厂房在1971年春建成，1972年5月正式投产发电，因放水发电与蓄水灌溉有矛盾，1980年把机电设备拆除，厂房改作他用。鉴于镇口潮汐发电站利用率低，权衡得失，磨碟口潮汐发电站在完成水工建筑物及厂房后亦停建，没有装机投入使用。

东江引水工程是当时东莞全县水利建设中规模最大的一项工程，建成后归市直属管理，并于1971年3月成立专门管理机构——东江引水工程管理所，主干河道简称为东引运河。随着经济社会发展和工程整体效益的发挥，1957—1958年建成的东莞运河逐渐被定位为运河城区段，名声亦由代表整个工程的东引运河替代，东引运河被正式列入东莞河湖名录，名称被广泛接受并沿用至今。

四、运河局部扩建

1970年东引运河主体工程建成通水后，接着逐步完善工程配套。其后的三十余年间，东莞县又陆续对部分主干河道进行裁弯取直、清淤挖深、扩宽河床等工程建设，以提高能引、能排、能灌及交通的功能。其间，主要进行了四次有一定规模的主干河道局部扩建，分别是1975年实施的寒溪整治运河扩建工程、1991年实施的东引扩河建闸工程、1998年实施的黄沙河口至峡口水闸扩河整治工程和2009年实施的东引运河（或寒溪水）堤路结合达标工程B段工程。

（一）寒溪整治运河扩建工程

1974年，寒溪整治运河扩建工程指挥部成立，由当时的县委副书记莫淦钦任指挥，水电局副局长莫加禾、东江引水工程管理所所长钟政任副指挥。1975年11月22日，寒溪整治运河扩建工程全面开工，主要对原东莞运河段（峡口至石鼓）21千米河道进行拓宽，原河底宽由20米扩至35米，重建莞城桥为一座长45米、宽19.7米的钢筋混凝土桥。工程在历时两个月后，于1976年1月9日顺利通水。该项扩河工程的实施，使峡口闸内水位为4.5米时运河的过流能力达到308立方米/秒。

（二）东引扩河建闸工程

为进一步保障东引运河的通畅和活力，1991年9月，东引扩河建闸工程开工，主要对运河厚街段（石鼓水闸至双岗银河口）13.2千米河道进行拓宽，原河底宽由20米扩至30米，并新建新基水闸一座，4孔净宽20米；石角水闸一座，2孔净宽12米，完成投资1650万元。工程完工并发挥效益后，加大引（东江）淡量，改善东引运河水质。

（三）黄沙河口至峡口水闸扩河整治工程

1993年，受第9318号台风影响，运河寒溪河段堤段多处出险甚至漫顶或溃决，沿线镇区集中开展堤围加固工程。为进一步提高防御标准，1997年，东莞市人民政府发出通知，要求对运河流域寒溪河涝区按防御20年一遇洪水标准统一进行综合整治。1998年11月，市水利局组织对黄沙河口至峡口水闸3.5千米河道按20年一遇标准进行扩河整治，河道扩宽至75米~120米，总投资3997.2万元。经此次扩河整治，东引运河排洪能力及引水能力进一步提高。

（四）东引运河（或寒溪水）堤路结合达标工程B段（东城峡口至神山桥）工程

2009年实施的东引运河（或寒溪水）堤路结合达标工程B段（东城峡口至神山桥）工程，对17.78千米河道拓宽至120米~150米，部分河段最宽处达200米。

经过上述四次有规模的河道扩建工程，东引运河主干河道基本定型。2000年前后，为阻断污染的运河水流入长安镇中心区，沟通东引运河虎门段和长安厦岗涌、东引河，引运河水入长安围的厦岗涌水闸亦被废弃封堵，后拆除填筑成堤，1971年人工开挖的长安东引河不再通联东引运河。由于东江水不断下切，位于桥头围上的运河建塘引水口逐步无法自然引水，建塘进水闸于1997年被废弃封堵，2005年在东莞大堤的堤路结合达标建设中拆除并复堤建路，改为只引石马河水（2004年建石马河调污工程后开始汇入运河）和潼湖水（1964年通过反虹涵流入企石河由企石水闸排出东江，1970年建东江引水工程后，企石河成为运河一部分，潼湖水即汇入运河）。自此后，虽陆续有对运河河床进行清淤或挖深等整治，但未再对主干河道实施拓宽、改道或延伸等涉及河道版图变化的大调整。

截至2021年底，东引运河主河道流经东莞15个镇街，部分河段为相邻镇街之界河。其中，流经桥头镇邵岗头村、朗厦村，境内长1.4千米；流经企石镇铁岗、深巷、上洞、江边、宝石（社区）、企石、杨屋、莫屋、新南、南坑村，境内长15千米；流经石排镇沙角、福隆村（其间小段复流经企石），境内长3千米；流经横沥镇水边、新四、村尾、横沥、半仙山村，境内长6.6千米；流经东坑镇丁屋、彭屋、角社村，境内长3.2千米；

流经寮步镇西溪、良边、石步村，境内长 3 千米；流经茶山镇粟边、孙屋、刘黄、上元、茶山圩（社区）、下朗、横江、京山村，境内长 12.5 千米；流经东城街道周屋、余屋、鳌峙塘、峡口、柏洲边、上桥、下桥、樟村、堑头、梨川社区，境内长 12 千米；流经莞城街道北隅、西隅、东正、市桥、博厦、创业社区，境内长 2 千米；流经万江街道坝头社区，境内长 0.8 千米；流经南城街道胜和、篁村、新基、周溪、白马、石鼓社区，境内长 8 千米；流经厚街镇赤岭、三屯、宝屯、厚街、涌口、双岗、溪头社区，境内长 11.4 千米；流经沙田镇西太隆、义沙、稔洲村，境内长 8.7 千米；流经虎门镇白沙、镇口、东方、虎门寨、则徐、金洲、新湾、东风、小捷滘、南栅、宴岗、路东社区，境内长 16.3 千米；流经长安镇上角、厦岗、上沙、乌沙、锦厦社区，境内长 12 千米。（以上统计数据不考虑界河影响，各镇街独立计算，界河部分有重复）

第二节　运河功能与利用

　　东引运河的功能利用随着河道变化和时代变迁，呈现明显的阶段性特征。20 世纪 50 年代末，最初开挖的东莞运河，主要作用为寒溪河涝区排涝。70 年代建成的东江引水工程，兼有排涝、灌溉及引（蓄）淡压咸等综合功能，设计寒溪河地区自流灌溉 4667 公顷，沿海地区提水灌溉 7333 公顷，使寒溪河涝区及其下游沿海低洼地带排涝状况明显改善，同时为沿河相关镇（区、公社）提供工业及生活用水，并可通行 20 吨以下船只，兼得航运之利。到 80 年代中期，沿岸各镇区经济社会迅速发展，人口与经济体量急剧增大，为保护沿岸人口与经济，东引运河作为防洪排涝重要通道的作用更为凸显，而水体受污染程度也日趋严重，逐步失去灌溉、供水、蓄淡压咸等其他功能，沦为接纳两岸雨污水并缓慢排放入海的污水河。2004 年，为确保东江水质及沿岸各水厂的供水安全，东莞舍运河而保东江，将石马河污（雨）水调入东引运河，水污染及排洪压力进一步加大，运河水质一度下滑至劣 V 类，严重影响沿河居民生产生活和城市景观。2007 年实施综合整治以来，经过多阶段持续治理，运河水生态环境持续向好改善，不仅防御水旱灾害、抵御咸潮上溯的安全功能得到巩固拓展，而且水质改善带来的生态效益、经济效益和社会效益愈发明显，实现蝶变成为经济河、生态河、景观河。

一、防洪排涝

　　防洪排涝是开挖运河的首要初衷，也一直是运河最重要的功能。1958 年通水的东莞运河，将寒溪涝水引至石鼓出东江南支流，当寒溪河峡口内水位达 5 米时，运河过水流量为

190立方米/秒。东江引水工程建成后，又使寒溪涝区在潮区的排水口增多两处：一处从石角东闸进入沙田淡水湖，然后由福禄沙水闸排出；另一处经银河（现运河一段）从镇口水闸（现虎门水闸）排出，对寒溪涝区9667公顷农田排水有利，对下游沿海700公顷农田的排涝有所改善。1975年扩建东莞运河，将原河底宽由20米扩至35米，各级流量增加约90%，加速河道泄洪排涝。经后续不断建设，过水流量进一步增加，沿河各闸均能排泄，运河干流及流域形成较为完善的防洪排涝工程体系，通过河道行洪和工程调度错峰泄洪等方式在防御水灾中发挥显著作用。

（一）防洪分区

全流域分为企石节制闸以上区域、企石节制闸至镇口节制闸区域、镇口节制闸至磨碟口水闸区域和长安区域四部分，每部分作为一个相对独立流域进行防御。

企石节制闸以上区域。流域面积48.9平方千米，建有东丫湖水库。该区域除了承受本区域洪水外，汇流石马河水、潼湖水。当企石节制闸上游水位高于4.5米（珠基）时关闭企石节制闸，开启企石水闸，将洪水排向东江。

企石节制闸至镇口节制闸区域。流域面积930.8平方千米，沿线主要支流有梅塘水、寮步河、黄沙河、下桥河、新基河、大陂河等，再细分为三个区段：（1）企石节制闸至峡口水闸区段。建有黄牛埔水库、松木山水库、同沙水库三座中型水库，上游洪水通过东引运河往下游排，或是通过峡口水闸排入东江。峡口水闸以下为东引运河城区段，原为引水、灌溉人工渠道，过流能力有限，该区段洪水主要通过峡口水闸排入东江。（2）峡口水闸至石鼓水闸区段。该区域为运河城区段，主要支流有下桥河、东门河、鸿福河、新基河和石鼓河等。建有水濂山水库。该区段降雨汇入东引运河后，通过樟村水闸、海口庙水闸、新基水闸、石鼓水闸等水闸排至东江南支流。（3）石鼓水闸至镇口水闸区段。主要支流有大陂河，建有中型水库横岗水库。发生洪水时，城区石鼓以上洪水通过上游水闸排至东江后，基本不流入本区段。该区段洪水主要通过下游端虎门水闸及沿程的赤岭水闸、塘板水闸排往东江。

镇口节制闸至磨碟口水闸区域。流域面积73平方千米，主要支流有大沙河和龙眼新涌等。流域发生洪水时，镇口水闸关闭，上游洪水不进入本区域。该区域洪水主要通过太平涌水闸和广济涌水闸排入太平水道，以及通过磨碟口水闸排入珠江口。

长安区域。流域面积56.1平方千米，主要支流有马尾山水，建有马尾水库、五点梅水库等。东引运河虎门及长安镇交界处现已堵塞，运河上游洪水不进入长安镇区。该区域洪水由各排水闸、泵站排入茅洲河或珠江口。

（二）排涝分区

全流域划为Ⅰ至Ⅵ区，共6个排水片区，涝区总面积134.86平方千米。

Ⅰ区排水面积41.6平方千米，范围包括东引运河南坑水闸以上、旧石马河以下部分，承泄区均为东引运河，涉及镇街包括桥头镇、企石镇2个镇。Ⅱ区排水面积232平方千米，范围包括东引运河峡口水闸以上、南坑水闸以下，寒溪河梅塘水汇口以下部分，承泄区包括东引运河、寒溪河、仁和水、寮步河、黄沙河，涉及镇街包括桥头镇、企石镇、横沥镇、常平镇、大朗镇、东坑镇、茶山镇、寮步镇、东城街道等9个镇街。Ⅲ区排水面积2.87平方千米，范围包括东引运河峡口水闸以下、石鼓水闸以上部分，承泄区均为东引运河，涉及镇街包括东城街道、莞城街道、南城街道。Ⅳ区排水面积43.3平方千米，范围包括石鼓水闸以下、厚街白濠水汇口以上，承泄区均为东引运河，涉及镇街包括厚街镇、沙田镇。Ⅴ区排水面积75.1平方千米，范围包括虎门白沙以下、磨碟口水闸以上部分，承泄区包括东引运河、太平水道及珠江口，涉及镇街包括虎门镇、长安镇。Ⅵ区排水面积62.2平方千米，范围包括东引运河虎门长安交界堵塞处以下流域，承泄区包括珠江口、茅洲河，涉及镇街包括虎门镇、长安镇。

（三）河道行洪

河段所处地理区域和性质不同，运河各河段有不同的行洪要求定位。

建塘反虹涵至企石段。定位排洪。该段河道为小海河流域范围，主要承受流域洪水，同时接纳石马河和潼湖水。洪水通过企石水闸排出或流入下游。

企石至仁和水段。定位分洪。该段河道为原东引运河开挖引水河段，过流能力有限，主要是承受本区间的洪水，以及分流企石上游洪水。

仁和水至峡口段。定位排洪。该段河道主要承受寒溪洪水，并分流部分企石以上洪水。洪水主要通过峡口水闸排出，部分洪水根据峡口至石鼓城区段过流能力进行相应分流。

峡口至石鼓段。定位排洪、排涝、分洪。该段河道为城区段，除了承受本区间洪水外，还分流部分峡口以上洪水，可分流量以城区西城楼位置水位3米作为控制。洪水通过沿程水闸排出。

石鼓至镇口段。定位排洪。该段河道主要承受本区间洪水（主要是大陂河），洪水通过上游的赤岭水闸、塘板水闸和下游的虎门水闸排出，部分洪水通过镇口节制闸分流入虎门镇区的水闸泵站排出。

镇口至磨碟口段。定位排洪、排涝。该段河道主要承受本区间洪水（主要是大沙河和龙眼新涌），同时分流上游部分洪水。洪水通过太平涌水闸泵站、广济涌水闸泵站和磨碟口水闸排出。

长安段。定位排洪、排涝。该段河道相对独立，只承受本区间洪水（主要是马尾水）。洪水通过厦岗水闸泵站、沙涌、新民渠和长安水闸泵站等排出。

（四）工程调度

运河属东莞县（市）管工程，20世纪50年代末运河开凿及运行初期，防汛由县直接指挥调度。东江引水工程管理处及后来的市运河治理中心等专职运河管理机构成立后，由管理机构主要负责人任指挥，负责运河全流域防汛调度，服从县（市）统一领导，沿线各属地三防机构协助配合。运河沿线工程调度平时按流域工程调度方案执行，遇强降雨等灾害天气时视情况提级指挥调度，遇特大暴雨洪水等极端灾害天气，由县（市）三防指挥部直接调度。

1. 水情传递

东引运河沿线各闸（站）负责实时雨、水情监测与报告，重点监测企石水闸、峡口水闸、樟村水闸、海口庙水闸、新基水闸和石鼓水闸市区段运河水位，每日常规报送运河管理单位三防值班室。当发生或可能发生如下情况时，各闸（站）同步报告管理单位和上级部门三防值班室，并视降雨、洪水变化情况加密报送频次。各机构依据水情按权限指挥工程调度。

表 2-1　2021 年东引运河重点河段水情报告规则表

监测点位	情况	水情报告频率
企石水闸	闸前水位达到 3.5 米	每 1 小时
	闸前水位达到 4 米	每 0.5 小时
峡口水闸	内水位大于 3 米且不超过 3.5 米	每 1 小时
	内水位大于 3.5 米	每半小时或水位每上涨 0.05 米
樟村水闸	内水位大于 1.8 米且不超过 2 米	每 0.5 小时
	内水位大于 2 米	每半小时或水位每上涨 0.05 米
海口庙水闸	运河水位达 1.7 米	每 1 小时
新基水闸	运河水位达 1.6 米	每 1 小时
石鼓水闸	运河水位达 1.5 米	每 1 小时

2. 水库调度

流域水库在保证自身工程安全的前提下，科学调洪蓄洪，最大限度发挥防洪作用。流域主要通过黄牛埔、松木山、同沙和横岗四大中型水库进行洪水调度。

黄牛埔水库洪水调度。水库水位超过 20.5 米时开始泄洪，下泄量为水库来水量。库水位大于 21.5 米时，闸门全开，按下泄能力排洪。库水位超过校核水位 23.58 米，或水库出现重大险情时，采取非常措施，破副坝泄洪。

松木山水库洪水调度。水库水位高于汛限水位时开始开闸泄洪。当来水逐渐增大，且水库水位低于 24.6 米时，按 30 立方米 / 秒控制泄洪。当库水位持续上涨，超过 24.6 米且低于防洪高水位 24.79 米时，最大下泄 103 立方米 / 秒。当库水位高于 24.79 米时，闸门全开按下泄能力泄洪。

同沙水库洪水调度。水库水位高于汛限水位时开始开闸泄洪。当来水逐渐增大，且水库水位低于 20.93 米时，按 50 立方米 / 秒控制泄洪。当库水位持续上涨，水位低于 22.22 米时，最大下泄 100 立方米 / 秒。当库水位高于 22.22 米时，闸门全开，按下泄能力泄洪。

横岗水库洪水调度。水库水位高于汛限水位时开始开闸泄洪。上游来水小于 28 立方米 / 秒时，来多少泄多少，维持库水位 21 米运行。当来水大于 28 立方米 / 秒时，按 28 立方米 / 秒控泄，控制最高水位为 22 米。库水位大于 22 米时，闸门全开按下泄能力泄洪。

3. 闸站调度

企石水闸：内水位高于 4.5 米，且内水位高于外水位时，开闸泄洪。

峡口水闸：内水位高于 4 米，且内水位高于外水位时，开闸泄洪。

樟村水闸：内水位高于 2 米，且内水位高于外水位时，开闸泄洪。

南畲塱排站：内水位高于 1 米时，开机排水。

海口庙、新基和石鼓水闸：当天气预报将有黄色暴雨预警或樟村水闸闸前水位达到 2 米时，适时开闸预排，提前降低城区段水位。

赤岭、塘板水闸：当天气预报将有黄色暴雨预警时，适时开闸预排，提前降低东引运河厚街段水位。

虎门、虎门城区、广济涌和磨碟口水闸：根据外江潮汐情况，每天开闸排水两次，尽可能降低上游水位；当所在区域需要用水时，以"一排一蓄"方式进行调度；当天气预报将有黄色暴雨预警时，只排不进，防止内涝发生。

4. 分段调度

（1）建塘至企石节制闸段。当企石水闸的内水位高于 4.5 米时，且内水位高于外水位时，开启水闸泄洪，上游洪水通过企石水闸排向东江。关闭石马河入东引运河涵闸，开启建塘反虹涵。当企石节制闸水位高于 4.5 米时，根据石排、常平、横沥的水雨情，当常平、横沥情况紧急时，开启企石节制闸，将常平、横沥镇来水通过南坑水闸、企石水闸排入东江；当石排镇情况紧急时，关闭企石节制闸，上游洪水不再进入下游，直接排入东江。当企石节制闸水位高于警戒水位 5 米而低于 20 年一遇洪水位 6.65 米时，充分利用河道泄洪，发挥堤防拦洪作用。当企石节制闸水位高于 6.65 米时，采用沙袋等物资临时加高部分低洼段河堤，视水雨工情，组织民众转移至高地。

（2）企石节制闸至峡口水闸段。当峡口水闸内水位达到 4 米，且内水位高于外水位时，开启峡口水闸泄洪。充分利用河道泄洪，发挥堤围拦洪作用。对于 5 年、10 年一遇以下堤围，采用沙袋等物资临时加高部分低洼段，利用江子埔湿地与生态园三角洲湿地充分滞洪，当洪水位继续上涨时，将洪水引至两个滞蓄洪区，保镇街安全。当峡口水位达 5.95

米时，视水雨工情，组织民众转移至高地。此段河道上游有同沙、松木山及黄牛埔三座中型水库，视水库下泄过程与区间洪水（寒溪河）遭遇状况，确定调度等防御措施，尽量减少洪灾损失。

（3）峡口水闸至石鼓水闸段。当樟村水闸内水位达2米，且内水位高于外水位时，开启水闸排洪，樟村以下水闸只排不进。当石鼓水闸的水位超过2.86米时，采用沙袋等物资临时加高部分低洼段河堤，视水雨工情，组织民众转移至高地。

（4）石鼓水闸至镇口水闸段。此段河道发生洪水时，石鼓以上洪水通过上游水闸排入东江后，基本不流入本区域。该段洪水主要通过赤岭、塘板以及虎门水闸排往东江和外海。当镇口节制闸水位低于1.6米时，充分利用河道泄洪，发挥堤防拦洪作用。当镇口节制闸水位高于2.23米时，采用沙袋等物资临时加高部分低洼段河堤，视水雨工情，组织民众转移至高地。此段河道上游有横岗中型水库，视水库下泄过程与区间洪水（东引运河、大陂河）遭遇状况，确定调度等防御措施，尽量减少洪灾损失。

（5）镇口节制闸至磨碟口水闸段。流域发生洪水时，镇口节制闸关闭，上游洪水不进入本区。本区洪水主要通过太平涌水闸和广济涌水闸排入太平水道，以及通过磨碟口水闸排入珠江口。当磨碟口水闸水位低于1.3米时，充分利用河道泄洪，发挥堤防拦洪作用。当磨碟口水闸水位高于1.96米时，采用沙袋等物资临时加高部分低洼段河堤，视水雨工情，组织民众转移至高地。

（6）长安段。当长安水闸水位低于1.89米时，充分利用河道泄洪，发挥堤防拦洪作用。当长安水闸水位高于1.89米时，采用沙袋等物资临时加高部分低洼段河堤，视水雨工情，组织民众转移至高地。

5.联合调度

综合考虑防洪排涝和对东江沿线供水水厂取水及断面水质影响等因素，一般在东引运河遭遇洪涝时，优先就近开启东引运河下游段沿线水闸，以尽快降低东引运河水位。在确保东引运河防洪涝安全的前提下，将尽量通过虎门水闸排水，尽量不开或少开闸门向东江南支流（东莞水道）和厚街水道排水，尽量减少对东江及泗盛断面水质的影响。

（1）洪水期。在东引运河遭遇洪涝时，基本自下游至上游依序打开东引运河下游段沿线水闸，及时降低东引运河水位。当运河上游来水量恢复稳定，天气良好且天气预测没有较大降雨的时间内，在确保东引运河防洪排涝安全的前提下，尽量少开（或不开）海口庙水闸、新基水闸、石鼓水闸、赤岭水闸、塘板水闸等水闸，减少向厚街水道排水。运河上游及区间来水优先考虑由虎门水闸排出。虎门水闸除在外江水位高于内河水位时（涨潮时段）关闭外，其余时间全开，做到"只排不进"，充分利用其排涝功能。

（2）枯水期。在确保东引运河防洪排涝安全的前提下，尽量保持海口庙水闸、新基水闸、石鼓水闸、赤岭水闸、塘板水闸关闭。尽量不向东江南支流（东莞水道）和厚街水道排水。运河上游及区间来水全部（或大部分）由虎门水闸排出。虎门水闸除在外江水位高于内河水位时（涨潮时段）关闭外，其余时间全开，做到"只排不进"，充分利用其排涝功能。当运河下游各水闸（虎门水闸除外）内水位逐渐壅高，逼近警戒水位时，才打开相应的水闸排水。同时严格控制各水闸的排水量。当运河水位降低到警戒水位以下时及时关闭相应水闸，其余水量通过虎门水闸排出，有效减少对泗盛国考断面水质的影响。

二、灌溉供水

1970年兴建东江引水工程，出发点就是引东江淡水入沙田咸田地区，重点保障该区域工农业用水和居民饮用淡水需求。工程建成后，东引运河长达102千米，采取以段分片、以点设站方式进行用水管理和调度，分为4片、14个管理站。原则上先急后缓，先排后灌，先远后近，先高后低，全面安排，轮流排灌。分季节进行调度，春季以蓄水灌溉、抗旱防咸为主，速灌短蓄勤排；夏季以大排大灌为主，注意多排，降低寒溪内河水位，有暴雨预报提前抢排；秋冬以防咸为主，做好蓄水灌溉，适时排吐，咸水期间保证虎门镇工业、生活用水。每年的引水总量各不相同，随着水情和发展需求而发生变化。据1975—1984年的10年记录，平均年引水量3.28亿立方米，以1977年最多，为5.13亿立方米，1983年最少，为1.55亿立方米。20世纪90年代经历一个引水高峰，而后逐步降低，常年保持在4亿～5亿立方米。

（一）农田灌溉

东江引水工程设计流量53立方米/秒，寒溪地区自流灌溉4000公顷，沿海地区提水灌溉7333公顷，共灌溉1.13万公顷。1977年大旱时灌区普查，实灌面积1.38万公顷。咸田需水量大，过去常因水量不足、灌溉不及时，动辄减产两三成，工程通水后水源充足，问题得到有效解决，沙田、虎门、长安等地不同程度受益。

东江引水工程建设前，沙田建设沙田联围，让围内河涌形成淡水湖，经鳌台水闸从东江南支流引水入淡水湖供围内农田灌溉，邻近虎门围、威远岛、西大坦等地通过建电灌站、架设渡槽、反虹涵等办法，从淡水湖提水灌溉，初步解决灌溉问题。东江引水工程建成后，当旱情严重，咸潮上溯至鳌台水闸以上时，改从东引运河引淡入围予以保证用水，灌溉面积496.7公顷。

虎门在东江引水工程建成通水前，主要从1960年建成使用的横岗水库取水，通过开挖的24千米长的水库干渠，引水灌溉南栅、路东、基宁（沙角）等地农田，使666.7公顷咸田得到淡水灌溉。因水路长，沿渠渗漏大，到田水量不足，或灌溉不及时，生产仍然被动。1965年，虎门兴建镇口电灌站和镇口渡槽，从沙田淡水湖抽水过银河汇流入横岗水库干渠，补充流量3.7立方米/秒，灌溉能力和灌溉效益得以提高。东江引水工程建成后，在太平镇（今虎门）引水入虎门围经金洲流入广济涌至磨碟口，同时新建太平涌、广济涌和磨碟口等 3 座水闸，加上原有的竹洲水闸、德隆围水闸联成整围，灌溉水源得到满足，受益农田 486.7 公顷。

长安位于沿海最南端，咸期最长，咸度也最高。为解决灌溉用水问题，从 1956 年冬到 1958 年，先后兴建马尾、横圳、五点梅、莲花山等小型水库，但水量供不应求。1963 年天大旱，缺水更为严重，当年即兴建虎门三级电灌站，设计流量 5 立方米 / 秒，从厚街涌口抽东江河水到三丫陂上横岗水库干渠，至虎门白沙园山仔新开 19.2 千米长的支渠，引水从芦花坑入五点梅水库，灌溉用水得到缓解，但水路长，沿渠渗漏大，抽水用电多。东江引水工程建成后，东引运河末段自西向东横过长安围中部，在围内长度为 15.5 千米，河底宽 18 米，末端从新涌水闸排水出茅洲河，在进水口建厦岗涌水闸作为节制闸，分 7 孔，总净宽 12.5 米。从此水源充足，取代虎门三级电灌站（1972 年电站撤销）灌溉任务，每年节约用电 300 万千瓦时，灌溉面积 766.7 公顷。

东江引水工程运用初期因运河水路长、范围广、农田高低不平，高田要灌，低田要排。往往寒溪涝区要求开闸排水，咸田地区则要求关闸蓄水，运河蓄水又使篁村低田不能自流排水。虎门、长安的咸田也有高田受旱、低田受浸的矛盾，后来把控制河水位适当降低，在篁村低田加设电力排水站，在虎门、长安的咸田地区安装低扬程水泵提水灌溉（据 1987 年统计，沙田围内安装低扬程水泵 83 台，装机容量 623 千瓦。虎门围内安装电动低扬程水

表 2-2　1977—2009 年部分年份运河总引水量表

年份	总引水量（亿立方米）	年份	总引水量（亿立方米）
1977 年	5.13	1997 年	4.3
1983 年	1.55	1998 年	5.05
1987 年	3.34	1999 年	5.3
1988 年	6	2001 年	2
1989 年	5.8	2002 年	4.17
1990 年	6.17	2003 年	4.29
1991 年	6.9	2004 年	4.5
1992 年	6.98	2005 年	4
1993 年	5.6	2006 年	4
1994 年	5.05	2008 年	5
1995 年	6.3	2009 年	1.7

泵 78 台，装机容量 580 千瓦。1973—1975 年间长安围内安装低扬程水泵 135 台，装机容量 1013 千瓦）。春季由建塘水闸引进东江水，在无咸潮封闸情况下，从石鼓水闸引潮，沿河水闸均可进水补充。通过完善工程配套，加强管理，合理调度，排灌矛盾得到解决。

进入 20 世纪 80 年代中期以后，随着沿岸各镇区工业的快速发展，经济从农业向工业转变，农田逐渐减少，灌溉用水已不再重要。加之水源污染，东引运河逐步沦为接纳两岸工业废水及生活污水的臭水河。河水中各种有害物质严重超标，运河的农田灌溉功能逐步丧失。90 年代以后，农业用地中所余的蔬菜地，亦大多改用自来水浇灌。

（二）城镇供水

东江引水工程建成至水质严重污染丧失供水功能前，运河除担负着全县 1.38 万公顷农田灌溉、1.2 万公顷农田排涝的繁重任务外，还是沿线自来水厂制水水源，并负责为沙角火力发电厂、虎门火力发电厂、长安福安印染厂、沙田丽海印染厂等提供工业用水，为虎门地区及沙角部队提供生活用水和居民用水，解决当时虎门地区淡水不足的历史难题。据 1997 年统计，东引运河每年向横沥、东坑、虎门、长安、新湾等镇和沙角火力发电厂提供东江水源近亿立方米。

20 世纪七八十年代前，东莞县供水分为江河供水、引水工程供水和水库供水，以江河供水为主。当时自来水设施较少，运河边的百姓直接从运河取水或打井取水作为饮用和生活用水。随着人口增长和工农业生产发展，工厂和人口增多，用水量增大，加上水源遭到污染，各地纷纷开始建设自来水厂，以解决用水需求。

常平自来水公司始建于 1972 年，位于长桥寒溪河堤上，原名常平水厂，在常平运河（今运河支流寒溪水）取水，主要向常平圩居民和各单位供水，当时日供水量为 1.2 万吨，1990 年 7 月更名为常平镇自来水公司。后由于运河污染严重不堪饮用，从东深供水工厂司马抽水站取水，铺设管道引水入水厂，改为供应东江水。

横沥自来水厂始建于 1982 年，从东引运河取水，最初年供水 146 万立方米，后多次扩建，年供水能力达到 540 万立方米。1994 年横沥镇组建年供水能力 1800 万立方米的横沥自来水公司，1996 年 7 月竣工投产，2003 年横沥镇自来水公司投资 2000 万元于企石购买取水点（直径 1420 毫米引水工程），年购买东江原水 3000 万立方米回厂自制。2001 年 9 月停止抽取东引运河原水，全部改取东江水。

东坑自来水公司的前身是东坑水厂，始建于 1986 年，1987 年 10 月 1 日正式通水，日供水量为 3000 立方米，取水点在彭塘桥河（连接运河的引水渠，今覆盖为东坑东兴中路），主要解决工厂和部分居民生活用水问题。为适应发展形势需要，1992 年在神山蛇头岭兴建一座日供水量为 3 万立方米的自来水厂，1993 年 10 月 1 日正式通水，取水点在神山河（今运河神山大桥至角社大桥段），更名为东坑镇自来水公司。因运河水源水质受到污染，东坑于 2000 年 1 月 24 日正式引进东江水，改由东莞市第五水厂供水。

寮步水厂 1982 年 2 月建成，始为打井取水。1986 年，从寮步河（今运河支流）取水净化供水。1992年，工厂增加，自然水体逐渐受到污染，寮步河水不能满足需求，筑坝建石龙坑三支松水库，利用高渠引同沙水库水，自来水水源从寮步河水转为同沙水库水。随着经济的发展，对水的需求不断增加，1996年又采用东江作为水源，转供东莞市第三水厂的自来水。1998年6月，寮步自来水厂更名为寮步自来水公司。2003年6月，寮步自来水公司停止自制水，改为转供东江水务自来水。

1982年1月，厚街供水厂建成投产，占地面积1.2万平方米，初期引用东引运河水源制水，日供水量为3000立方米。当时主要供水范围有圩镇、厚街乡、珊美乡、涌口乡。1986年，厚街供水厂升格为厚街镇自来水公司，1988年、1990年扩建后从淡水湖取水，1991年再扩建水厂后，引用东江南支流水源，水厂日供水能力达到3万立方米。由于东江下游水源逐渐遭到污染，水厂于2000年7月停产自制水，全面改由市联网转供水。20世纪80年代至90年代，厚街部分村亦开始建起小型水塔或小型供水厂，利用东引运河水、山塘水及井水，通过消毒过滤，制作自来水供当地村民使用，1998年开始，绝大部分村级供水厂逐步接用市联网供水。

沙田人历来饮用河涌水，沙田围内与运河连通的淡水湖是其重要的饮用水源。随着农田施放农药逐渐增多和其他垃圾污染，河涌水质变差，于是在20世纪80年代，沙田先后建设了3家自来水厂，取河水过滤消毒后再使用。沙田水厂于1985年建成，从老鼠涌（东江南支流沙田段）取水，日供水量1500立方米。银河水厂于1992年建成供水，建于稔洲山下银河旁，从东引运河银河段取水，主要供应齐沙、大泥、穗丰年等管理区的居民和工厂用水。1995年在阁西山新建一间设备较完善的中型水厂，日供水能力达到1.3万立方米。由于沙田水质较差，一年中有几个月受咸水影响，1999年12月接通东莞市中西部供水管网，改为供应东江水。

虎门是东莞历史上的"三大镇"之一，二轻工业具有良好基础。1973年，太平自来水厂建成，从东引运河取水，日供水量7000立方米，保障生产生活用水。改革开放后，虎门地区二轻工业飞跃发展，运河为太平手袋厂、太平机械厂、太平铁工厂、太平综合修制厂等二轻工业企业直接或间接提供用水保障，每天供给省沙角火力发电厂（A、B两厂）的用水量就达8.64万立方米。1984年，太平自来水厂改称太平港自来水公司，1985年太平镇和虎门区合并为虎门镇后，改称虎门港自来水公司。1998年底，东莞市中西部供水工程建成供水后，虎门港自来水公司的制水系统停止运转，不再从运河取水，由从东江取水的市第三水厂制水，通过输水管道远程供给。

1985—1992年，长安陆续建成大小水厂5个，其中有3个水厂都以东引运河为制水水源之一。长安供水厂（长安自来水公司）1985年8月投产供水，从五点梅、马尾水库取水，日供水能力3000立方米，后扩建，提升到日供水8000立方米。1989年水库水源已不能满足用水需求，在沙头建设1座临时三级抽水站，将东引运河水抽上五点梅水库，暂时缓解当时的用水需求，日供水能力提高到2.8万立方米。1992年，水厂第三次扩建，日供水能力提高到 6.8 万立方米。福安水厂属企业自办水厂，于 1988 年筹建，1989 年 10 月投产。最初设计日供水能力 1 万立方米，水源取自莲花山水库和莲花湖。1993 年、1995 年两次扩建，日供水能力增加到 6 万立方米。后受水库水源限制，主要抽取东引运河水，每日供水量 3 万立方米，作为企业生产用水。霄边水厂建于 1992 年 10 月，以莲花湖、莲花山水库和抽取东引运河水作为供水水源，最初设计日供水能力 1 万立方米。1996 年扩建后，日供水能力达到 2 万立方米。因受水源限制，2003 年，每日供水量在 1 万立方米左右。运河水质受污染后，上述水厂都不再从运河取水制水。

20 世纪 90 年代以后，因为工业发展和人口增长，污水无序排放，运河水质污染严重，自来水水源的功能也基本丧失。21 世纪以来，经过近 20 年的综合治理，运河水质逐步改善，生态环境持续恢复向好。东莞从农业县发展成为制造业城市，向着科技创新和先进制造方向进行产业转型升级，以农业主导的第一产业占比大幅减低，水质又不能满足高精密制造产业要求，运河主要为生态景观、市政作业等提供水源。

三、防咸拒潮

东莞位于珠江口，受潮汐影响大。珠江口潮汐属不正规半日潮，潮汐可沿东江往上溯及石龙。根据国家饮用水标准，以氯离子浓度 250 毫克 / 升作为标准咸水线，当东江上游流量为 150 立方米 / 秒时，咸水线可达东江南支流的莞城。上游流量为 250 立方米 / 秒时，咸水线可达万江。大旱年份，咸水线曾一度上溯至峡口水闸附近。东引运河从峡口水闸往下，河道大体与东江南支流并行，通过修堤筑闸将不同大小江堤形成联围，同时促进沙田围、虎门围、长安围等海堤的建设，通过挡潮闸站形成连片的抗咸大堤，有效缩短防潮堤线。1957 年冬建设东莞运河时，同时移挖作填建成位于东江南支流左岸的东莞大围，修筑莞城、博厦等水闸，将防御能力很低的零星小围连成一片，有效减小咸潮上溯时对莞城的影响。1970 年建设东江引水工程时，在虎门镇口、太平涌、广济涌、磨碟口四处堵口筑闸，源源不断引入的东江水，为沙田围、长安围内河涌补蓄淡水冲咸，潮涌时关闸减少咸水浸入，使农田土壤得以改良，促进咸田改淡田、旱田改水田，单季改双季和合理轮作，土地耕作利用率大为提高。据 2003 年统计，得益于通过运河引淡灌溉冲咸等措施，沿海地区的咸田、反酸田都能实现淡水灌溉，冬季翻犁曝晒，春季用淡水冲洗咸田土壤表层凝结的盐分，促使有机质分解，增施磷肥，改良土壤物理性状，促进农作物根系强壮发达。这些咸田、反酸田经过多年的洗咸洗酸改造，面积缩减，盐分含量、酸度下降，基本上不会对作物造成危害。长安、虎门等大部分沿海咸田由种植咸水草改成养殖虾塘或稻底虾塘，经济效益翻了几番乃至数十番。沙田以前因为咸水期过长不适合蔬菜生长，历来很少大面积种植蔬菜，有了稳定的淡水保障后，从 1987 年开始，蔬菜种植面积迅速增加，还出现不少蔬菜专业户，彻底改变了过去沙田地区不生产蔬菜的状况。

四、水上运输

东莞所处珠江三角洲,河涌密布,大小河流超 600 条,水运资源丰富。在陆路交通发达之前,水上运输在东莞占主导地位,船只是主要的运输和交通工具,水路是经济通商和人员往来的主要方式。运河的建设,将除东莞西北部东江下游网河区流域外的其他主要河流联通成一个四通八达的水网,外通

▲ 20 世纪 80 年代运河博厦桥段的运输船只

东江,内联诸河,为社会经济发展和百姓生活提供了更便利的条件。主要有两段河道具航运之利。

一段是 1958 年通水的城区运河段,从峡口至上屯,流经东城、莞城、南城、厚街与太平旧水道相接,全长 19.5 千米,维护航道宽 35 米,水深 1 米,莞城段河床底质为砂石,全年可通航 20 吨级以下船舶。1966 年,在博厦河段建有一座可通航船舶的博厦船闸(位于今市运河治理中心办公楼地段,连通运河与厚街水道),1 个闸孔,净宽 7 米,由东莞县地方航道站维护管理,并对通过船闸的船舶进行收费。当时通航该河段的船艇多为农用船,20 世纪七八十年代则多为运输建筑材料船舶,通航船舶量较大。1974 年 5 月,该船闸管理权移交东莞水利部门。20 世纪 90 年代初,由于上游各镇及城区大量工业、生活废水排入河道,河水受到严重污染,河道淤积严重,通航能力大受影响。同时,因陆路交通快速发展、船舶大型化等,在城区运河段通航的船舶大幅减少。20 世纪 90 年代中期后,除个别油船、工程船外,城区运河段已无其他船只航行,博厦船闸也逐渐失去通航功能,被废弃使用。2011 年,周边地块兴建市运河治理中心办公楼,船闸被拆除,改建为单一的排水闸,明渠亦全部覆盖为暗渠。经过后续清淤治污等综合治理后,城区运河段通航条件有序恢复,虽然基本无船只驶入,但仍是重要的内河航道。据《东莞航道志》记载,截至 2018 年,该航道厚街上屯至莞城段,规划航道等级为八级内河航道,按照八级航道进行维护。莞城至东城峡口段,规划航道等级为九级内河航道,航道维护等级为九级。

另一段是运河寒溪段,也叫寒溪河航道,是运河上航运条件最好的航道,迄今为止仍是重要的水上运输通道。该段航道自东莞市东城街道的峡口至东坑镇的神山水闸,全长约 18 千米,属砂质河床。茶山、东坑、寮步、横沥等镇街的农副产品和砂石等建筑材料很多由此水道进出,运量较大。峡口通东江处建有峡口船闸,是运河通向东江的主要出口。峡口船闸始建于 1935 年,1958 年 5 月改建为 4 个闸孔,净宽 16.5 米,2000 年 5 月再将旧闸拆除重建,2001 年初竣工启用,船闸闸底高程 –1.6 米(珠江基准)。2004 年 2 月至 3 月,峡口船闸实施停航维修施工,装设船闸 LED 显示系统,改善船闸信息环境和通航环境。船闸设计标准较低,通航能力不大,货运船舶从东江进入运河候闸时间较长,年通过能力

525.6万吨，由水利部门对过闸船舶收费（2016年4月1日起取消收费）。2006年，神山水闸拆除，航道向上延伸7千米，直达常平镇。2017年8月，经广东省航道局批准，寒溪河航道维护标准如下：峡口至寒溪新桥（9千米），航道技术等级为内河六级，航道维护等级为七级，水深0.7米，航宽24米，弯曲半径130米，设重点标，通航保证率为90%；寒溪新桥至神山（9千米），航道技术等级为内河七级，航道维护等级为七级，水深0.7米，航宽24米，弯曲半径130米，设重点标，通航保证率为90%。2018年，峡口船闸由东莞市运河治理中心负责维护管理。截至2018年12月，该航道两岸建有3处较为简易的船舶装卸点，用于装卸建筑材料。神山至常平（约7千米），航道技术等级为内河九级。由于东坑角社大桥的通航净空尺度较低，该桥以上河段航道船舶通航受限制。

水路通达，船运行业和配套设施建设也迅速兴起。运河建成初期，横跨运河的桥梁还不多，为方便两岸往来，交通要津处设置横水渡。据《东莞市交通志》记载，1985年在运河寒溪段两岸还设置塔岗渡、角社渡、凹头渡、黄岗圩渡等10余个渡口，后随着公路桥梁的建成，到2005年，运河上的所有横水渡都已撤销。1958年前，东莞县只有1家水路运输企业（东莞市太平航运公司），1959年7月增至2家，东莞县水上运输公司成立，下辖莞城、石龙、太平、麻涌、中堂、峡内、桥头7个水运大队，4个位于运河流域内，改变国有船舶独家经营客运的局面。1963年，全县水上运输开始直达运输，撤销石龙、神山、峡口3个中转点，使航行于广州、石湾等地的运输航期缩短2天，并为货主节省中转运什费。1966年，东莞港务站实行港航合并，开辟包含东莞至峡口的8条支援农业新航线，沿途设立20多个上落小点，贯通全县水乡交通。当年在洪水期间，航运部门通过运河在内的水道，抢运防洪物资1.11万吨，保证防洪救灾工作的顺利进行。改革开放以来，交通运输建设突飞猛进，虽然水运市场、设施和方式等都发生了翻天覆地的变化，但是运河作为沟通市境内主要水系的骨干河道，联系东江干流与东莞内河流域的主要通道，其依靠便捷的水运条件，在促进经济社会发展和便利百姓生活等方面，持续并长期发挥不可替代的重要作用。

第三章
运河工程设施

运河作为行洪、排涝、引水、航运等的重要河道，自1957年开挖以来，经过持续不断的规划建设，建立起包括干流河道、控制性水库、堤防、水闸等干流主体工程，流域内灌溉渠、泵站、水文水质监测站、治污设施等配套及附属工程，桥梁、管线等跨河或沿线工程等在内的设施比较齐全、功能比较完备的较为完整的水利工程体系。截至2021年底，运河流域有水库76座，其中中型水库4座，4库总库容1.7亿立方米；堤防64条，其中江堤61条，海堤3条，总长244千米；水闸63座，其中干流沿线22座；泵站131座，其中中型泵站31座。这些设施的建设和运行维护，为运河整体效益的发挥起着至关重要的作用，受益也反哺促进东莞水利事业和社会经济发展。

第一节　工程建设概况

运河具体工程建设大体以规划为引领，满足当时形势任务的需要，各时期规划和实施工程建设的方向和重点各不相同。

一、大规模建设时期（1957—1977年）

新中国成立后至20世纪80年代以前，全县大兴水利，开展大规模工程建设占主导地位，运河主体工程于该时期建成。1955年夏季，东莞县开展第一次水利普查，发现可开挖运河的自然地理条件，拉开开挖东莞运河的序幕。1957年提出全面、系统、综合治理的水利规划，为大规模兴修水利做好准备，是年冬东莞运河结合修筑东莞大围工程动工。1958年，东莞县成立水利工程总指挥部，大规模水利建设全面展开。1958—1961年这四年间，东莞运河结合修筑东莞大围工程完工，建设了峡口船闸、樟村、北门、海口庙、新基、周溪、石鼓等水闸，运河上游的同沙、松木山、黄牛埔和下游的横岗水库4座中型水库建成并投入使用，沿海联成近3334公顷的沙田围，有27座中小型水库在一年内相继动工，最高潮时每日出动25万多人。1963年冬季，经过大旱检验，县水利规划提出滨海地区完善拒咸引淡工程，续建虎门三级电灌站配套工程，实行远程引水，引、提、蓄结合，库库相通，渠渠相连，构成一个可以互相调节、排灌自如的水利网。1966年沙田引淡渠整体工程建设顺利完工，引淡渠堤围上于1962年建成的赤岭、塘板、东闸等水闸投入使用。1970年东江引水工程建成通水，新建建塘、企石、南坑、石角、镇口及节制闸、太平涌、广济涌、磨碟口等水闸，开启东莞大规模引水时代。1973年，水利开展"五查四定"（查工程建设与投资使用情况、查工程安全、查效益、查管理现状、查综合利用；定计划、定任务、定措施、定体制），提出七年规划，以确保现有工程安全、发挥效益为重点，以兴修小型和配套水利工程为主，着力发展生产，严格控制新建工程上马。1975—1976年间实施寒溪整治运河扩建工程，运河功能进一步提升。

二、维修配套完善时期（1978—1997年）

1978年中共十一届三中全会以后，水利工作的重点逐步由大规模的水利工程建设转移到对现有工程的管理。东莞沐浴改革开放春风，外向经济大发展，土地大量开发，工厂迅速增加，污染排放快速加重，东江水位下切引水量锐减，一些雨（排）水系统被打乱，灌溉系统失去功能，运河部分水利设施也遭到损毁。1978—1997年这20年，运河工程建设的重点是续建配套，除险加固，恢复受损设施，改善排涝、灌溉与供水以及除污，充分发挥运河工程效益，同步强化管理，建立健全规章制度，以促进运河良性发展。这时期，重点开展了1991年东引扩河建闸工程（石鼓水闸至双岗银河口段13.2千米）、1993年东引运河莞城北门桥至新楼桥段长1.9千米河岸护坡工程、1994年东引运河太平林则徐公园到广济涌桥段长3.8千米疏河清淤工程、1996年东引博厦水闸段和细村段2.15千米河岸护坡及莞城运河6千米清淤疏浚工程等建设，先后新、重建峡口（1988年）、新基（1991年）、石角（1991年）、樟村（1997年）等水闸，对其他沿河水闸加固、更新设备、美化环境等。

三、防灾减灾提升时期（1998—2006年）

1998年长江特大洪水后，全国掀起新的水利建设热潮，东莞启动包括运河综合整治在内的"三个一百"重点水利工程建设，主要围绕防灾减灾，全面提高水利体系灾害防御标准。这期间运河整治先后实施了1998年运河寒溪段黄沙河口至峡口水闸3.5千米河道扩河整治（寒溪河下游综合整治工程主要建设内容），运河中段48.25千米河道清淤，运河下游厚街、沙田、虎门、长安等镇境内27.3千米河堤加固等工程，并重建峡口水闸（2000年）、镇口水闸（2000年，重建后改称虎门水闸）、磨碟口水闸（2002年），改建镇口节制闸（2002年，重建后改称镇口水闸），至2003年，"三个一百"中的百千米东引运河整治全面竣工，完成投资8007.5万元。1998年8月，"三个一百"中的东莞大围达标建设工程（后称东莞大堤达标建设工程，共四期，2004年底被列入广东省城乡防灾减灾重点水利工程）全面开工建设，首期（莞城第二水厂至东城板桥段，长5千米）和第二期（东城板桥至峡口水闸段，长3.07千米）达标建设工程为运河与东江共用堤段，分别于1999年10月和2002年3月竣工，实现堤路结合，集防洪、交通、景观、休闲于一体，达到百年一遇防洪标准。整个达标建设工程于2006年全面完成，达标总长66.68千米，是广东省十大重点堤围之一。

四、生态治理保护时期（2007年起）

2007年以来，东莞历届市委、市政府为解决运河生态污染这一难题，将其作为重要民生大事，进一步高位推进运河综合整治，制定综合整治规划，以"截污、清淤、活源、治堤"为总体思路，区分阶段实施以水生态整治修复为主的工程建设，采取河道整治、堤路结合、水体修复、水景观建设以及截污和污水处理等工程措施，实现"安全河、景观河、清水河"目标。开展包括市区污水处理厂三期在内的污水处理厂新改扩建、分散式污水处理设施、截污主干及次支管网、东引运河职教城段清淤工程、虎门城区段河道清淤疏浚工程、桥头至企石水闸段河道清淤疏浚工程、东引运河堤路结合达标工程A段（石碣大桥至南城新基）工程、虎门长堤路工程、东引运河堤路结合达标工程B段（东城峡口至东坑神山桥）工程、神山桥至坑美段堤防和市政工程、横沥中心区段（南环桥至铁路桥）工程、合浦市陂至梅塘水汇入口段工程、峡口水闸至樟村水闸段河道整治、樟村至石鼓水闸河道整治工程、塘板水闸和樟村水闸及峡口水闸扩建工程、南畲塱排渠和大圳埔排渠及排涝站工程、燕岭湿地和大圳埔湿地及下沙湿地工程、城市黑臭水体治理、河涌水环境综合整治等建设，运河水生态环境发生转折性变化，水质从劣Ⅴ类水恢复到Ⅳ类水以上，综合治理工程措施成效明显。

历年来，运河工程建设以政府主导和组织领导，发动群众广泛参与，联合社会各方力量进行合力建设。运河地位作用突出，一直是东莞工程建设重点倾斜方向，1971年县成立东江引水工程管理所（1979年改为东江引水工程管理处），2012年重组成立市运河治理中心，进行专职的工程建设管理。另外，运河每次开展大项建设时，市（县）还成立工程指挥部类的议事协调机构，由市（县）领导担任指挥，负责运河重大工程建设的统筹督导。1957年运河始建时，东莞县在工地成立东莞大围工程指挥部，县长袁卫民任指挥。1958年5月，东莞成立县重点水利工程联合办事处，9月又加强力量改设为县水利工程总指挥部，根据需要派人驻扎到包括运河建设在内的各重点工地进行具体指导。1970年东江引水工程建设时，县成立东江引水工程指挥部，由县武装部部长徐东明任指挥。1975年进行寒溪整治运河扩建工程时，工程指挥部由县委副书记莫淦钦任指挥。1991年开展东引扩河建闸工程时，副市长任指挥。1993年建设东莞运河北门桥至黎川段护岸工程，两位副市长分别任正、副指挥。到2007年全面展开运河综合整治时，市成立运河整治工作领导组，由市委副书记、市长挂帅担任领导组组长。2016年组建的水污染治理设施建设工程现场指挥部及后来的水污染治理现场指挥部，都由副市长任指挥长，在总指挥部的领导下，统筹指导包括东引运河流域在内的各流域综合治理。

参与运河工程建设的施工力量，最初一般由运河受益地区派工，按工程量区分责任段，技术支持主要由市（县）水利部门提供。1960年成立的县机电排灌管理总站，负责运河相关电力排灌的机电安装、维修和管理。1972年8月成立的县水利构件预制场，为运河广济涌节制闸和镇口节制闸等预制浮运式水闸。1979年4月1日成立的市水电工程机械施工队，以及后来成立的市水电建筑安装工程公司、市水利水电建筑工程公司等施工队伍，承担了运河大量工程施工任务。1979年5月2日东莞县水利学会成立，开展的装配式浮台水下灌注桩技术、运河城区段整治工程设计、计算机在峡口排水计算中的应用、东江东莞段梯级开发与改善东引水环境等技术研究在运河工程建设管理中得到实践运用。1993年成立东莞市水利勘测设计室（1995年成立水利勘测设计院，2004年改制为企业），2016年成立市水务技术中心，进一步增强了对运河建设规划勘察设计施工等方面的技术支持。运河施工技术最初都是肩挑人挖、手推车运土石方、人工开凿炮眼、人力搅拌混凝土等人工方式。随着经济发展和科技进步，20世纪90年代后，运河河道整治、水闸建设等基本全部采用机械化施工。伴随建筑行业市场化改革进程，体制内的工程建设力量逐渐改制脱离，运河后来的各项工程通过公开招标选取具备相应资质的工程建设企业来承包施工，工程管理及技术进步有效促进效率提高和质量提升，2018年、2020年流域内的松山湖犀牛陂排渠工程、茅洲河界河段综合整治工程（东莞部分）先后获得中国水利工程建设最高奖项大禹奖。

第二节　关键工程设施

一、堤防

2021年，东引运河流域共有堤防64条，其中江堤61条，海堤3条，总长244千米。

运河干流两岸堤防总长193.18千米，主要包括桥头左、右岸堤围3.63千米，企石左、右岸堤围33.08千米，生态园左、右岸堤围9.5千米，横沥左、右岸堤围13.07千米，东坑左、右岸堤围5.85千米，茶山左、右岸堤围14.8千米，寮步左岸堤围0.84千米，城区左、右岸堤围46.37千米，厚街左、右岸堤围28.92千米，沙田左、右岸堤围8.76千米，虎门左、右岸堤围23.86千米，长安左岸堤围4.5千米。

运河支流中寒溪水（横沥支流汇口以上）、梅塘水、松木山水、旧石马河、仁和水、寮步河、黄沙河、军丕河、连平河、龙江河下游筑有防洪堤，堤防总长74.18千米，其中含常平寒溪左、右堤围11.4千米，东坑寒溪左、右堤围3.5千米，横沥寒溪右堤围3.04千米。

东引运河干流峡口水闸至黎川段右岸7.3千米为东莞大堤，设计防洪标准为100年一遇。峡口以上东引运河干流防洪标准为50年一遇，其中左岸黄沙河口至峡口设计防洪标准为100年一遇，个别卡口低于10年一遇，堤围顶宽基本为8.0米，未加固的3米～7米不等；堤防结合防汛路建设，坡比1∶2.0～1∶2.5；堤顶高程8米～10.5米，堤身高2

米~8米不等；堤脚高程2米~2.8米，采用抛石挡墙结合。城区以下堤防没有加固，堤顶宽3米~8米。

运河干支流堤防基本为土石堤防。东引运河城区段堤防迎水面多为砼护砌，虎门镇从镇口水闸至大沙河汇入口上1千米处总长6.5千米堤防迎水面采取砌石护砌，沙田、厚街沿港口大道6.8千米长堤防采用砌石护砌，长安镇区段4千米堤防采用直墙砌石护砌，寒溪河常平镇区段河道3.99千米堤防亦为直墙砌石护砌，其他更多为自然放坡或天然状态。

为满足防洪排涝需要，运河各段堤防综合衡量功能要求和实际，遵照不同发展时期的标准，渐进式升级，持续开展达标建设。

东莞大围是20世纪50年代运河开凿时修建的首条堤防，其中，城区段峡口至樟村段约8千米，周溪至胜和段4千米亦兼作运河堤。堤顶高程7.2米~8.4米，下游潮区4米。顶宽6米，外坡1：3，内坡加戗堤，面宽2米以上，戗堤以下用1：4坡，达到能防御50年一遇洪水标准。1998年进行东莞大堤达标建设工程，首期工程（莞城第二水厂至东莞板桥段5千米）加高培厚堤身、堤顶加铺水泥路面，堤顶高程在原有基础上加高1.5米，堤顶拓宽至20.2米，中间水泥路面双向4车道，宽15米，两侧2×2.6米人行道加护栏。1999年动工的二期工程（东城板桥至峡口水闸段3.07千米）以两侧堤脚沉井作基础，钢筋混凝土作挡土墙护岸，筑土为堤身，迎水坡贴砌水泥预制块护坡，内坡植草护堤，堤顶宽20.2米，中间铺筑水泥路面，双向4车道，宽15米，两侧2×2.6米人行道并配套绿化。2003年篁村（南城）段进行加固达标。2004年城区段堤防达标加固陆续竣工后，防洪标准达到百年一遇。

运河流域寒溪涝区堤防众多，以小堤围为主。1958—1973年，寒溪涝区共计筑成千亩以上内围25条，堤线总长达103.35千米，堤顶高程均在4.5米以下。1993年第9318号台风侵袭，涝区堤围多处出险并发生漫顶或溃决，为进一步提高防御标准，沿河各镇区筹集资金，竞相加固堤围。寮步镇筹资3000多万元，三年加固堤围52千米，将原堤面宽2米扩大到6米，堤顶超过1993年洪水水位1.2米。横沥镇将全镇堤围加到堤顶高程7.0米。茶山、常平、东坑等镇在堤围外坡和堤脚处砌石或混凝土块，加固所有涵闸。据统计，1993—1995年，寒溪涝区堤围加固工程共完成土方360万立方米，石方11万立方米，砼方6.5万立方米，防御标准从5年一遇提升到10年一遇和20年一遇。1997年，东莞市政府决定对寒溪涝区按防御20年一遇洪水标准进行综合整治，1998年重点对黄沙河口至峡口水闸3.5千米河段实施治理，完成土方82.2万立方米，石方5.99万立方米，运河寒溪段中下游堤围提升到防御20年一遇标准。

2000年6月至2003年底的东引运河整治，2005年开始实施的全市防灾减灾工程建设，2007年开始的东引运河综合整治及后来的流域水污染防治，都将治堤作为重要实施内容和措施之一。东引运河整治期间对下游厚街、沙田、虎门、长安等镇内27.3千米堤围进行加高培厚。东引运河综合整治明确河堤建设为五大建设内容之一（污水净化工程、河堤建设及河道沿线景观综合整治工程、内河涌整治工程、运河沿线各项面源整治工程和生态园治水工程），实施东引运河堤路结合达标工程 A 段（石碣大桥至南城新基）工程、虎门长堤路工程、东引运河堤路结合达标工程 B 段（东城峡口至东坑神山桥）工程、神山桥至坑美段堤防工程等，各镇区堤防基本达到 50 年一遇的设计防洪标准。

运河流域内的海堤主要有沙田联围 29.3 千米、长安联围 22 千米、虎门围 8.6 千米。1988 年前海堤堤顶高程一般在 2.5 米～3.0 米之间，只能抵御 8 级台风潮水。1993 年，沙田联围西大坦围垦西堤做了 2 千米堤顶高程 4.5 米的标准堤，其余堤段堤顶高程在 3.3 米～3.8 米之间。长安联围于 1993—1995 年连续三年全堤加高培厚，堤外坡用钢筋混凝土做斜（企）墙护坡，堤面宽 8 米～10 米，堤顶高程 4 米～4.5 米。1997 年，虎门围实现全部砌石墙防浪，堤顶高程 3.5 米～4 米，堤面宽 4 米～6 米。1999 年 9 月至 2001 年底，东莞市开展包括长安联围、虎门围、沙田联围在内的海堤达标工程建设，实现防御 20 年一遇 10 级台风加暴潮标准，部分堤段能抵御 12 级台风暴潮。

表 3-1　2021 年运河干流堤防情况表

园区、镇（街道）	堤段（划界界桩号）	长度（千米）
桥头	左岸：东引运河 L001-L016	2.38
企石	左岸：东引运河 L017-L106	15.76
横沥	左岸：东引运河 L107-L145	7.41
东坑	左岸：东引运河 L146-L163	3.45
生态园	左岸：东引运河 L164-L190	5.15
寮步	左岸：东引运河 L191-L194	0.84
茶山	左岸：东引运河 L195-L230	5.7
城区	左岸：东引运河 L231-L375	22.73
厚街	左岸：东引运河 L376-L472	14.08
沙田	左岸：东引运河 L473-L485	1.27
厚街	左岸：东引运河 L486-L500	1.76

续上表

园区、镇（街道）	堤段（划界界桩号）	长度（千米）
虎门	左岸：东引运河 L501-L565	10.54
长安	左岸：东引运河 L566-L596	4.5
桥头	右岸：东引运河 R001-R008	1.25
企石	右岸：东引运河 R009-R101	17.32
生态园	右岸：东引运河 R102-R109	1.5
横沥	右岸：东引运河 R110-R142	5.66
东坑	右岸：东引运河 R143-R156	2.4
生态园	右岸：东引运河 R157-R173	2.85
茶山	右岸：东引运河 R174-R221	9.1
城区	右岸：东引运河 R222-R385	23.64
厚街	右岸：东引运河 R386-R489	13.08
沙田	右岸：东引运河 R490-R548	7.49
虎门	右岸：东引运河 R549-R648	13.32
合计		193.18

二、水闸

东莞传统闸窦均为砖石和竹木结构。闸门以木制作，常有水腐虫蚀之患。民国期间始有混凝土浇（砌）筑水闸。1935年，建成寒溪水闸（位于今茶山镇寒溪水村运河段干流上），两孔总净宽15米，防御东江洪水倒灌，为县内较大的水闸之一。运河峡口水闸建成后，寒溪水闸失去防御洪水倒灌的作用。

新中国成立后，随着大规模水利建设的兴起，水闸建设成为全县水利工程建设的重点之一，建闸技术及工艺也逐步得到改进。20世纪50年代在开凿东莞运河结合新筑东莞大围时，自上而下兴建的峡口、樟村、北门、海口庙、新基、周溪、石鼓7座水闸，连同1962年建设的赤岭、塘板水闸和1966年兴建的博厦船闸共10座，总净宽96米，各闸均能排能灌。1958年，因水泥供应紧张，在全县范围内推广烧黏土作掺合料节约水泥法，筑闸工程质量受到一定影响。1961年12月，在沙田成立钢筋混凝土闸门试验小组，在稔洲水闸、齐沙水闸试用钢筋混凝土闸门代替木闸门。试验成功后，在县内沿海地区推广使用，较好地解决木闸门被虫蛀水蚀的问题。1964年冬，长安联围开工，首次采用预制浮运式涵闸并获成功。

　　1970年建设东引运河时，新建涵闸21座，净宽285.2米，改建水闸8座，净宽80米。当时为解决钢材短缺及机械设备供应不上的问题，建塘进水闸、企石节制闸和南坑节制闸采用反拱底板及拱形涵盖结构，广济涌节制闸和镇口节制闸采用少筋混凝土预制浮运式水闸，在镇口水闸前后坦预制。闸门均用钢筋混凝土门，其中有4座水闸采用水压式升降门。广济涌水闸在浮运前破堤放水，因水位突涨，无法控制，到漫过封口板仍不起浮，封口板被压断，在闸孔内操作民工因躲避不及死一人伤一人，随后重新封口加固，从闸室内抽水起浮运出。1981—1985年，南坑、企石、建塘等水闸进行闸门升降改建，由一机多门改为一机两门。1986年9月，博厦水闸因工作人员管理不到位，发生沉船事故。

　　因资金及原材料短缺，部分在"大跃进"及"文化大革命"期间兴建的水闸质量较差，曾多次出险。1988年以后，市水行政主管部门在全面调查了解情况的基础上，逐步对包括运河沿线水闸在内的危旧涵闸进行检修加固或重建、改建。对于险情尚不严重的涵闸，视不同情况分别采取加高、驳长、灌浆、抛石加固、套钢筋混凝土箱涵等工程措施进行处理。对不适用或不具维修价值的水闸，则进行拆旧重建，如东引运河广济涌水闸、樟村水闸等；并同时根据防洪、排灌等需要，对部分水闸进行改、扩建。1991年9月开工的东引扩河建闸工程，又新建新基水闸、石角水闸。1988—1997年10年间，东莞全市共维修加固、重建、新建、改扩建各类水闸200余座，大部分位于运河流域。

　　1999年，东莞市启动"三个一百"重点水利建设工程，结合百里东引运河综合整治，重建峡口水闸、镇口水闸，改建磨碟口水闸、镇口节制闸，至2003年底这些水闸陆续完工投入使用。2002—2003年期间，东莞大围从坝头至新基堤段进行除险加固兼达标建设，同时对海口庙、新基两座水闸进行改造重建。

　　2003年开始，东莞市按省统一部署，启动城乡水利防灾减灾工程建设，项目涵盖堤围达标、河道整治、水闸和排站等建设。2004年，对峡口水（船）闸实施停航维修施工、除险加固，计投入资金350万元，完成的主要工程量为桩基挡土墙55.76米，砼6278.3立方米，回填沙19910立方米。同时装设船闸LED显示系统，改善船闸信息环境和通航环境。结合年度安全检查和除险加固，2004年内还启动、完成神山水闸抢险工程、镇口水闸护岸加固工程、磨碟口水闸护岸工程、南坑水闸除险加固工程、重建石角水闸管理工程、广济涌加固工程、东引运河各水闸机电维修工程等。2006年，峡口水（船）闸除险加固工程竣工并通过验收，是当时东莞市开展城乡水利防灾减灾工程建设的首宗工程和首宗通过验收的工程项目，打响全市水利防灾减灾工程建设的第一炮。

2007年，东引运河综合整治工作全面展开后，积极发挥水闸功效，利用当时已建水闸和扩建部分水闸引潮活源，群闸联动，科学调度蓄排水，改善运河水质，提高防洪排涝效能。2007年1月15日，石鼓水闸重建工程动工，2008年9月竣工，2010年先行安装运行自动化监控系统，为推进运河各工程现代化、信息化、科学化管理，实现群闸群控目标积累经验，做出示范。2007年11月26日，赤岭水闸重建工程进场动工，2009年完工。2007年12月6日，广济涌水闸重建工程开工，因虎门水闸避风塘迁移问题，后又数度停工，2009年10月全面复工，2010年建成。

2009年，市委、市政府启动系列应急工程建设，塘板水闸扩建工程、樟村水闸扩建工程、峡口水闸扩建工程（一期）等项目纳入其中并列入市政府实事。塘板水闸扩建工程、樟村水闸扩建工程于2009年动工，2011年完工，2012年通过竣工验收。塘板水闸扩建工程内容主要包括新建4孔8米水闸。樟村水闸是城区段水位控制关键点，水闸扩建对于保证西城楼段水位不超过3.0米，提高城区段过流能力意义重大，能够有效减少峡口水闸开启次数，有效降低峡口水闸排洪压力，有力保障供水安全。峡口水闸扩建工程（一期）新建4孔水闸及1孔船闸，每孔净宽12米，总净宽60米，于2010年11月开工，2013年12月完工，有效增强峡口水闸防洪排涝等功能。

2012年东莞市运河治理中心成立后，着重加强现有水闸、堤防等水利工程设施管理，推进河道综合治理，积极修复水生态环境。统筹石马河、东引运河排洪排污调度，大力加强源头治理，重点整治上游石马河干流马滩、旗岭、河口等水闸，开展运河河道清淤疏浚。除2019—2020年建设虎门城区水闸外，对运河沿线水闸重在进行安全鉴定、除险加固和常态化的维修养护，消除工程隐患，保证水闸处于良好性能状态。

截至2021年底，东引运河流域共建有水闸63座，其中干流沿线有22座水闸，包括节制闸5座，从东引运河向外排水的水闸14座，排水闸闸孔总净宽296.3米，设计过流能力2429立方米/秒；26条主要支流有排涝闸20座，排水总规模535.7立方米/秒，水闸孔总净宽109.1米。

建塘水闸

建塘水闸位于桥头镇，是1970年东江引水工程起点，1971年4月建成，反拱底板结构，主要作用是引东江水入运河。据记载，建塘进水闸13孔总净宽34.5米，左边10个闸门一字形排开，闸上刻着"东江引水工程建塘水闸"10个大红仿宋美术字；右边是一个两层楼高的船闸，供过往船只通过。

▲ 建塘水闸（1997年）

闸外大河奔流，闸内碧波荡漾，闸门打开，滔滔东江水穿过建塘水闸注入运河。由于受资金材料限制，始建时规格质量不高。后发现闸墙、底板有裂缝，曾灌浆处理但未彻底修复。原来冬春季节，闸外水位高于闸内水位能自然引水。进入20世纪90年代后，因东江采砂河床下切，东江水位明显下降，长年低于建塘水闸内水位，加上潼湖长期泄洪入东引运河，造成该闸内外水位悬殊，建塘水闸功能从进水转为排水，底板闸门受力与原设计不符，水闸前坦被冲深，最深超5米，成为一座险闸，而且失去引水功能。1997年汛期，运河水位暴涨，水闸出险，威胁桥头围安全，市决定由水利局投资60万元，将该闸彻底堵塞，后于2006年东莞大堤达标建设中全部复堤建路。

企石节制闸

企石节制闸位于企石镇，主要功能为防洪、排涝、节制。水闸始建于1971年，重建于2012年。工程建设规模为中型，工程等别为Ⅲ等，主体建筑物包括水闸、管理楼和交通桥，水闸共3孔，总净宽为24米，设计最大过闸流量为160立方米/秒，设计防洪标准为50年一遇。水闸单孔尺寸为8米×4.8米（净宽×净高），闸底高程为0.6米，闸顶高程为5.5米。水闸采用平板钢闸门，闸

▲企石节制闸（2021年）

门起重设备为3台QPQ-2×25T卷扬式启闭机，最大启门水头差为1米。历史最高闸上水位为7.25米，发生于1983年8月。

2021年，水闸有管理人员2名（包括闸长1名）。企石节制闸基本常年全开，当上游水位达4.5米时，开启企石海口水闸（又叫企石水闸，位于东莞大堤上，连通运河与东江）泄水入东江。

峡口水闸

峡口水闸位于东城街道东江大道东城峡口段，分闸一、闸二两座，主要功能为防洪、排涝、蓄水、通航。峡口水闸（闸一）为旧闸，始建于1958年5月，重建成于2002年5月。工程建设规模为中型，水闸工程等别为Ⅲ等，设计防洪标准100年一遇，总设计流量为348立方米/秒，主体建筑物包括4孔排水闸和1孔船闸。排水闸闸

▲峡口水闸（闸一）（2021年）

孔总净宽为42米，闸底高程为-1.3米，排水闸采用平板钢闸门，闸门起重设备为1台液压式启闭机。

峡口水闸（闸二）为新闸，于2010年动工，2012年建成。工程建设规模为大（2）型，水闸工程等别为Ⅱ等，设计防洪标准100年一遇，总设计最大过闸流量为1160立方米/秒，主体建筑物包括4孔排水闸和1孔船闸（下闸首）。水闸闸孔总净宽

▲峡口水闸（闸二）（2021年）

为60米，闸底高程为-1.256米，水闸采用平板钢闸门，闸门起重设备为4台2×630kN固定卷扬式启闭机。船闸闸孔净宽为12米，闸底高程为-2.256米，采用平板钢闸门，闸门起重设备为1台2×630kN固定卷扬式启闭机。

樟村水闸

樟村水闸位于东城街道东江大道东城樟村段，分闸一、闸二两座，是城区河段重要的排洪通道。樟村水闸（闸一）位于樟村泵站上游100米处，始建于1958年，重建于1998年7月，工程建设规模为小（1）型，水闸工程等别为Ⅳ等，设计防洪标准为20年一遇。水闸共2孔，闸孔尺寸为5米×5.8米（净宽×净高），闸底高程为-1.6米，过闸设计流量为90立方米/秒。水闸采用平板钢闸门，闸门起重设备为2台固定式卷扬式启闭机。

▲樟村水闸（闸一）（2021年）

樟村水闸（闸二）位于樟村泵站上游350米处，于2009年动工建设，2010年10月竣工，工程建设规模为中型，水闸工程等别为Ⅱ等，设计防洪标准为100年一遇。水闸共3孔，闸孔尺寸为6米×6米（净宽×净高），闸底高程为-2.044米，过闸设计流量为235立方米/秒。水闸采用平板钢闸门，闸门起重设备为1台QPPYI-2-160kN型液压式启闭机。

▲樟村水闸（闸二）（2021年）

海口庙水闸

海口庙水闸位于南城街道，主要功能是防洪、排涝。该水闸始建于1958年，重建于2003年1月，于2003年11月竣工验收。工程建设规模为小（1）型，工程等别为Ⅳ等，水闸共2孔，总净宽为10米，设计过闸流量为96立方米/秒，设计防洪标准为100年一遇。水闸单孔尺寸为5米×5.2米（净宽×净高），闸底高程为-2.4米，闸顶高程为5.45米。水闸采用平板钢闸门，闸门起重设备为2台QPQ-2×25T固定式卷扬启闭机，最大启门水头差为1.5米。

▲海口庙水闸（2021年）

2021年，水闸配备管理人员6名（包括闸长1名）。当天气预报有黄色暴雨预警或海口庙水闸闸前水位达到2米时，根据预案适时开闸预排，提前降低城区段水位。

新基水闸

新基水闸位于南城街道，主要功能为防洪、排涝。水闸始建成于1958年5月，重

▲新基水闸（2021年）

建于2005年。工程建设规模为中型，工程等别为Ⅲ等，水闸共3孔，总净宽为24米，设计过闸流量为215立方米/秒，设计防洪标准为100年一遇。水闸包括2孔排水闸和1孔通航闸（中间孔），排水闸单孔尺寸为8米×4.7米（净宽×净高），通航闸单孔尺寸为8米×7.2米（净宽×净高），闸底高程为-2.4米，闸顶高程为5.3米。水闸采用平板钢闸门（其中通航闸设上下节钢闸门），闸门起重设备为3台QPQ-2×25T固定式卷扬启闭机。

2021年，水闸有管理人员6名（包括闸长1名）。当天气预报有黄色暴雨预警或新基水闸闸前水位达到2米时，根据预案适时开闸预排，提前降低城区段水位。

石鼓水闸

石鼓水闸位于南城街道，主要功能为防洪、排涝、通航。水闸始建于1958年，重建于2007年1月，于2008年9月竣工验收，工程建设规模为中型，工程等别为Ⅲ等，水闸共5孔，总净宽为40米，设计最大过闸流量为265立方米/秒，设计防洪标准为100年一遇。石鼓水闸包括4孔排水闸和1孔通航闸，单孔尺寸8米×6.6米（净宽×净高），闸底高程为-2.6米，闸顶高程为5.5米。水闸采用平板钢闸门，闸门起重设备为6台QPQ-2×25T

卷扬式启闭机。

2021年，水闸配备管理人员5名（包括闸长1名）。当天气预报有黄色暴雨预警或石鼓水闸闸前水位达到2米时，根据预案适时开闸预排，提前降低城区段水位。

赤岭水闸

赤岭水闸位于厚街镇，主要功能为防洪、排涝。水闸始建于1962年，重建于2007年12月，于2013年1月竣工验收。工程建设规模为中型，工程等级为Ⅲ级，水闸共2孔，总净宽为12米，设计最大过闸流量为123立方米/秒，设计防洪标准为50年一遇。水闸单孔尺寸为6米×6.1米（净宽×净高），闸底高程为-2.6米，闸顶高程为4米。水闸采用平板钢闸门，闸门起重设备为2台QPQ-2×16T卷扬式启闭机。

2021年，水闸有管理人员3名（包括闸长1名）。当天气预报有黄色暴雨预警时，根据预案适时开闸预排，提前降低厚街段水位。

塘板水闸

塘板水闸位于厚街镇，主要功能为防洪、排涝、挡潮。水闸始建于1962年，扩建于2009年12月，于2011年11月竣工验收。工程建设规模为中型，工程等别为Ⅲ等，水闸共4孔，总净宽为32米，设计最大过闸流量为285立方米/秒，设计防洪标准为50年一遇。水闸单孔尺寸为8米×7.44米（净宽×净高），闸底高程为-2.7米，闸顶高程为4.736米。水闸采用平板钢闸门，闸门起重设备为4台QPQ-2×16T卷扬式启闭机。

2021年，水闸有管理人员3名（包括闸长1名）。当天气预报有黄色暴雨预警时，根据预案适时开闸预排，提前降低厚街段水位。

▲石鼓水闸（2021年）

▲赤岭水闸（2021年）

▲塘板水闸（2021年）

虎门水闸

虎门水闸位于虎门镇,主要功能为防洪、排涝、挡潮、通航。水闸始建成于 1971 年 8 月,时称镇口水闸,重建于 2000 年 10 月,于 2001 年 12 月竣工验收,改名为虎门水闸。工程建设规模为中型,工程等别为Ⅲ等,水闸共 5 孔,总净宽为 50 米,设计最大过闸流量为 520 立方米/秒,设计防洪标准为 50 年一遇。水闸包括 4 孔排

▲虎门水闸(2021 年)

水闸和 1 孔通航闸,2019 年闸门再改造后,设计防洪标准达 100 年一遇,排水闸单孔尺寸为 10 米 ×5.8 米(净宽 × 净高),通航闸单孔尺寸为 10 米 ×7.6 米(净宽 × 净高),闸底高程为 -3.5 米,闸顶高程为 4.3 米。水闸采用平板钢闸门,闸门起重设备为 1 台 QHLY-2×250kN-6 液压式启闭机。

2021 年,水闸有管理人员 7 名(包括闸长 1 名)。一般情况下,虎门水闸根据外江潮汐情况,每天开闸排水两次,尽可能降低上游水位。当遇到沙田、厚街部分农田需要用水时,虎门水闸以"一排一蓄"方式进行调度。当天气预报有黄色暴雨预警时,虎门水闸"只排不进",以防止内涝发生。

镇口水闸

镇口水闸位于虎门镇,主要功能为防洪、排涝、节制。水闸始建于 1971 年 9 月,时称镇口节制闸,重建于 2002 年 4 月,于 2003 年 4 月竣工验收,改名为镇口水闸。工程建设规模为中(1)型,工程等别为Ⅲ等,水闸共 3 孔,总净宽为 18 米,设计最大过闸流量为 120 立方米/秒,设计防洪标准为 20 年一遇。水闸单孔尺寸为 6 米 ×4 米(净

▲镇口水闸(2021 年)

宽 × 净高),闸底高程为 -2 米,闸顶高程为 2 米。水闸采用垂直降式平板砼闸门,闸门起重设备为 3 台 QPQ-2×25T 卷扬式启闭机。

虎门城区水闸

虎门城区水闸位于虎门镇,主要功能为防洪、排涝、挡潮。水闸于 2017 年 12 月动工建设,2020 年 10 月竣工验收。工程建设规模为中型,工程等别为Ⅲ等,水闸共 3 孔,总净宽为 18 米,设计过闸流量为 101 立方米/秒,设计防洪标准为 50 年一遇。水闸单孔尺寸为 6 米

×4.76米（净宽×净高），闸底高程为-3米，闸顶高程为2.5米。水闸采用平板钢闸门，闸门起重设备为1台QPPYE-2×160（kN）Ⅱ-5型液压式启闭机。

2021年，水闸有管理人员7名（包括闸长1名）。一般情况下，虎门城区水闸根据外江潮汐情况，每天开闸排水两次，尽可能降低上游水位。当遇到沙田、厚街部分农田需要用水时，虎门城区水闸以"一排一蓄"方式进行调度。当天气预报有黄色暴雨预警时，虎门城区水闸"只排不进"，以防止内涝发生。

▲虎门城区水闸（2021年）

广济涌水闸

广济涌水闸位于虎门镇，主要功能为防洪、排涝、挡潮。水闸始建于1971年，1991年首次重建，2009年10月再次动工重建，于2011年7月竣工验收。

▲广济涌水闸（2021年）

工程建设规模为中型，工程等别为Ⅲ等，水闸共5孔，总净宽为30米，设计最大过闸流量为267立方米/秒，设计防洪标准为50年一遇。水闸单孔尺寸为6米×4.8米（净宽×净高），闸底高程为-3.2米，闸顶高程为3米。水闸采用平板钢闸门，闸门起重设备为5台QPQ-2×25T卷扬式启闭机。

2021年，水闸有管理人员4名（包括闸长1名）。一般情况下，广济涌水闸根据外江潮汐情况，每天开闸排水两次，尽可能降低上游水位。当遇到虎门镇需要用水时，广济涌水闸以"一排一蓄"方式进行调度。当天气预报有黄色暴雨预警时，广济涌水闸"只排不进"，以防止内涝发生。

磨碟口水闸

磨碟口水闸位于虎门镇，主要功能为防洪、排涝、挡潮。水闸始建于1971年，重建于2002年11月，于2003年4月竣工验收。工程建设规模为中型，工程等别为Ⅲ等，水闸共4孔，总净宽为24米，设计最大过闸流量为210立方米/秒，设计防洪标准为50年一遇。水闸单孔尺寸为6米×6米（净宽×净

▲磨碟口水闸（2021年）

高），闸门闸底高程为 −3.2 米（珠基，下同），闸顶高程为 3.3 米。水闸采用平板砼闸门，闸门起重设备为 4 台 QPQ-2×25T 卷扬式启闭机。

2021 年，水闸有管理人员 4 名（包括闸长 1 名）。一般情况下，磨碟口水闸根据外江潮汐情况，每天开闸排水两次，尽可能降低上游水位。当遇到虎门部分农田需要用水时，磨碟口水闸以"一排一蓄"方式进行调度。当天气预报有黄色暴雨预警时，磨碟口水闸"只排不进"，以防止内涝发生。

表3-2　　2021年东引运河干流及寒溪河主要水闸表

序号	水闸	所在河流	类别	水闸规模	闸门孔数（孔）	闸孔尺寸（米）	流量（立方米/秒）	总净宽（米）	闸底高程（米）	竣工时间	功能	备注
1	潼湖企石水闸	东引运河	防洪闸	中型	4	4×3.6×4.75	150	14.4	−0.5	1999年2月	防洪排涝	
2	峡口水闸（一）	东引运河	防洪闸	中型	5	1×10×9.4 4×8×6.46	348	42	−1.6（船闸） −1.3（防洪）	1958年建 2000年5月重建	防洪排涝通航	
3	峡口水闸（二）	东引运河	防洪闸	大(2)型	5	1×12×12.3 4×12×11.3	1160	60	−2.256（船闸） −1.256（防洪）	2012年	防洪排涝通航	
4	樟村水闸（一）	东引运河	防洪闸	小(1)型	2	2×5×5.8	90	10	−1.6	1998年9月重建	防洪排涝引淡	
5	樟村水闸（二）	东引运河	防洪闸	中型	3	3×6×6	235	18	−2.044	2009年扩建	防洪排涝	
6	博厦水闸	东引运河	防洪闸	小(1)型	1	1×7×6	66	7	−2.86	1966年建 2014年重建	防洪排涝	
7	海口庙水闸	东引运河	防洪闸	小(1)型	2	2×5×5.2	96	10	−2.4	2003年11月重建	防洪排涝灌溉引淡排污	

续上表

序号	水闸	所在河流	类别	水闸规模	闸门孔数（孔）	闸孔尺寸（米）	流量（立方米/秒）	总净宽（米）	闸底高程（米）	竣工时间	功能	备注
8	新基水闸	东引运河	防洪闸	中型	3	1×8×7.2 2×8×4.7	215	24	-2.4	2005年重建	防洪排涝灌溉引淡排污	
9	石鼓水闸	东引运河	防洪闸	中型	5	5×8×6.6	265	40	-2.6	1958年建 2007年重建	防洪排涝灌溉引淡排污	
10	赤岭水闸	东引运河	防洪闸	中型	2	2×6×6.1	123	12	-2.6	1962年建 2007年重建 2013年竣工	防洪排涝灌溉引淡排污	
11	塘板水闸	东引运河	防洪闸	中型	4	4×8×7.44	285	32	-2.7	1962年建 2009年扩建 2011年竣工	防洪排涝灌溉引淡排污	
12	石角东闸	东引运河	排涝闸	中型	5	5×4×4.25	150	20	-2.9	1962年	排涝灌溉调控	废弃
13	虎门水闸	东引运河	挡潮闸	中型	5	1×10×7.6 4×10×5.8	520	50	-3.5	2000年10月重建	防潮排涝灌溉排污通航	
14	虎门城区水闸	东引运河	挡潮闸	中型	3	3×6×4.76	101	18	-3	1971年建 2017年重建	排涝灌溉挡潮排污	

第三章 运河工程设施

续上表

序号	水闸	所在河流	类别	水闸规模	闸门孔数（孔）	闸孔尺寸（米）	流量（立方米/秒）	总净宽（米）	闸底高程（米）	竣工时间	功能	备注
15	广济涌水闸	东引运河	排涝闸	中型	5	5×6×4.8	267	30	-3.2	1971年建 1991年重建 2009年再次重建	排涝灌溉挡潮排污	
16	磨碟口水闸	东引运河	排涝闸	中型	4	4×6×6	210	24	-3.2	2003年6月重建	排涝灌溉挡潮排污	
17	企石节制闸	东引运河	节制闸	中型	3	3×8×4.8	160	24	0.6	1971年4月建 2012年重建	节制排涝灌溉	
18	南坑水闸	东引运河	节制闸	中型	10	1×4.5×6 9×3×3.2	220	31.5	-0.2	1971年4月	灌溉调节供水	
19	樟村节制闸	东引运河	节制闸	中型	4	4×10	400	40	-1.7	2004年10月	截污	
20	石角水闸	东引运河	节制闸	中型	8	1×5×4.2 5×3×4.2 2×6×4.13	375	32	-2.6	1981年建 1992年8月重建	排涝灌溉调控	拆除
21	镇口水闸	东引运河	节制闸	中型	3	3×6×4	120	18	-2	1971年9月建 2003年4月重建	排涝灌溉蓄水供水防污交通	
22	沙步陂水闸	寒溪河	节制闸	中型	4	1×8.5×2.5 3×7×2.5	290	29.5	4.6	1997年12月	排水灌溉	废弃
23	合浦市陂水闸	寒溪河	节制闸	中型	12	6×5.4×2.9 6×3×3		50.4	2	1997年重建	排水灌溉	拆除
24	水上乐园水闸	寒溪河	节制闸	中型	14	14×5×4		70	1.1	1985年	排水灌溉	废弃

表3-3 2021年东引运河主要支流（10平方千米以上）流域水闸表

序号	所属支流	水闸现状 名称	水闸现状 尺寸[孔数（孔）-宽度（米）]	水闸规模	水闸流量（立方米/秒）	水闸总宽（米）
1	旧石马河	旧石马河排站自排闸	2-7	中型	102.1	14
		小计	—	—	102.1	14
2	仁和水	田甲水闸	1-5	小（2）型	18.3	5
3		村尾水闸	1-1.5、1-1	小（2）型	9.7	2.5
4		龙底排站水闸	1-4.6	小（2）型	17.8	4.6
5		元江元排站水闸	1-2	小（2）型	5.4	2
		小计	—	—	51.2	14.1
6	水口排渠	水口水闸	2-6	小（1）型	74.3	12
		小计	—	—	74.3	12
7	东坑内河	神山水闸	3-7	中型	184	21
		小计	—	—	184	21
8	寮步河	鱼敬塘水闸	1-2.8	小（2）型	7.2	2.8
9		石龙坑水闸	1-6	小（2）型	18	6
		小计	—	—	25.2	8.8
10	黄沙河	上围闸	1-2	小（2）型	4.6	2
11		下围闸	1-2	小（2）型	4.6	2
12		上屯水闸	1-3	小（2）型	6.9	3
13		牛其冲水闸	1-3	小（2）型	6.9	3
14		向西水闸	1-3	小（2）型	6.9	3
15		黄沙水闸	2-4	小（2）型	18.4	8
16		周屋水闸	1-4	小（2）型	9.2	4
		小计	—	—	57.5	25

续上表

序号	所属支流	水闸现状 名称	尺寸［孔数（孔）-宽度（米）］	水闸规模	水闸流量（立方米/秒）	水闸总宽（米）
17	军氹河	军氹水闸	1-2.7	小（2）型	7.2	2.7
18		陈家埔水闸	1-2、1-2.8	小（2）型	12.9	4.8
19		三联水闸	1-1.9、1-2.3	小（2）型	11.3	4.2
		小计	—	—	31.4	11.7
20	茶山内河	京坑水闸	1-2.5	小（2）型	10	2.5
		小计	—	—	10	2.5
		总计			535.7	109.1

三、排灌站

运河流域排灌站建设始于20世纪50年代中期。1954年，在五八围兴建机械排灌站，从企石河（1970年成为东引运河干流一部分）提水灌溉农田。1960年，珠江大电网输电到东莞，电力排灌开始代替机械排灌，同年，南畲塱电力排灌站建成，装机8台920千瓦，是当时东莞较大的排水站之一。1961年，东莞县水电局组织召开全县第三批电排工程设计会议，电力排灌站建设在全县范围内逐步铺开，同年，东坑、常平、西溪等电力排灌站相继投入使用。1964年3月，东莞县电力排灌总站成立，负责全县机电排灌站维护（维修）管理。至20世纪70年代中期，运河流域寒溪涝区电力排灌站建设基本配套，促进农田旱涝保收。

1988年后，东莞经济建设快速发展，城市工业化迅速扩张，相对于提水灌溉农田，为保障经济建设和工商企业免遭水浸，对城镇排涝提出更高要求。20世纪90年代后，长安、虎门、厚街、南城、莞城等地陆续新增一些涝区，排涝需求更加迫切。为此，20世纪80年代末至90年代末，排涝站建设形成一轮新的高潮，在对原有排站进行扩建增容的同时，新建了一批电排站，其中规模较大的有南畲塱新排站（于1993年在1960年建成的旧排站基础上重建）。

1998—2005年，在省市号召开展水利工程达标建设，推进水利现代化的背景下，东莞市水利局按照全市水利建设规划，分年度安排一批较大的排灌站建设项目，在运河流域内实施的主要工程项目有常平猪头山排站、大圳埔电排站更新改造及南畲塱燕岭排站重建，新建东坑镇横东排站、石排仔河排站、长安新民排站、长安新排站等。

2010年底，经过历时5年的全市城乡水利防灾减灾工程建设，增加排灌装机194台，新增装机容量7.4万千瓦，改善灌溉面积9826.7公顷。而后至2014年底，每年均对流域内欠发达镇安排一定数量的机电排灌工程，重建南畬塱排站、新建下沙排站等，提高区域排涝灌溉能力。同时期开展市区内涝整治应急工程，建成松山湖大道东部快速、莞城市桥河及东城下桥河等排涝泵站。2017年起东莞市成批系统实施易涝点整治计划，在推进南城金域中央、鸿福西路、东江大道等易涝点整治中又陆续建设若干排涝泵站。2017年后，东莞市落实国家"水十条"，配合实施水污染防治攻坚战，对运河干流上的樟村泵站等进行扩容升级，增加生态补水功能。

随着经济社会发展，东引运河流域内的排灌站以排水泵站居多，少量兼具灌溉和补水功能。截至2021年底，流域共建有排站131座，其中，中型排站31座，小（1）型67座，小（2）型33座。总装机流量1135立方米/秒，其中，向东引运河排水规模为903立方米/秒；由东引运河排水至外海排站5座，排水规模232立方米/秒，包括广济涌排站、磨碟口排站、沙涌排站、新民排站、长安排涝站；排入同沙水库的排水规模13.44立方米/秒。26条主要支流流域（10平方千米以上）内排站61座，装机流量共510立方米/秒。

▲南畬塱排站旧貌（1960年）

▲南畬塱排站一站新貌（2019年）

南畬塱排站

南畬塱排站位于东莞市石龙镇西湖村，主要功能是防洪排涝，内涝承泄区为东江。排站始建于1960年，装机8台920千瓦，是当时东莞较大的排水站之一。曾于1993年10月动工重建，1994年9月竣工投产，装机4台，单机330千瓦，共装机容量1320千瓦，2000千伏安和100千伏安变压器各一

▲南畬塱排站二站新貌（2019年）

台，最大排水流量15.6立方米/秒，经省水利厅农电局验收，评为优良工程。2009年南畲塱排站进行再扩建，扩建后的工程由一站、二站两个中型泵站组成，于2012年4月投入使用，共装机9台，总装机容量7200千瓦（一站装机5台，装机容量4000千瓦；二站装机4台，装机容量3200千瓦），总设计流量89.55立方米/秒，排涝标准为20年一遇24小时暴雨雨量一天排干，获广东优秀水利工程奖设计一等奖。

燕岭排站

燕岭排站位于东莞市石排镇，主要功能是防洪排涝，内涝承泄区为东江。排站始建于1978年，装机15台，总装机容量2700千瓦，时为东莞规模最大的排涝站。因运行时间过长，设备设施老化严重，2002年起拆旧重建，分两期实施。首期工程主要施工项目为扩宽出水渠544米和重建东江边防洪闸，第二期工程主要建设项目为泵站重建及配套道路、交通桥等。重建工程于2005年3月全部竣工，共装机12台，总装机容量3960千瓦，总设计流量49.8立方米/秒。工程为中型泵站，排涝标准为20年一遇24小时暴雨雨量一天排干。

▲燕岭排站（2018年）

下沙排站

下沙排站位于东莞市石排镇下沙村，主要功能是防洪排涝，内涝承泄区为东引运河。工程于2011年4月建成投入使用，装机6台，总装机容量1980千瓦，总设计流量24.66立方米/秒。工程为中型泵站，排涝标准为20年一遇24小时暴雨雨量一天排干。

▲下沙排站（2018年）

大圳埔排站

大圳埔排站位于东莞市茶山镇粟边村，主要功能是防洪排涝，内涝承泄区为东引运河干流寒溪段（寒溪河）。工程于1999年4月建成并投入使用，2008年底排站机组进行技术改造和升级扩容，改造后装机8台，总装机容量1680千瓦，总设计流量为24立方

▲大圳埔排站（1999年）

米/秒。工程为中型泵站，排涝标准为20年一遇24小时暴雨雨量一天排干。

大圳埔新排站

大圳埔新排站位于东莞市茶山镇粟边村，主要功能是防洪排涝，内涝承泄区为东引运河干流寒溪段（寒溪河）。工程于2009年11月建成投入使用，装机6台，总装机容量2400千瓦，总设计流量为26.46立方米/秒。工程为中型泵站，排涝标准为20年一遇24小时暴雨雨量一天排干。

▲ 大圳埔新排站（2019年）

长安排涝站

长安排涝站位于东莞市长安镇锦厦社区，主要功能是防洪排涝。排站始建于1994年，1995年5月竣工投产，装机4台，装机总容量620千瓦，总流量12立方米/秒。2001年8月扩建新站投入使用，共装机7台，装机总容量2510千瓦，总设计流量44.56立方米/秒。

▲ 长安排涝站（2023年）

表3-4　2021年运河流域电排站表

园区、镇（街道）/管理单位	排站	装机台数（台）	装机功率（千瓦）	现状流量（立方米/秒）
市水务局直属单位	南畲塱排站一站	5	4000	49.75
	南畲塱排站二站	4	3200	39.8
	燕岭排站	12	3960	49.8
	铁燕排站	1	110	1.15
	下沙排站	6	1980	24.66
	大圳埔排站	8	1680	24
	大圳埔新排站	6	2400	26.46

续上表

园区、镇（街道）/管理单位	排站	装机台数（台）	装机功率（千瓦）	现状流量（立方米/秒）
市水务局直属单位	涵口排站	2	360	5.2
	丽江排站	2	360	4.1
	新四排站	3	1200	13.35
	上屯村排涝泵站	3	111	1.59
	东部快速立交排涝泵站	4	220	2.5
	小计	56	19581	242.36
桥头	朗厦排站	3	220	2.4
	新湖排站	1	180	2.4
	面前湖排站	3	290	3.8
	牛屎垇排站	1	80	2.5
	莲湖排站	4	440	8.5
	旧石马河排站	7	2310	32.13
	小计	19	3520	51.73
企石	江边铺排站	1	80	0.8
	十二丫排站	3	1890	33
	破塘排站	1	40	0.4
	新围排站	1	55	0.4
	霞朗排站	2	310	4.3
	远塘排站	1	110	1
	南坑村排站	1	180	2.84
	小计	10	2665	42.74

续上表

园区、镇（街道）/管理单位	排站	装机台数（台）	装机功率（千瓦）	现状流量（立方米/秒）
横沥	长巷排站	2	135	1.5
	田饶步排站	2	135	1.5
	田甲排站	2	560	8.1
	六甲排站	3	315	1.9
	村头排站	4	370	4.7
	长巷新排站	2	220	3.08
	村尾排站	5	500	6.7
	南坑桥排站	3	365	5.2
	淦田排站	2	310	9.8
	新城排站	4	620	9
	横田排站	5	750	10.9
	田头排站	2	235	3.2
	小坑尾排站	2	260	4.5
	松麻岭排站	2	285	3.9
	横沥围排站	2	135	1.5
	新海排站	2	260	3.6
	半坑排站	4	370	4.6
	隔坑排站	3	315	4.2
	石涌排站	3	465	6.9
	石涌新排站	4	1120	16.2
	小计	58	7725	110.98

续上表

园区、镇（街道）/管理单位	排站	装机台数（台）	装机功率（千瓦）	现状流量（立方米/秒）
大朗	水口排站	8	2240	35.76
常平	锅田排站	1	155	2.8
常平	矮桥排站	1	80	1.6
常平	龙底排站	2	660	10.06
常平	元江元排站	1	75	1.52
常平	鱼脚岭排站	1	30	0.4
常平	沙湖口排站	2	265	2.1
常平	袁山贝排站	5	700	12.3
常平	先建排站	4	1320	18.8
常平	松岗排站	8	1315	18.3
常平	鸡嘴排站	2	310	5
常平	新桥排站	32	2130	31.65
常平	金美桥排站	2	310	5
常平	屋厦排站	6	3740	42
常平	猪头山排站	12	1910	30
常平	小计	42	8260	106.98
东坑	横东排站	6	1080	18.2
东坑	神山新排站	6	855	14
东坑	彭屋排站	1	55	1
东坑	角社排站	3	450	4.5
东坑	新基围排站	1	80	1
东坑	小计	17	2520	38.7

续上表

园区、镇（街道）/管理单位	排站	装机台数（台）	装机功率（千瓦）	现状流量（立方米/秒）
察步	西溪排站	3	840	11.1
	涵头排站	1	155	1.8
	下拦基排站	1	155	1.8
	大圳埔排站	1	80	0.8
	鱼敬塘排站	4	985	2.9
	牛塘排站	3	455	5.8
	竹基排站	1	155	2.9
	美人潭排站	2	440	6.6
	石龙坑排站	6	780	11.1
	向西排站1	2	415	6.6
	向西排站2	2	310	5.8
	向西排站3	1	155	1.8
	向西排站4	2	560	7.4
	富竹山排站	4	1120	14.8
	黄沙排站	7	590	13.2
	军氹排站	2	310	4
	陈家埔排站1	1	130	2
	陈家埔排站2	1	185	2.9
	陈家埔排站3	1	155	2.6
	药勒排站	1	330	3.7
	三联排站	5	1100	3.3
	上屯排站	2	360	2.9

续上表

园区、镇（街道）/管理单位	排站	装机台数（台）	装机功率（千瓦）	现状流量（立方米/秒）
寮步	牛其冲排站	2	435	6.1
	良平排站	3	710	10.3
	竹园排站	4	440	1.5
	横坑排站	3	435	5.8
	石步排站	5	1605	11.6
	小计	70	13390	151
松山湖（生态园）	西溪涵头排涝站	1	115	1.8
	西溪新围埔排涝站	3	840	11.1
	良边大圳埔排涝站	1	55	0.735
	鱼敬塘排涝站一站	1	155	2.89
	鱼敬塘排涝站二站	3	840	11.55
	石步新埔围排涝站	2	660	7.4
	石坜排涝站	3	945	11.1
	小计	14	3610	46.575
茶山	刘周排站	5	560	9.3
	上元排站	1	80	0.9
	上元新排站	1	130	1.2
	四尾洲排站	2	310	4.2
	东洲新排站	4	1120	16
	东洲排站	1	185	2
	横江大头排站	1	130	1.2
	坑口排站	5	675	9.3

续上表

园区、镇（街道）/管理单位	排站	装机台数（台）	装机功率（千瓦）	现状流量（立方米/秒）
茶山	京坑排站	1	155	1.6
	京山新排站	1	180	5.3
	京山排站	1	110	2.1
	寒溪排站	1	130	1.3
	卢溪排站	1	155	2.1
	卢边排站	1	155	2.1
	塘边排站	2	110	1.6
	塘边新排站	2	210	4.2
	沙墩排站	1	180	2.2
	小计	31	4575	66.6
东城	鳌峙塘排站	2	235	1
	桑园排站	1	155	2.6
	上铺南面角排站	2	210	3.6
	上围排站	1	155	2.8
	下围排站	2	310	2.8
	余屋排站	1	55	0.6
	余屋牌楼下排站	1	180	1
	周屋排站	1	55	0.6
	新大排站	1	155	1.3
	旧大排站	1	110	1.3
	万年城排站	1	55	0.6
	峡柏联围排站	2	235	2.6
	下桥排站	2	295	2.5

续上表

园区、镇（街道）/管理单位	排站	装机台数（台）	装机功率（千瓦）	现状流量（立方米/秒）
东城	下桥二排站	2	235	2.6
	罗屋㘵排站	1	75	0.5
	兰基头排站	2	100	1.4
	玉王楼排站	1	55	0.8
	花园新村排站	2	185	3.4
	小计	26	2855	32
南城	周溪排站	1	80	1.4
	篁村2排站	3	83	0.8
	篁村3排站	2	110	1
	白马排站	2	160	2.8
	新基排站	2	160	2.8
	石鼓排站	1	80	1.4
	小计	11	673	10.2
大岭山	高田排站	3	345	6
	大沙排站	2	560	8.12
	小计	5	905	14.12
虎门	广济涌排站	6	3780	49.8
	磨碟口排站	6	3780	49.8
	龙眼排站	3	990	13.5
	小计	15	8550	113.1
长安	沙涌排站	4	2520	40
	新民排站	6	930	18
	长安排站	7	2510	44.56
	小计	17	5960	102.6
总计		304	59078	802.05

四、水库

流域内水库建设历史可追溯到宋代,那时已有筑陂引水,清光绪年间开始建小型塘库蓄水。民国35年(1946年),王应榆(东莞明伦堂水利指导董事)倡建、明伦堂主办,兴建荔枝园山塘、怀德水库(位于今虎门镇),总库容140万立方米,是当时全省最大的水库。至新中国成立前夕,水库主体工程基本完成,但输水隧洞未凿通,水不能到田。新中国成立后,东莞县人民政府接着续建配套,至1950年7月建成通水。1953—1956年,厚街沙溪水库等一批小水库修建。1957年10月县委第一书记林若动员大搞水利建设,从1957年冬至1958年冬,位于运河流域内的横岗、同沙、松木山、五点梅(初建时为中型水库,后分割成3个小型水库)、黄牛埔等中型水库,莲花山、白坑、西平、东丫湖等小(1)型水库工程相继动工。经过三年建设,至1960年竣工的有同沙、横岗、松木山、黄牛埔、五点梅、横圳、莲花山、白坑、水濂山、西平、佛岭、东丫湖等水库。从1961—1970年,先后建成长湖、金鸡咀、老虎岩等水库。1973年又建成大溪水水库。此后,水库大规模工程建设逐渐进入尾声。进入20世纪90年代以后,水库建设的重点逐步转移到对原有塘库的除险加固和安全达标,陆续开展水库工程环境综合整治、"一库制"建设、除险加固和安全鉴定等工作。1996年,横岗、水濂山水库成为水库工程环境综合整治试点。1997年,水濂山水库加入"一库制"建设试点。1999年,同沙、横岗水库率先应用水库自动化管理系统,基本实现水库管理自动化,促进全市水库管理现代化水平的提高。进入2000年以后,长安、虎门镇加大对境内水库除险加固和环境整治的投入,率先完成"一库制"建设。2002—2009年,小型水库陆续展开和完成加固达标工程建设。而后各型水库进一步加强责任管理,提高管理信息化水平,落实日常维护保养和水生态环境治理,及时除险加固,排除安全隐患,有效发挥调蓄洪、抗旱供水、灌溉、生态景观等作用。

截至2021年底,东引运河流域共有水库70座,其中中型水库4座,小(1)型水库26座,小(2)型水库40座。小(1)型以上30座水库总库容2.63亿立方米,兴利库容1.59亿立方米,防洪库容1.05亿立方米。其中,同沙、松木山、横岗和黄牛埔4座中型水库总控制面积231.1平方千米,占全流域面积的21%,4库总库容达1.7亿立方米。

怀德水库

怀德水库位于虎门镇东北部怀德社区,大岭山之南,距离虎门镇中心区约20千米,因灌溉受益农田主要为怀德社区而得名。该工程最初由王应榆倡办,设工程办事处,由工程师兼主任李一柱(广东省建设厅技正)主持查勘、测量、设计、施工,为当时全省最大水库工程,也是东莞最早兴建的水库,1946年动工,1950年建成通水。建成之初,总库容140万立方米,兴利库容110万立方米,设计灌田800公顷。1954年进行土坝培厚加高,放水涵管改建。1956年在溢洪道进水口加筑实用堰。1964年因台风强降雨受灾垮坝,是年冬

▲ 怀德水库（2004年）

修复，弃旧涵，另选涵址新建1米内径的钢筋混凝土压力水管一座。2005年实施安全达标工程后，水库集雨面积6.14平方千米，按50年一遇洪水设计，500年一遇洪水校核，总库容284万立方米，兴利库容170.84万立方米，属小（1）型水库，主坝为均质土坝，最大坝高16.27米。水库现兼有防洪、灌溉等综合功能。

同沙水库

同沙水库位于东城街道同沙社区，是运河流域最大的一座水库，也是东莞最大的一座

▲ 同沙水库（2004年）

中型水库。水库于 1958 年 8 月 1 日动工兴建，1960 年 4 月建成并投入使用。水库建成之初，集雨面积 100 平方千米，按 100 年一遇洪水设计，1000 年一遇洪水位校核，总库容 6520 万立方米，兴利库容 3216 万立方米。水库建设时成立工程指挥部，由附城公社（现东城街道）党委正、副书记张才、罗培生分别担任正、副指挥，由邓耀滔负责设计、施工，民工来自附城、寮步公社。其枢纽工程有主坝 1 座，坝顶长 907 米，宽 10 米，最大坝高 17.9 米。副坝 2 座，第一副坝长 300 米，宽 6.4 米，坝高 12 米；第二副坝长 280 米，宽 5 米，坝高 6.5 米。主副坝均为均质土坝。泄洪闸位于右岸，4 孔总净宽 15 米，设计最大泄洪量 360 立方米 / 秒。放水涵管 2 座，低涵内径 1.8 米，设计最大流量 16.8 立方米 / 秒；高涵内径 1.6 米，设计最大流量 12.2 立方米 / 秒。1960 年、1961 年、1971 年水库三次出险，经排险抢救均转危为安。20 世纪 60 年代中期以后，先后对水库进行过多次加固及扩建。2004 年以后，开发建设同沙生态园，逐步加强水库水环境综合治理，建设尾水排放及环库截污、雨季溢流和清淤工程，完善配套污水处理及管网设施，保护水库水质。水库现兼有防洪、灌溉、旅游、生态景观等综合功能。

松木山水库

松木山水库位于大朗镇大陂海上游，处在东莞市松山湖科技产业园中心区。水库于 1958 年 5 月开工建设，1959 年 9 月建成蓄水。水库建成之初，集雨面积 54.2 平方千米，总库容 5898 万立方米，兴利库容 3798 万立方米，水库按 100 年一遇洪水设计，1000 年一遇洪水校核。建库时成立工程指挥部，东莞县委常委丁卓光任指挥，叶伟荣、黄国维任副指挥，邓耀滔、钟钦明负责设计、施工，民工主要来自大朗、常平两个公社。水库主要水

▲ 松木山水库（2004 年）

工建筑物有均质土坝 7 座，总长 1134 米（主坝 1 座长 220 米，副坝 6 座共长 914 米），输水涵管 2 条，排洪闸 1 座，闸门净宽 10 米，设计最大排洪量 152.2 立方米/秒。1964 年、1972 年、1983 年水库出现险情，均及时排除。20 世纪 90 年代中期后，在对水库大坝进行除险加固的基础上，实施高、低涵开关改造，主坝、一副坝迎水坡砼浇筑及排洪道扩宽改造工程，并对库区环境进行综合整治。2002 年后，以水库为中心及环境依托，规划建设东莞市松山湖科技工业园区，水库进一步完善升级各项配套设施，实施水环境综合治理，绿化、美化库区周边环境。水库建成时的主要功能是防洪和灌溉，随着东莞经济的发展，水库现在的主要功能是防洪调蓄、生活供水及作为松山湖科技产业园观景水体。

横岗水库

横岗水库位于厚街镇驻地东南 5 千米环岗社区之南，建库以来其管理单位先后多次被评为全国、省水利系统先进单位，获得过国务院嘉奖。水库于 1958 年 6 月动工兴建，1959 年 5 月竣工启用。水库建成之初，集雨面积 44.6 平方千米，总库容 3280 万立方米，兴利库容 1850 万立方米，水库按 100 年一遇洪水设计，1000 年一遇洪水标准校核。建库时成立工程指挥部，县委陈新任指挥，魏金桂（厚街公社副书记）任副指挥，技术员冯湛林、陈仕彬负责设计施工，平均施工人数为 5000 多人，最多时出动 1.3 万多人。土坝合心墙工程最艰苦（坝底宽 113 米，坝面宽 6 米），当时东莞中学生、虎门中学生奋战七昼夜，潜入水底挖沙。水库主体工程主要包括主坝、副坝（虎门副坝、厚街副坝）、溢洪道和输水涵管。主坝长 343 米、坝顶宽 3 米，虎门副坝长 57 米、坝顶宽 3 米，厚街副坝长 106 米、坝顶宽 3 米，都为均质土坝。1964 年将主坝加高培厚，堤顶加宽至 6 米。溢洪道

▲横岗水库（2004 年）

初为宽顶堰型式，17孔总净宽30.6米，1979年改建为3孔，总净宽24米，设计最大下泄量336立方米/秒。水库原有输水涵管2座，主坝为混凝土明流圆管，内径0.8米，虎门副坝为钢筋混凝土压力水管，内径1.5米。1971年冬增建厚街副坝输水涵管，为钢筋混凝土压力管，内径0.8米；同时修筑厚街高渠，1972年春建成。此后原主坝低涵的作用被取代，1989年堵塞。1964年、1971年、1999年水库出现险情，均及时排除。1992年以后，水库相继实施大坝除险加固、排洪道除险加固、输水涵管改建、环岗副坝达标加固等工程。2003年，横岗水库作为全市试点，启动建设水库大坝安全自动化监测系统工程，2004年11月竣工验收并投入使用。而后，陆续规划建设防汛大楼周边环境及道路、景观基础设施等，水库管理环境和工作条件逐步配套完善。水库现在的功能是以防洪为主，兼顾灌溉、供水、旅游等综合效益。

黄牛埔水库

黄牛埔水库位于黄江镇人民政府驻地以南5.5千米处。水库于1959年11月动工兴建，1960年7月竣工。水库建成之初，集雨面积33.8平方千米，总库容1540万立方米，兴利库容930万立方米，水库按100年一遇洪水设计，1000年一遇洪水校核。水库主要水工建筑包括主坝一座、副坝一座、溢洪道及输水涵管。主坝长560米，坝顶宽6米；副坝长150米，坝顶宽6米，都为均质土坝。溢洪道初为5孔，每孔规格2.5米×1.8米（净宽×净高）。后经多次改、扩建，改建为3孔，总净宽21米，卷扬式启闭闸门，最大泄洪流量327立方米/秒。非常泄洪道位于主、副坝之间，系在原山谷中开挖的明渠，净宽15米，最大泄洪流量327立方米/秒。输水涵管原为钢筋混凝土压力管，长52米，内径1.4米，

▲黄牛埔水库（2004年）

最大泄流量 8.6 立方米/秒，后改装为管内套直径 1.25 米钢管，螺杆式升降闸门，主要用于向黄江镇自来水厂输水。水库曾发生过冲毁溢洪道消力池及大坝渗漏等较大险情，经采取适当措施补救，险情被排除。进入 21 世纪以后，对水库主体工程进行全面除险加固，实施的主要工程项目有主坝镇压台、反滤整治、土坝坝体灌浆、迎水坡浇筑砼、背水坡整治等。2002 年以后，又按照 1000 年一遇洪水校核标准对溢洪道进行改扩建，对管理室及库区环境进行综合整治，工程面貌发生明显变化。水库初建时其主要功能为调洪和灌溉，后因经济发展结构发生变化，其农田灌溉功能逐步弱化，现主要功能是防洪和供水。

水濂山水库

水濂山水库位于南城区蛤地社区。水库兴建于 1959 年 9 月，1960 年 4 月完工。水库建成之初，集雨面积 12.2 平方千米，总库容 907.9 万立方米，兴利库容 474.4 万立方米，水库按 50 年一遇洪水设计，1000 年一遇洪水校核。水库主坝为均质土坝，长 360 米，堤顶宽 4 米。溢洪道为正槽式溢洪道，最大下泄量 44.9 立方米/秒。输水涵洞断面尺寸 1.3 米×1.9 米（净宽×净高），设计流量 4.1 立方米/秒。水库自建成以来，曾多次进行过排险、改建及加固维修。1966 年、1971 年两次出险均及时排除。1995 年重建溢洪道，主坝涵管控制闸门改建为螺杆垂直升降手动、电动两用控制闸门。2000 年，对主坝涵管进行全面灌浆及套钢管处理。2001—2002 年，又在原涵管侧旁增建排水涵管 1 座。2003 年以后，规划建设水濂湖郊野公园，开展水库及水库大坝的管理和环境治理，创新工程环境，消除水库水体的主要污染源，旅游业和工程周边房地产产业、商贸业迅速发展。水库现兼有调洪、灌溉、供水、旅游等多种功能。

▲ 水濂山水库（2004 年）

表3-5 2021年运河流域中型水库情况表

水库		同沙	松木山	横岗	黄牛埔
所在河流		黄沙水	松木山水	大陂河	梅塘水
集雨面积（平方千米）		100	54.2	44.6	33.8
水库特征	正常蓄水位（米）	19	24	22	21.96
	防洪限制水位（米）	18	22.5	21	21.06
	兴利库容（万立方米）	2518	3552	1818	849
	总库容（万立方米）	6212	5212	2649	1458
主坝	坝型	土坝	土坝	土坝	土坝
	坝顶高程（米）	25	27.38	25.71	25.87
	坝顶宽度（米）	10.8	7.2	7.55	9
	坝顶长度（米）	907	220	395	560
溢洪道	堰顶高程（米）	16	21	20	19.31
	闸门尺寸（米）	4.5×4	3.8×3	8×4	7.5×2.7
	最大下泄流量（立方米/秒）	200	147	309	305
输水涵管	型式	钢筋混凝土砼有压涵有压圆管	钢筋砼内套钢管	钢筋混凝土方涵坝下有压管	有压圆钢管
	断面直径（米）	1.8	1.76	1.8×1.5	1.25
	最大放水量（立方/秒）	7	19.4	19.77	8.7

注：相比建成之初，水库情况均发生变化。

表3-6　2021年运河流域小（1）型水库情况表

镇（街道）	水库	所在河流	集水面积（平方千米）	坝长（米）	正常水位（米）	兴利库容（万立方米）	防洪库容（万立方米）	总库容（万立方米）	溢洪道净宽（米）	溢洪道最大泄流量（立方米/秒）	涵洞最大流量（立方米/秒）	副坝座数（座）
南城街道	水濂山	东引运河	12.2	360	21.74	474.4	360	907.9	6	44.9	4.1	1
	西平	东引运河	6.7	300	22.94	217	143	397	8	17.5	1.6	/
	水濂湖	东引运河	1.22	462	47.36	81.44	24.32	109.5	6	23.3	4.2	/
长安镇	莲花山	东引运河	8.5	198	19.74	419	243	663	5	27.69	6.5	1
	五点梅	东引运河	3.5	303	10.99	542	64	658	3	10.59	4.47	4
	马尾	东引运河	6.57	230	10.99	261	131	392	6	37.4	4.99	3
	横圳	东引运河	1.7	142	10.24	72	63	115	2.5	14.6	2.29	2
黄江镇	清泉	梅塘水	9.29	250	48.74	492	38	540	19.5	225	9	/
	打鼓山	梅塘水	3.8	240	55.59	226	39	268	8	80	8.5	1
	蝴蝶地	梅塘水	4.75	50	36.19	123	38	175	8	72.8	2.3	1
	裕元	梅塘水	0.65	200	41.94	100	16	123	8	20	/	/
大岭山镇	长湖	寒溪河	4.7	300	66.24	358	132	367	12	73	1.7	/
	金鸡嘴	寒溪河	4.8	180	112.44	315	114	324	20	44	2.6	/
	老虎岩	寒溪河	2.8	180	56.64	174	97	181	7	23	1.5	/
	大王岭	寒溪河	1.6	120	52.94	140	46	171	20	54	1.5	/

续上表

镇(街道)	水库	所在河流	集水面积（平方千米）	坝长（米）	正常水位（米）	兴利库容（万立方米）	防洪库容（万立方米）	总库容（万立方米）	溢洪道净宽（米）	溢洪道最大泄流量（立方米/秒）	涵洞最大流量（立方米/秒）	副坝座数（座）
虎门镇	大溪水	东引运河	8.5	132	62.99	335	174	589	9.8	58.5	2.97	/
	白坑	东引运河	5.8	495	12.24	318	128	477	9	25.6	9	/
	芦花坑	东引运河	6	270	10.99	159	112	306	3	23.6	1.03	2
	怀德	东引运河	6.14	240	65.62	170.84	103	284	20	88	5.5	/
	鲫鱼岗	东引运河	4.4	510	24.69	105	61	179	24	47	2.87	3
	花灯盏	东引运河	3.3	278	24.57	53	64	121	9	49.5	1.04	/
厚街镇	三丫陂	东引运河	5.2	210	23.17	244	98	310	15	35	1.34	/
	沙溪	东引运河	4.28	279	27.94	196	85	283	12	40.6	7	1
寮步镇	佛岭	寒溪河	3.2	80	33.86	112	112	238	7.5	17.52	2.48	/
大朗镇	莲塘头	寒溪河	3.8	125	21.74	123	60	300	4	6	0.9	/
	仙村	梅塘水	2.4	135	18.84	98	34	183	3	12	1.3	/
企石镇	东丫湖	小海河	10.3	300	9.24	193	395	681	4	18.5	/	1

第三节 其他工程设施

东引运河流经区域多为东莞市经济发达镇街，人烟稠密，沿河产业众多，人员、车辆往来频繁，桥梁成为联系两岸的纽带，许多关系经济发展和民生保障的道路、管道、缆线等设施亦沿河或跨河布置，成为运河工程体系的重要组成部分。

一、干流桥梁

1958年运河始建通水时，建有梨川、北门、博厦木桥3座，水泥砌石的莞城大桥1座。莞城大桥横跨流经莞城的运河两岸，大大地改变当时莞城镇的面貌。20世纪六七十年代，为提高通过能力，按中央颁发的桥梁技术标准，逐渐把木桥加固，或改建为永久性桥梁。1970年建设东江引水工程时，在新开人工河道或重要河段，根据交通之需又新建太平医院桥、广济涌桥等桥梁。在后来局部扩建过程中，陆续对拓宽河道上的桥梁进行扩建或重建。改革开放后，东莞市交通建设快速发展，横跨运河的桥梁总座数和总长度大幅增长，两岸交通更为便利。

截至2021年底，运河干流跨河桥梁共有151座，大部分为交通桥或交通人行混用桥，少量为人行桥，基本上为混凝土钢筋结构。运河横沥段上尚存有多座20世纪70年代建成的旧石拱桥，形式较为美观，具有历史价值，作为河道景观桥梁进行加固和保护。

神山大桥

位于东莞横沥镇，横跨运河寒溪段，连接横沥与东坑两地。1964年12月建成通车，是一座公路水闸两用桥。因桥建于神山之下得名。全桥长118米，桥面宽6米，全桥20墩，21孔，其中20孔为水闸孔，1孔为行船孔，是一座钢筋混凝土板梁桥，荷载汽车10吨。1967年，神山大桥曾被指责"神山"地名属封建迷信，改为"红山大桥"。桥南旁边用水泥建成的突字牌匾中的"神"字被凿去，被涂改为"红"字，1976年10月打倒"四人帮"后，恢复神山大桥原名。

峡口大桥

位于东莞东城街道莞龙公路（S120线）上，横跨运河寒溪段，因地处东城峡口得名。峡口大桥始建于民国18年（1929年）初，由东莞明伦堂沙田经理局整理委员会斥资3.7亿元（银圆）兴建。大桥为莞龙公路线路上的重要公路桥梁，钢筋混凝土结构，由专业土木工程技术人员规划设计，集益隆公司承建，当时居于国内先进水平。桥长89.6米，桥面宽

7米,高12.3米。抗战期间,其第一孔面梁结构遭破坏,交通中断。后曾以木排接驳维持通车。1949年7月5日,接驳之木排被烧毁,交通再次受阻。新中国成立后修复。1987年核定荷载为汽车13吨,挂车60吨。1991年莞龙线升级改造,对大桥实施重建。重建后的新大桥长322米,普通钢筋混凝土简支T梁结构,钻孔桩基础,现为S120线东莞境内规模较大的公路桥梁之一。2004年莞龙路升级改造,对大桥进行单边拓宽,并对旧桥进行加固,于2005年9月28日竣工通车。

石碣大桥

位于东莞市区东北部,跨越运河东城段、东江南支流,由左、右两座桥梁组成,连接石碣镇和东城街道,为省道S120线东莞境内重要公路桥梁之一。1988年4月,经省计划委员会批准立项建设左桥。总长5.5千米,其中主桥长604米。桥面总宽度为12.5米,中间设9米行车道,两侧人行道各宽1.5米。引道按平原微丘二级公路标准设计施工,路基宽12米,路面宽9米。工程竣工后,往返车辆可直达东城峡口,进入市域公路网,不需要再绕道石龙。1996年11月,石碣大桥工程编入省道S120线。2002年12月启动石碣大桥扩建工程,于原桥西侧另建一座新桥即右桥,同时对引道工程进行扩宽改造。工程全长4.405千米,其中扩建桥梁长579.4米,宽13米;北引道长2.723千米,上接广州增城江龙大桥南引道;南引道长1.102千米(含扩建东莞运河桥60米),接莞龙一级公路。工程于2004年8月竣工通车。

东江大桥

位于东莞市区东北部,南起东城柏洲边,跨越运河东城段、东江南支流,北至石碣祈福公园,引桥纵贯石碣村与刘屋村之间,往北延伸至广州市增城区与广惠高速公路相接,为珠三角环线高速公路东环段(原莞深高速公路东莞段)和环莞快速路东环段的组成部分,东至上游石碣大桥,西至下游大王洲大桥,距离均为2千米。该桥是采用并线合流的方式建设的双层公路桥,上层为6车道珠三角环线高速公路,下层为8车道环莞快速路,是国内首座钢梁结构的双层公路桥。主桥全长432米,跨度112米+208米+112米,宽度2米×16.25米。大桥使用钢材1.6万吨,杆件5000件,高强螺栓70万套。大桥于2006年8月8日开工建设,2009年9月28日竣工通车。

大王洲大桥

位于东莞市区北部,南起东城街道樟村,跨越运河东城段、东江南支流、中堂水道,至石碣镇新城西区,全长1130米。大桥于1994年6月动工,建成于1996年,为58孔T梁结构一级公路桥梁,桥面宽22米,设双向6条主车道及两侧人行道,桥高9米。设计荷载标准为汽车20吨、挂车100吨,设计行车速度为60千米/小时。跨东江南支流水道主通航孔跨径 80 米，通航净宽 70 米，上顶宽 55 米，净高 6 米，侧高 4 米；跨中堂水道设两个通航孔，跨径均为 60 米，通航净宽 50 米，上顶宽 40 米，净高 5.5 米，侧高 3.5 米。桥梁将石碣镇及中堂、高埗沿江地带同东莞市区连为一体。

北门桥

位于东莞市莞城街道东北部北正路与光明路交接处，横跨运河莞城段。1958 年建成人行木桥。1968 年改建成钢筋混凝土桥，1975 年扩建加固。桥长 50 米，车道宽 20 米，中间设花带，桥两边有人行道。荷载量标准为汽车 45 吨、挂车 80 吨。1988 年加宽，2005 年拆旧拱桥，重建为平梁式混凝土桥。

莞城桥

位于东莞市莞城街道西城楼西面，东起运河东二路，横跨运河莞城段，至运河西二路。大桥始建于 1958 年 4 月，桥长 35 米，宽 10 米。1975 年运河城区段河道拓宽时，重建为一座长 45 米、宽 19.7 米的钢筋混凝土桥，荷载量标准为汽车 45 吨、挂车 100 吨，是当时城内通城外的主要通道。20 世纪 90 年代桥面加宽至 40 米。2005 年运河两岸改造时，将原水泥桥面铺成沥青桥面。

博厦桥

位于东莞市莞城街道西南部博厦旁，横跨运河莞城段，分上幅、下幅。1958 年始建木桥。1963 年拆木桥建水泥桥，桥长 48 米，宽 10.5 米。1975 年和 1983 年两次扩建，建成长 60 米、宽 20 米的钢筋混凝土桥。荷载量标准为汽车 45 吨、挂车 100 吨。2005 年上幅重建。

莞城高架桥

位于东莞市莞城街道西南部，横跨运河莞城段，架于博厦桥之侧。始建于 1986 年，长 606 米，宽 11.5 米，荷载量标准为汽车 20 吨、挂车 100 吨，只行车不准行人，是原广深公路莞城路段主要桥梁之一。

万江大桥

位于东莞市区西部，横跨运河城区段、东江南支流，连接莞城与万江街道，是市区西部重要交通枢纽。民国 27 年（1938 年）初建木桥，称东莞城桥，俗称万江桥。抗日战争期间曾被损毁后修复，解放战争期间再遭破坏，新中国成立后因不具修复使用价值而拆除。1975 年 5 月动工建设钢筋混凝土桥，1979 年 5 月建成，全长 456.5 米，其中主桥 144.2 米。桥梁建成通车后，将东莞城区同万江连为一体。1985 年 3 月，万江大桥启动扩建，在原桥南侧新建一座永久性钢砼混合结构钢架拱桥，与原桥合为一体使用，1986 年 2

月 5 日竣工通车。扩建后桥梁总宽度达 25.6 米，设双向 4 条主车道，两侧各辟有人行道 1.5 米。1986 年 3 月续建万江大桥引道高架桥，长 609 米，桥面宽 10.5 米，距地面高程为 7.2 米，1987 年竣工通车。2005 年 5 月，万江大桥进行加固维修，对旧桥腹拱及主拱圈加固维修，新旧桥伸缩缝更新，重新铺筑桥面铺装层等，同时将原来的双向 4 条主车道改、扩建为双向 6 条主车道。

鸿福大桥

位于东莞市南城街道鸿福西路胜和社区路段，横跨运河南城段、厚街水道，是一座钢结构双拱桥，全桥总长 570 米，桥面双向 6 车道。2003 年 10 月建成通车。鸿福大桥是连接东莞市区鸿福片区和龙湾滨江片区重要的一环，也是连接南城和万江街道的交通要道之一。

宏远大桥

位于东莞市南城街道西四环路宏远社区路段，是一座横跨运河南城段、厚街水道的大桥，桥面为双向 6 车道。1994 年建成通车。该桥位于 107 国道上，连接宏远路与金鳌路，是南城通往万江的主桥之一。

威远大桥

位于东莞市虎门镇，横跨运河虎门段、太平水道，因连接威远岛而得名。1985 年 3 月动工兴建，1986 年 10 月竣工，同年 12 月 28 日通过验收鉴定及试通车，核认为优良工程。桥梁由广州市公路局设计室设计，上部为钢筋混凝土 T 梁结构，下部为轻型钢平台钻孔桩基础。结构形式为广东省公路桥梁建设史上首次采用，钻孔桩深度 45 米。施工中因地质问题（工程处于岩层分界斜面上）曾一度出现偏桩现象。经技术处理后，西安交通研究所、中国科学院武汉岩土力学研究所、广东省电力研究院曾多次联合进行测试，认可满足设计要求。大桥长 499.7 米，其中主桥长 225 米。全桥共 25 孔，最大孔径 25 米；桥面行车道宽 9 米，两侧人行道各宽 1.5 米。该桥建成后，威远岛同虎门镇区连为一体，结束靠渡船同外地往来的历史。

表3-7　2021年运河干流跨河桥梁情况表

镇（街道）	跨河桥梁数量（座）	跨河桥梁名称
企石镇	21	鸿发桥、高湖桥、上洞东门桥、上洞北门桥、上洞大桥、江边桥、江边旧桥、湖滨2号桥、企石村旧桥、金倚豪苑新桥1、金倚豪苑新桥2、振兴路桥、杨屋村旧桥、莫屋村旧桥、莫屋村新桥、新南村旧桥、新南村桥、从莞深高速跨河桥、南坑新桥、南坑旧桥1、南坑旧桥2

续上表

镇（街道）	跨河桥梁数量（座）	跨河桥梁名称
横沥镇	11	东引河桥、职教城桥、水边旧桥、北环桥、新城路桥、铁路桥、横沥大桥、半仙山桥、南环桥、上龙路桥、神山大桥
东坑镇	1	角社大桥
茶山镇	7	生态园大道寒溪河桥、寒溪河大桥、寒溪水大桥、茶山大桥、安泰桥、余屋桥、方中路寒溪河大桥
东城街道	14	莞龙路跨河桥、峡口管线桥、峡口村兰夏桥、石碣大桥、柏洲边桥、东江大桥、东江花卉市场桥、下桥人行桥、下桥水厂一桥、樟村净化厂跨河桥、大王洲桥、东江大道运河桥、樟村桥、红荔桥
莞城街道	11	黎村桥、北门桥、平乐坊桥、西正路莞城桥、向阳路邮政桥、华侨大厦桥、博厦桥、创业桥、水运桥、坝头一桥、上坝桥
南城街道	14	赖屋桥、金丰一桥、金丰二桥、金丰三桥、环城路运河桥、周溪桥、京港澳高速桥、王洲岛桥、穗莞惠跨河桥、石鼓水闸桥、大龙桥、水乡大道跨河桥、宏远桥、石鼓桥
厚街镇	15	无名石桥（龟场段）、无名桥（张九仔物业段）、白鹭桥、无名桥（赤岭水闸段）、港口大道跨河桥、无名桥（琪胜鞋厂段）、厚街水道跨河桥、新世纪跨河桥、港口大道跨河便桥、港口大道跨河便桥、厚沙路桥、上环桥、中环桥、下环桥、双岗桥
沙田镇	5	穗深城际铁路桥、明珠路运河桥、广龙高速运河桥、广深港高铁跨线桥、银河大桥
虎门镇	31	长堤路跨河桥、东引桥、水运桥、假日桥、威远大桥、解放桥、执信桥、双龙桥、人民桥、仁义桥、仁寿桥、虎门二号桥、仁德桥、银龙桥、仁和桥、永安桥、运河桥、金涌桥、金浦桥、金州桥、金沙桥、金济桥、新湾桥、广济桥、连升南路一号桥、滨海大道辅道桥、滨海大道跨河桥、滨海大道辅道桥、小南桥、上角桥、沿江高速跨河桥
长安镇	21	振安西路跨河桥、江南二街跨河桥、先兴南街跨河桥、南湖公园桥、盘福东街桥、福海路跨河桥、荣富路跨河桥、中南北路跨河桥、中山北路跨河桥、西大路跨河桥、公园便桥1、公园便桥2、大井街跨河桥、东大路跨河桥、东大五街便桥、乌沙环西路跨河桥、聚怡路桥、陈屋正路桥、乌沙环东路跨河桥、锦厦一龙路跨河桥、京港澳高速跨河桥
合计	151	

二、管线

截至2021年底，运河沿河滩地及背水坡堤脚100米内布置的电力设施有高压线，长27.4千米，高压塔445座。主要的沿河管线为中部供水工程供水管道，位于东引运河右岸堤防迎水侧，从南坑水闸至松麻岭，全长约3.4千米，管径为1.5米，其中南坑水闸段长约1.4千米，为双排管，松麻岭段为单排管，长度约2千米。另有部分通信、市政管线沿河或跨河铺设。运河城区段沿线布置给水管道，有5处给水管道跨运河，分布于黎川桥侧、莞城桥侧、新基桥侧、东城水厂桥侧、樟村节制闸下游侧100米处。

表3-8 2021年沿运河高压塔情况表

镇（街道）	岸别	座数（座）	塔距（米）	线长（米）	备注
横沥镇	左岸	23	50	1150	
	右岸	87	50	4350	
东坑镇	左岸	4	50	200	
	右岸	9	50	450	
茶山镇	左岸	2			跨河
	右岸	1			跨河
中心城区	/	36	45	1620	
厚街镇	左岸	34	50	1700	
	右岸	15	100	1500	
沙田镇	左岸	11	100	1100	
	右岸	10	100	1000	
虎门镇	左岸	31	80	2480	
	右岸	30	50	1500	
长安镇	左岸	55	100	5500	
	右岸	97	50	4850	
合计		445	/	27400	

三、堤路结合

运河两岸交通需求量大，在保证行洪安全的前提下，采用堤路结合方式，加宽堤防断面，有利防洪和缓解城市交通压力，发挥综合效益。截至2021年底，运河干流堤路结合段总长82.47千米。

表3-9　2021年运河干流堤路结合情况表

镇（街道）	岸别	起点	终点	长度（千米）	小计（千米）
企石镇	左岸	高湖村	南坑水闸	13.13	13.13
	右岸	S255桥（企石与桥头交界）	建塘路	1.24	11.87
		建塘路	高湖村桥	1.15	
		桩号K1+650	企石水闸上游	7.29	
		企石水闸上游	企石水闸	0.26	
		杨屋	莞企公路桥	1.93	
	合计			25	
横沥镇	左岸	南坑水闸	寒溪河入口	6.09	6.09
	右岸	南坑水闸	神山大桥	6.91	6.91
	合计			13	
东坑镇	左岸	寒溪河入口	横东排站	1.4	2.83
		神山排站	角社桥上游	1.1	
			亭岗围	0.33	
	右岸		鸡山围	0.3	2.9
			角社围	2.6	
	合计			5.73	
寮步镇	左岸	西溪河入口	石步排站	5.2	5.20
	合计			5.2	

续上表

镇（街道）	岸别	起点	终点	长度（千米）	小计（千米）
茶山镇	左岸	茶山界河	黄沙河口	5.48	5.48
	右岸	大圳埔围	京坑排站	8.46	8.46
	合计			13.94	
中心城区段	左岸	黄沙河口	莞龙路大桥	2.6	12
		峡口水闸下游	下桥排站	3.7	
		新基河	大园水出口上	5.7	
	右岸	黄沙河口	莞龙路大桥	2.45	4.45
		白马排站	石鼓水闸	2	
	合计			16.45	
厚街镇	右岸	赤岭水闸起向下游170米		0.17	3.15
		赤岭水闸下游700米处	塘板水闸	2.08	
		与沙田交界段，新塘沟对面		0.9	
	合计			3.15	
总计				82.47	

第四章
运河治理保护

东引运河自20世纪50年代始建通水，其后近30年，一直是沿河各镇区（公社）及沙角电厂的生活、工农业用水水源，对保证下游的灌溉、排涝、引淡拒咸及城镇供水发挥巨大的效益。改革开放初期，全国生态环境保护事业自1973年起步后逐渐步入法治轨道，大众环保意识萌芽，随着运河沿岸经济社会建设的快速发展和人口的迅速增加，到20世纪80年代中期，运河局部河段开始出现明显污染现象，进入90年代，运河全河段水质受到严重污染，逐步失去供应生活用水甚至农田灌溉用水的功能，沦为东莞市主要的纳污河流。随着经济发展、环境保护法制完善和全社会环保意识的显著增强，治理保护也逐渐成为运河建设发展的主要任务。21世纪初期，为保东深供水工程和东江下游沿线水厂取水大局，建设石马河调污工程，将石马河流域污水全部调入运河，流经全线从其下游再出海，运河被动纳污加剧，水质进一步变差，达到谷底，治理运河污染成为历届东莞市委、市政府重点推进的民生工程。21世纪的20多年来，特别是党的十八大以来，东莞市持续投入，不断加大运河治理保护力度，彻底扭转运河水质污染不利局面，运河水生态环境质量发生转折性变化，并持续向好改善。

第一节　污染调查

作为提供水源、沟通全市水系的重要河道，东引运河水体污染与工业发展、城市建设扩大和人口规模扩张密切相关，其与东江、石马河一道，自20世纪70年代以来都是环境保护的重要对象。围绕服务保障经济建设中心，针对运河的生态治理保护，东莞进行过多次单独或联合一体的污染源调查。从多年调查统计情况来看，工业废水和生活污水是运河的两个主要污染源。在长期粗放式发展模式下，其中工业废水污染又占重中之重。除此以外，畜禽养殖业污染、生活垃圾渗滤液污染、农业与绿化面源污染、垃圾及厕所污染、工程建设污染等在不同时期也占有不等的比重。

一、水质由自净到逐渐变劣（1957—1977年）

运河始建时，东莞县只有莞城、石龙、太平三大镇，其余90%以上皆是农村，人口总数少，污染源以农业生产和生活污水为主。当时农民还没有化粪池，家家有粪坑，还用草木灰覆盖，厕所积肥用作农田肥料使用，每天早上生产队都会有人上门收集，故生活污水较少。另外，当时的工业不发达，只有东莞县创办的东莞化肥厂、东莞氮肥厂、石龙火柴厂等一批小化工厂，主要生产化肥、农药、火柴、肥皂等产品，产量不大。污染物总量低，运河的生态环境容量和自引补水效率足够实现自净。20世纪五六十年代，全国和各地环境保护事业也刚开始孕育，东莞县对运河水资源利用的重视远大于保护。

1972年6月，中国政府代表团参加联合国人类环境会议，会议通过《人类环境宣言》，环境保护开始摆上国家议事日程。1973年8月，国务院召开第一次全国环境保护工作会议，审议通过"全面规划、合理布局、综合利用、化害为利、依靠群众、大家动手、保护环境、造福人民"的环境保护工作32字方针和我国第一个环境保护文件——《关于保护和改善环境的若干规定》，全国环境保护事业正式起步。东莞县紧跟步伐，从调查和治理工业"三废"（废气、废水、废渣）开始，有计划地对环境实施监控、保护。

1972年，东莞县对东江南支流东莞河段沿岸的东莞糖厂、粉厂、化肥厂、氮肥厂、莞城纸厂、皮革厂、石龙贮木场及石龙镇属部分工厂进行污染调查，当年废水排放量为60306立方米，废水中含有氰、砷、酸、碱、硫、酚等有害物质，使东江及东引运河水质变劣。1973年，成立东莞县工业"三废"治理领导小组，推动工业废水治理和综合利用。

二、水质由逐渐变劣到全面恶化（1978—1993年）

1978—1993年，东莞县（市）工业经济开始起步。1978年8月，东莞县引进全国第一家"三来一补"企业——太平手袋厂；虎门公社龙眼村也于1979年3月引进全国农村第一家外来加工企业——龙眼发具厂，揭开东莞农村改革开放的序幕。东莞因地制宜，实施市、镇、村、组（多为自然村）"四轮驱动"，利用"三堂"（祠堂、饭堂、会堂）承接"三来一补"企业，"村村点火、户户冒烟"，大力发展外向型经济。1981年3月开展调查，莞城镇工业废水排放量较大的17家工厂，每天排放量达67650立方米，其中氮肥厂57600立方米、莞城纸厂4800立方米、化肥厂1500立方米。1982年，全市污水排放2081万吨，其中工业废水1842万吨，工业废水处理量589万吨，工业废水处理率31.98%，工业废水达标排放率74.97%。1982年5月13日，东莞县环境保护办公室成立。1984年8月9日，成立东莞县环境保护委员会，环境保护工作力度不断加强。

到20世纪80年代中期，随着东莞市工业的崛起和快速发展，沿途各镇的生活污水、工业废水大量排入运河水系，导致运河成为接纳流域内镇街工业废水和生活污水的主要受纳水体。1985年，全市开展工业废水污染源普查，着手建立污染情况档案。重点调查43家企业，普查企业182家。调查结果是，全市全年废水总排放量2719万吨，废水排放量占新鲜用水量的85.09%，经处理的工业废水485.82万吨。工业废水污染物以有机物为主，悬浮物的排放量每年14267吨，每万元产值废水排放量668.38吨。大部分废水排入运河。

1986年，按照国家《关于加强全国工业污染源调查工作的决定》和省的部署，东莞市环境保护办公室以1985年为调查基准年，对全市工业污染源进行调查，运河工业废水年排放量为867.08万吨，生活污水年排放量为275.75万吨。1987年，当时市区（包括附城区、篁村区、万江区及莞城镇）调查统计，排入运河的工业废水上升至1180万吨（另有生活污

表4-1　1985年东莞市工业废水污染物种类和排放量表

污染物名称	排放量（吨/年）	污染物名称	排放量（吨/年）
悬浮物	1094.13	挥发酸	0.132
化学耗氧量	5678.52	氧化物	3.931
生物耗氧量	1194.34	石油类	26.057
铜	0.682	硫化物	2.2186
锌	0.582	三价铬	1.592
六价铬	2.655	氟无机物	2.009
铅	0.197	氨氮	240.58

水700多万吨），其中化肥厂、氮肥厂、莞城造纸厂、运河糖厂、莞城皮革厂五大污染厂排出的废水，占市区废水总量的90%。经化验测定，运河莞城河段水体的碳化物含量超过国家规定的地面水标准，化学耗氧量浓度逐年增加，最大浓度为16.3毫克/吨。东江石龙河口以上主要河段及虎门沙角口岸以外，均属轻度污染区，特别是精养塘、村边塘、圩镇近郊塘水质变化日趋严重，一些池塘底层溶氧等于零，化学耗氧量在51.23毫克/吨以上。1990年，按照国家《关于联合进行乡镇工业主要污染行业污染源调查的通知》和省的部署，东莞开展以1989年为调查基准年的乡镇工业污染源调查。1991年总结运河污染程度为"五日不排水变黑，十日不排水变臭"。

至1993年底，东莞市常住人口总数为259.41万人，东莞工业企业单位数由1978年的1290家增加到1993年的12449家，工业总产值由1978年的4.2亿元增加到1993年的267.67亿元，东莞由鱼米之乡脱胎成为"世界工厂"。取得巨大经济效益的同时，统计工业废水年排放量达到6500万吨，大部分生活污水未经处理直接向运河排放。运河水系的高锰酸盐指数、生化需氧量、非离子氨、氨氮等指标均连续逐年上升，呈现出典型的复合型污染现象，水质开始全面恶化。

三、水质由全面恶化到基本丧失自净能力（1994—2000年）

1994—2000年，东莞市工业经济发展快速成长。1996年，按照国家《关于开展全国乡镇工业污染源调查的通知》和省的部署，东莞再一次开展以1995年为调查基准年的乡镇工业污染源调查。到2000年，东莞市常住人口总数为644.8万人，东莞工业企业数增加到16975家，工业总产值达1519.79亿元，工业比重达到52.5%，工业经济成为国民经济的重心。2000年前流域内部分镇街引进的一批重污染企业，成为运河污染的重要来源。据统计，当时运河流域内重点污染企业共有919家，占全市重点污染企业总数的73.4%，日产生废水量16.72万吨。其中不少重污染企业，特别是"四纯两小"（即纯电镀、漂染、洗水、印花和小规模制革、造纸企业）重污染企业，环保设施简陋，企业环保守法观念不强，存在偷排偷放现象，对运河造成严重污染。2000年调查统计，全市污水排放40703万吨，是1982年2081万吨的19.56倍。其中：工业废水11753万吨，是1982年的6.38倍；工业废水处理量11141万吨，是1982年的18.92倍；工业废水处理率94.8%，比1982年提高63个百分点；工业废水达标排放率72%，比1982年下降2.97个百分点。运河水质恶化为Ⅴ类、劣Ⅴ类，呈现黑臭现象。

这期间，由于东江过度采砂，水位下降，为防止污水倒灌入东江，1997年对运河源头建塘取水口进行封堵，造成运河补水严重不足。特别是干旱期，整个运河流域的天然产水量补给接近于零，而受纳的污水量枯水期为260多万吨每日，丰水期达到360万吨每日，污水长期全线滞留，致使运河基本丧失自净能力，运河水质继续下降，原设计的城市供水功能完全丧失，实际成为排污河。

四、水质污染初步遏制触底转折向好改善（2001—2008年）

2001—2008年，东莞市工业经济开始腾飞。东莞工业由粗放式增长向集约式增长转变，形成比较完整、门类齐全的工业体系。以通信设备、计算机及其他电子设备制造业为代表的一批技术密集型的高附加值的行业渐成为龙头产业。2001年，运河水质受沿途生活污水和部分工业废水的影响较大，市区河段尤为突出，污染物以有机污染为主。2003年东深供水第四期工程完成后，全线改由密封管道输水，石马河恢复自然流向并移交东莞市管理。为解决石马河沿线工业、生活污水排放问题，保护东江水质和东深供水工程安全，作为权宜之计，2004年，东莞市建设石马河调污工程，将石马河流域的全部污水共100万吨/日（包括深圳观澜河40万吨/日，全市沿线7镇45万吨/日以及惠州潼湖河的部分污水）调入运河，纳污范围更广，增大运河排污压力。2005年初统计，运河沿线畜禽养殖业年排放粪尿污水量166万吨，基本上未经处理直接排入水体，致使河水中氨氮、总磷含量高。2007年，在第一次全国污染源普查中，全市重点调查工业企业年排放废水9.13亿吨。运河流域内污染企业共1062家，占全市污染企业总数的84.8%，日产生废水量150.9万吨，达标排放量131.5万吨，达标率87.1%。重点排污企业主要是造纸行业，其次是漂染行业，废水排放达标率分别为52.6%和63.5%。调查流域垃圾填埋场每天产生垃圾渗滤液约9600吨，每吨垃圾渗滤液氨氮含量是生活污水的100倍，相当于每天向运河排放96万吨的生活污水。

这期间，东莞持续加强运河流域治理力度，集中开展清淤、活源、扩河建闸等综合整治,大规模兴建并陆续运行一批污水处理设施,污水处理能力显著增强,对冲运河排污压力,从2003年起运河水质触底转折呈现好转态势。

五、水质稳步改善并基本达到功能水质目标(2009—2011年)

2009—2011年,经历全球金融危机冲击,东莞市工业经济进入转型阶段,实施经济"腾笼换鸟"、产业转型升级,加大研发投入,推动经济有质量增长、可持续发展。东莞逐渐淘汰重污染高耗能企业,加强污染企业整治,促进产业结构转型升级,推进主要污染物总量减排,减轻工业废水对运河水体的污染。到2009年,东莞运河监测河段水质污染明显减轻,与上年相比,主要污染物化学需氧量下降25.8%、总磷下降14.2%,溶解氧年均浓度有所上升。2010年,主要污染物氨氮与上年相比下降5.8%、石油类下降50%,综合污染指数下降6.3%。2011年,运河整体水质与上年相比,总磷、生化需氧量、挥发酚等主要污染物浓度下降,综合污染指数下降1.1%,污染程度比2010年略有减轻。这期间,运河水质逐年稳步改善,基本达到功能水质目标。

六、水质总体好转至轻度污染水平乃至良好状况(2012—2021年)

2012—2021年,东莞市坚持科技创新加先进制造,培育壮大新兴产业与改造提升传统产业并重,加快新旧动能转换,经济综合实力连连攀升,地区生产总值连跨五个千亿元台阶,从2012年的5000亿元发展到2021年突破万亿元。一方面,传统产业注重新材料、新工艺、新技术应用,迅速崛起和日益活跃的大量高新技术企业、战略性新兴企业污染小、产值大,逐渐成为市场的主体,形成由20万家工业企业、超过1.28万家规模以上工业企业、7374家国家高新技术企业、74家上市企业和24家超百亿元企业、3家千亿元企业等组

表4-2　1985—2020年部分年份东莞市废水排放情况表

年份	废水排放量(亿吨)			年份	废水排放量(亿吨)		
	工业废水	生活污水	总量		工业废水	生活污水	总量
1985	0.27	0.04	0.31	2005	2.14	4.77	6.91
1990	0.41	0.12	0.53	2010	3.00	4.57	7.57
1995	0.55	0.42	0.97	2015	2.04	9.37	11.41
2000	1.18	2.89	4.07	2020	1.54	11.26	12.80

成的先进制造体系,单位产值的工业废水排放量显著下降。另一方面,城市常住人口数不断膨胀,2021年突破千万人口,生活污水总量占的比重则持续上升。这期间,废水主要污染物化学需氧量、氨氮排放总量呈逐年下降趋势,但仍属于中度至重度污染。2018年开展第二次全国污染源普查,运河污染主要超标项目为氨氮和总磷,为重度污染。到2020年,在水污染治理持续投入作用下,加之运河流域的生活用水、工业用水等大幅减少,入河污染明显减轻,监测断面运河水质好转,改善至轻度污染水平,2021年一度恢复到良好状况,实现提档达标。

第二节　水体监测和水质评价

东莞对环境实施监控始于20世纪70年代初期。东引运河建成通水两年后,运河纳入重点监测对象,根据任务要求开展计划性为主的调查检测。1982年,东莞县环境保护办公室成立之后,同年专门成立东莞县环境保护监测站,次年11月又成立东江水系东莞环境保护监测站,开始对包括运河在内的东江水系进行常规监测。当时,东江监测点设在石龙南、北河段,为固定测点,每年对东江河水进行三期(丰水期、平水期、枯水期)化验,每期两次(相隔一星期),每次6个测点,每点化验pH值、悬浮物、总硬度、溶解氧、化学耗氧量、亚硝酸盐氮、硝酸盐氮、挥发酚、氰化物、总汞、砷化物、六价铬、镉、铅等15个项目,共提供540个数据。氮肥厂桥下游200米为运河常年测点,每年监测2次。峡口、氮肥厂、厚街、沙田、镇口村、沙田四洲桥为调查评价不定期测点,监测项目有色度、pH值、氨氮、硫化物等20个项目。后逐步完善监测布点,明确运河水质监测段起至东城区樟村,下至虎门镇镇口村,共布设监测点7个(樟村、博厦、下墩、石鼓、石角、横流、镇口),监测项目21项。

表4-3　20世纪80年代初运河水质检测项目结果表(1982—1984年平均值)

检测项目	地面水国家标准	检测结果	检测项目	地面水国家标准	检测结果
酸碱度	6.5～8.5	6.8	氰化物	≤0.1	0.021
溶解氧	≥4	5.6	总汞	≤0.001	0.0047
化学耗氧量	≤6	4.85	砷	≤0.08	0.0067
挥发酚	≤0.01	0.003	氯化物	—	4.6

20世纪80年代中期至20世纪末，运河水质污染呈逐年加重之势。1991年以前，水质标准按照国家《地表水环境质量标准》（GB 3838-83）Ⅲ类标准衡量；1991—1999年，运河水质监测采用国家《地表水环境质量标准》（GB 3838-88）Ⅲ类标准衡量；2000—2001年采用《地表水环境质量标准》（GHZB 1-1999）Ⅲ类标准衡量。水样采集、监测频率、监测项目、分析方法按《环境监测技术规范》执行。按照省的要求，江河水质每水期监测两次，必测项目为水温、pH、悬浮物、总硬度、电导率、溶解氧、高锰酸盐指数、生化需氧量、氨氮（非离子氨）、硝酸盐氮、亚硝酸盐氮、挥发酚、氰化物、砷、汞、六价铬、铅、镉和石油类共19项。多年连续监测结果显示，运河水质普遍超出Ⅲ类标准，受污较为严重。1986年所有监测项目中除氨氮超标外，其他项目年平均值均符合国家地表水Ⅲ类标准。1989年超标项目增加到5项，分别为溶解氧、总氮、总磷、挥发酚、生化需氧量。1991年开始，东莞市参加全国城市环境综合整治定量考核。1991—1995年期间，监测项目中有氨氮、挥发酚、汞、石油类和溶解氧5个项目超标，其余项目均符合国家地表水Ⅲ类标准。1996—2000年，运河监测项目年平均值超标项目由1996年的3个（溶解氧、非离子氮、石油类）增至2000年的6个（溶解氧、高锰酸盐指数、五日生化需氧量、亚硝酸盐氮、石油类、总磷），其余监测项目5年平均值均符合国家地表水Ⅲ类标准。

表4-4　1989年广东省地面水水质监测东莞运河省控断面情况表

断面名称	断面类型	水环境功能区类别	监测频率	必测项目数	垂线数×测点数
樟村	对照	Ⅲ类	一年6次	19项	1×1
博厦桥	控制	Ⅲ类	一年6次	19项	1×1
石鼓	控制	Ⅲ类	一年6次	19项	1×1
虎门镇口	消减	Ⅲ类	一年6次	19项	1×1

表4-5　1985、1992、2001年运河莞城段水质监测数据表

项目	1985年	1992年	2001年
pH值	6.9	7.24	6.88
悬浮物	83.5	29.7	76.5
总硬度	11	27.9	35.9
溶解氧	7.8	4.4	1.52
高锰酸盐指数	5.4	4.4	9.11

续上表

项目	1985年	1992年	2001年
五日生化需氧量	—	2.1	6.95
氨氮	0.38	0.73	5.503
非离子氨	—	—	0.0415
亚硝酸盐氮	0.162	0.032	0.128
硝酸盐氮	0.12	0.76	0.183
挥发酚	0.003	0.002	0.002
氰化物	0.002	0.002	0.002
砷	—	0.004	0.003
汞	—	0.00015	0.00002
六价铬	0.04	0.004	0.005
铅	—	0.005	0.005
镉	—	0.0007	0.0002
铜	—	0.005	0.0185
油	—	—	0.27
电导率（微西/厘米）	—	—	113.5
总磷	—	—	0.72
锌	—	—	0.058
大肠菌群（个/升）	—	—	1066

注：除pH值、电导率、大肠菌群三项外，其他项目的单位为毫克/升。

进入21世纪，国家修订颁布《地表水环境质量标准》（GB 3838-2002）新标准。运河水质依然受沿途生活污水和部分工业废水的影响较大，监测结果显示，按新标准衡量，2000—2002年运河水质持续恶化，2003年后污染情况稍有减轻，而后逐年缓慢减轻，但均达不到国家地表水Ⅲ类标准。2000年监测当年运河上游水质尚好，能够维持在国家地表水Ⅲ类水质标准，中下游河段水质受污染较为严重，其中市区河段尤为突出，污染物以有机污染为主。到2001年，污染程度加重并全面扩大，各监测断面水质受污染均较为严重，有机污染物普遍超出国家地表水Ⅲ类标准。2002年监测运河水质恶化为劣Ⅴ类。

表4-6　2003—2004年运河干流断面及流域部分水库水质检测评价结果表

断面/水库	检测年份	评价结果
运河樟村断面	2003年	劣Ⅴ类
运河博厦断面	2003年	劣Ⅴ类
运河石鼓断面	2003年	劣Ⅴ类
运河涌口断面	2003年	劣Ⅴ类
运河镇口断面	2003年	劣Ⅴ类
企石桥断面	2004年	劣Ⅴ类
同沙水库	2003年	劣Ⅴ类
松木山水库	2003年	劣Ⅴ类
横岗水库	2003年	Ⅴ类
黄牛埔水库	2003年	Ⅳ类
水濂山水库	2004年	劣Ⅴ类
西平水库	2004年	劣Ⅴ类
五点梅水库	2004年	劣Ⅴ类
三丫陂水库	2004年	Ⅴ类

表4-7　2005年运河水质监测各断面情况表

断面名称	监测点数（个）	断面设置	断面宽度（米）	断面深度（米）	断面类型
樟村	1	樟村桥下	30	2.6	控制
石鼓	1	荔枝园	30	2.8	控制
涌口	1	涌口桥	25	2.8	控制
镇口	1	东引工程管理处水闸	30	2.8	控制

表4-8 2001—2007年运河各断面综合污染指数均值表

断面名称	2001年	2002年	2003年	2004年	2005年	2006年	2007年	7年平均值
樟村	1.30	1.42	1.78	1.38	1.04	0.85	0.80	1.22
石鼓	1.06	1.66	1.94	1.29	0.99	0.84	0.86	1.23
涌口	1.17	1.47	1.76	1.37	1.26	0.91	0.91	1.26
镇口	1.35	1.35	1.68	1.30	1.35	1.00	0.96	1.28

2003—2007年，运河水质污染情况有所好转，污染程度缓慢减轻。2006年监测运河污染物以化学需氧量和氨氮为主。2007年运河污染物以化学需氧量、五日生化需氧量、氨氮、总磷等为主，但都维持在劣Ⅴ类水质。2007年对运河实行分水期监测结果统计分析，运河以枯水期污染分担率最大（35.8%），平水期次之。枯水期水质平均浓度超标的项目有环境监测氧参数、高锰酸盐指数、化学需氧量、生化需氧量、氨氮、总磷、氟化物、石油类共8项，一次性超标率除氟化物为50.0%外，其他项目均为100%；平水期运河水质平均浓度超标的项目有环境监测氧参数、高锰酸盐指数、化学需氧量、生化需氧量、氨氮、总磷、石油类共7项，一次性超标率除粪大肠菌群为37.5%外，其他项目均为100%；丰水期运河水质平均浓度超标的有环境监测氧参数、高锰酸盐指数、化学需氧量、生化需氧量、氨氮、总磷、石油类共7项，一次性超标率均为100%。枯水期水质最差，平水期、丰水期水质相对较好，这和运河缺少天然活水的补充，工业废水、生活污水占河水流量的绝大部分有关。而分断面监测结果统计分析，2001—2007年，运河各监测断面综合污染指数均值在0.80～1.94之间。断面间有一定差别，2003年之前，以上游樟村、石鼓两断面的污染相对重一些，2003年之后，以下游厚街涌口、虎门镇口两断面的污染相对重一些。这与樟村、石鼓断面经过市区人口密集的区域，同时也接收上游大量生活污水和工业废水有关。从2004年开始，市区污水处理厂一、二期工程以及樟村水质净化厂陆续投入运行后，运河市区段的污染得到初步遏制。位于下游的涌口、镇口污染指数一直居高不下。

到2008年，运河污染物以溶解氧、高锰酸盐指数、化学需氧量、五日生化需氧量、氨氮、总磷等为主，监测河段水质达到Ⅴ类标准，污染程度明显减轻，水质明显好转。2009—2010年运河水质再改善，监测河段水质污染明显减轻，达到地表水Ⅳ～Ⅴ类标准。

2011—2015年,运河监测断面(樟村、家乐福和石鼓断面)水质基本稳定在国家地表水Ⅴ类标准。

2016年,根据《"十三五"国家地表水环境质量监测网设置方案》,东莞设置8个国控地表水监测断面,东莞运河樟村断面作为市境内河流断面,是8个断面之一,纳入国家环保监测。2016年、2017年,国控监测樟村断面水质为劣Ⅴ类。2018年,根据东莞市与省政府签订的《东莞市水污染防治目标责任书》,东莞运河樟村断面设置为全市7个国考、省考地表水监测断面之一并纳入考核。与2017年对比,2018年樟村断面水质好转,但仍为劣Ⅴ类。2019年监测运河樟村断面水质又有所恶化。2020年断面水质明显好转,达到Ⅳ类标准。2021年由Ⅳ类好转至Ⅲ类。这些年,东莞市也在峡口、沙湖口、岗梓、神山排站、石涌新排渠、西溪河、东部快速干线、寮步河、光正实验学校、东平大道、南畲塱排渠、

表4-9　1986—2021年运河樟村断面水质监测情况表

年份	水质	年份	水质	年份	水质
1986	超Ⅲ类	1998	超Ⅲ类	2010	Ⅳ～Ⅴ类
1987	超Ⅲ类	1999	超Ⅲ类	2011	Ⅴ类
1988	超Ⅲ类	2000	超Ⅲ类	2012	Ⅴ类
1989	超Ⅲ类	2001	超Ⅲ类	2013	Ⅴ类
1990	超Ⅲ类	2002	劣Ⅴ类	2014	Ⅴ类
1991	超Ⅲ类	2003	劣Ⅴ类	2015	Ⅴ类
1992	超Ⅲ类	2004	劣Ⅴ类	2016	劣Ⅴ类
1993	超Ⅲ类	2005	劣Ⅴ类	2017	劣Ⅴ类
1994	超Ⅲ类	2006	劣Ⅴ类	2018	劣Ⅴ类
1995	超Ⅲ类	2007	劣Ⅴ类	2019	劣Ⅴ类
1996	超Ⅲ类	2008	Ⅴ类	2020	Ⅳ类
1997	超Ⅲ类	2009	Ⅳ～Ⅴ类	2021	Ⅲ类

莲湖新村段等地点布设多个市级监测点，加强对运河各重要支流的水质监控，统筹推进流域水系水质整体改善提升。

第三节　系统治理和生态修复

运河作为贯通东江左岸东莞水网的主干河道，因其独特的地理位置和作用，除东江三角洲网河区外，全市其他流域的水污染都对运河有着直接或间接的影响，运河治理一直是东莞环境保护和水污染防治工作的重要内容。一定程度上，运河治理保护的历程代表着东莞治水的历程。20世纪70年代初，东引运河建成通水，全国上下环境保护事业正处于萌芽向起步阶段进阶之际，运河治理工作与环境保护事业大致同步发展。改革开放后，东莞工业经济和城市建设扩张式迅猛发展，污染物产生量大幅度增加，带来的环境问题日益突出，到20世纪80年代中后期，污染排放开始对运河生态环境产生明显影响。东莞历届市委、市政府高度重视，统筹环境保护与经济建设协调发展，坚定走绿色低碳可持续发展之路，积极推动经济发展方式转变和产业转型升级，并把治理保护运河作为每年全市重要民生工程，结合国家和省下达的环境保护任务，针对运河发展存在的具体问题，权衡各方利弊，区分轻重缓急，接连采取包括完善工程配套在内的一系列针对性治理措施，努力遏制粗放式发展对运河的水质污染和生态破坏，适应不同时期对运河功能发挥的时代需求，持续加强运河生态环境保护和防洪排涝等综合功能建设。自20世纪70年代中期以来，运河先后经历了保护起步、初步治污、面上治污、综合治理和流域治理等分阶段治理。

一、保护起步（1973—1990年）

东莞县有组织有计划的污染治理始于20世纪70年代中期。1973年8月，第一次全国环境保护工作会议审议通过的《关于保护和改善环境的若干规定》，提出防治污染措施必须坚持与主体工程同时设计、同时施工、同时投产的"三同时"原则，成为我国第一项环境管理制度。11月，国家计委、国家建委、卫生部联合批准颁布我国第一个环境标准——《工业"三废"排放试行标准》。按照国家部署要求，同年，东莞县工业"三废"治理领导小组成立，这是新中国成立以来东莞县有记载的第一个环境保护机构。1976年，又成立东莞县环境保护领导小组。县环保机构围绕解决环境问题的出路和办法，开展一些有针对性的探索和研究。当时的工作重点是开展以工业"三废"治理和综合利用为主要内容的污染防治工作，主要是解决局部的污染环境问题，但包含运河流域在内的东江水系污染、城市环境污染尚未得到有效控制。

1978年改革开放至20世纪80年代末，全国、全省环境保护工作进一步加强。1979年《中华人民共和国环境保护法（试行）》颁布，全国环境保护工作步入法治轨道，加快环境保护事业发展。1983年召开的第二次全国环境保护工作会议，正式把环境保护确定为一项基本国策，明确"预防为主，防治结合""谁污染，谁治理"和"强化环境管理"的环境保护三大政策。1984年，国务院发出《关于环境保护工作的决定》，环境保护开始纳入国民经济和社会发展计划，成为经济和社会生活的重要组成部分。《中华人民共和国水污染防治法》自1984年11月1日起施行，是我国第一部环境污染防治领域的专项法律。1985年10月，国家城乡建设环境保护部在河南洛阳召开第一次"全国城市环境保护工作会议"，提出城市环境实行综合整治的方针。1988年国务院环境保护委员会发布《关于城市环境综合整治定量考核的决定》和相关考核办法。1989年4月，国务院召开第三次环境保护会议，提出积极推行深化环境管理的环境保护目标责任制、城市环境综合整治定量考核制、排放污染物许可证制、污染集中控制和限期治理5项新制度和措施，同年12月，《中华人民共和国环境保护法》经十年试行后正式颁布实施。广东省也先后制定出台和实施《广东东江水系水质保护条例》《广东省征收超标准排污费实施办法》《广东省城市环境综合整治定量考核办法》等环境保护法规、规章，并于1987年起，省人大常委会把环境法规执行检查摆上重要议事日程，进行全省范围内的环保执法检查，在东莞等各地市引起强烈反响。

20世纪80年代，在全国、全省环境保护工作大力加强的形势下，参照国家和省的做法，东莞县于1982年、1984年先后成立东莞县环境保护办公室、东莞县环境保护委员会（下设办公室），逐步明确强化环境管理的思想，加大环境保护工作力度，建立和推行建设项目"三同时"制度和环境影响评价、超标准排污收费制度。1988年，东莞市对东莞运河环境容量进行规划研究，编制《东引运河水环境容量与水污染控制规划研究》，提出切实可行的规划和工业布局以及流域综合整治措施。在编制《东莞市水资源保护规划》的同时编制实施《东莞市水环境功能区划》和《东莞市集中水源地保护区划分方案》，明确不同保护区适用标准并分别实施保护。

在调研和规划的同时，东莞全县治污形式以工业废水点源治理为主，按照"谁污染，谁治理"的原则，由工矿企业作为水污染治理的主体实施治理。国营工交企业（工业和交通运输企业）率先开展废水治理和综合利用。东莞粉厂、莞城皮革厂等单位用工业废水制成氨水肥5万多吨，变废为宝。东莞氮肥厂排放的废水有油污物漂浮在水面，使河水变黑，从1979年氮肥厂开始治理炭黑水起，经不断改进净化及处理措施，废水由黑变清，至1981年10月有效控制炭黑水排放。因治理废水成绩显著，东莞氮肥厂被评为广东省环境保护先进单位。东莞糖厂废水（造纸黑液和糠醛）处理被纳入广东省1985年下达的第一批环境污染限期治理工业项目，先后投资42万元添置设备治理废水，使处理后的废水接近国家规定的排污标准。

环保部门加强环境保护行政管理，监督企业落实"三同时"治理措施。1981年7月开始，实施建设项目环境管理，实行"环境影响报告书（表）"制度，要求全县所有新建、改建、扩建项目防治污染和其他公害的设施与主体工程同时设计、同时施工、同时投产。1989年，国家明确规定环境保护管理部门对建设项目防治污染实施独立的监督管理权，全市建设项目环保审批逐步实现经常化、制度化。1981年起东莞开始采取"自测自报"征收办法，向排污企业（单位）征收超标排污费，用经济手段管理环境。1981年当年全县申报、交纳超标排污费的企业（单位）共22家，后通过加大政策宣传力度，全市超标排污企业交费率逐年提高，到1987年，申报、交纳超标排污费的企业达到106家，所征收的超标排污费主要用于排污企业污染源治理，一定程度上缓解污染治理资金紧张矛盾，有效促进全市污染源治理。1988年，全市严把建设审批关，全面禁止在东江、东深河沿岸新建、扩建以汞、铬或其他有毒有害物质为原料的企业和大型污水排放项目的同时，控制在市内主要水库水源保护区范围兴建别墅区、住宅小区和开发旅游区。市内对水环境影响较大且不能通过采取工程、生物措施有效控制、治理污染的项目，则按规定采取"关、停、治、迁、拆"等综合整治措施。

这一时期，建设的治污工程主要是排水（污）管道和少量废水处理设施。城建部门逐年增建、新建环境保护工程，整治下水道，处理生活污水。据1978—1986年统计，东莞市（县）城区新开下水道260条，总长36.8千米，所有下水道实行雨、污合流，经市桥河、珊洲河、东门河分别排入东引运河或东江南支流。1987年，市区下水道总长度增至66千米，初步形成完善的城市排水（污）系统。其中新建成的广（广州）深（深圳）过境公路东莞万江至篁村段下水道系统实行雨、污分流。1989年，新增有效废水处理设施24套，大部分位于运河流域，处理量10135.2吨/日，符合国家排放标准的3047.2吨/日。

总体上，20世纪七八十年代，受粗放式的工业发展模式和人口快速增长影响，运河水质由好转差，污染程度逐年加重。但环境保护机构、法规制度和工作机制等逐步完善，全社会环境保护意识从无到有且明显增强，政府推动实施的行政和工程措施，一定程度上减缓对运河的污染速度。

二、初步治污（1990—2003年）

进入20世纪90年代，国家对环境保护的重视程度进一步提高，1992年制定《中国环境与发展十大对策》《中国21世纪议程》《中国环境保护行动计划》等纲领性文件，提出可持续发展战略。1993年全国第二次工业污染防治工作会议提出工业污染防治实行"三个转变"（由末端治理向生产全过程控制转变，由浓度控制向浓度与总量控制相结合转变，由分散治理向分散与集中控制相结合转变）。1995年开始，国家环保局在全国组织开展生态示范区建设，2000年进阶开展生态省（区、市）建设。1996年7月，国务院召开第四次全国环境保护会议，做出《关于环境保护若干问题的决定》，实施《污染物排放总量控制计划》和《跨世纪绿色工程规划》，提出并大力推进"一控双达标"（控制主要污染物排放总量，工业污染源达标和重点城市的环境质量按功能区达标）工作，全国开始开展大规模的重点城市、流域、区域、海域的污染防治及生态建设和保护工程，环境保护工作进入崭新阶段。1997年，根据《国家环境保护"九五"计划和2010年远景目标》，国家环保局提出并启动国家环境保护模范城市创建（创建经济持续发展、环境质量良好、资源合理利用、生态良性循环、城市优美洁净、基础设施健全、生活舒适便捷的示范城市），是当时全国环境保护领域的最高荣誉。按照国家统一部署，广东省从1989年开始，在全省地级市分批实行城市环境综合整治定量考核，1990年覆盖19个地级市。1991年，广东省建立环境保护目标责任制，并在全国率先对市、县党政领导班子和党政正职、分管环保工作的副职进行环境保护实绩考核。同年，省人大常委会颁布《广东省东江水系水质保护条例》。1993年后省编制《东江流域水环境保护与经济发展规划》。1997年，省制定实施《东江流域经济发展与环境保护规划》，做出《广东省关于切实加强环境保护工作的决定》，部署全省落实"一控双达标"工作任务。出台实施跨世纪的《广东省碧水工程计划》，以三年为期逐步开展治理江河湖库、处理城市工业生活污水、水质保护法规建设等项目，实施6大项115个子项的系统工程，重点是城市污水的治理，正式开启南粤大地绵延至今的系列化、体系化治水之路。1998年，省人大常委会颁布《广东省珠江三角洲水质保护条例》，省逐步将城市环境综合整治考核与责任制考核合二为一。

20世纪90年代，为贯彻落实国家和省关于环境保护相关工作部署，东莞进一步强化环境保护市、镇区两级管理机制，层层落实环境保护责任制，严格执行新建项目"三同时"制度，控制新的工业污染源产生，加强生活污水治理，在加强环境监督管理的同时，采取综合措施，促使水污染治理实现由传统的点源治理向面源整治的转变。从1990年起，东莞开始参加全省城市环境综合整治定量考核，围绕环境质量、污染控制和环境建设2大类指标6项小指标（饮用水源水质达标率、城市地表水COD平均值、万元产值工业废水排放量、工业废水处理率、工业废水处理达标率、城市污水处理率）开展运河、东江、石马河等主要主体的水污染防治。先后制定实施《东莞市环境保护规划》《东莞市水资源保护规划》《东莞市水环境功能区规划》《东莞市集中饮用水源地保护区划分方案》。1990年5—7月，东莞对运河两岸16个镇（区）进行考察调研，提出防治运河水污染意见。1992年3月，市政府制定颁布《东莞市饮用水源污染防治规定》，将运河列为重点保护的饮用水源河流，流域内的同沙、松木山、横岗、水濂山、五点梅、金鸡嘴、黄牛埔7座水库被列为重点保护的饮用水源水库。1994年编制完成《东莞市环境保护"九五"计划和2010年远景目标规划》，进一步明确关于运河治理保护的具体目标：第一阶段到2000年，总体环境质量基本保持在1994年的水平，实现运河有机污染逐步减轻；第二阶段到2010年，总体环境质量稳定在2000年的水平，实现运河有机污染得到控制，水质有所提高。1998年，广东省开展"治理水库环境大行动"，松木山水库、同沙水库、横岗水库被列入重点治理范围。1999年，市政府专门颁布《东莞市东引运河水质污染防治办法》和《关于整治东引运河污染的通告》，决定对东引运河水环境和工程环境实施保护并进行综合整治。"九五"期间（1996—2000年），东莞主要以"一控双达标"为契机，重点整治工业废水污染源，全面治理东引运河、东江（东莞段）、东深供水工程（石马河）三大地表河流和十大水库，加强水资源和生态环境保护，深入开展城市环境综合整治。严把建设项目审批关，严格控制运河两岸新污染源的产生，以"关、停、治、迁、拆"的方式整治运河沿岸（线）工业污染源，关闭位于运河沿岸的东莞市氮肥厂、市运河糖厂，搬迁莞城造纸厂等一批重污染企业；组织拆迁位于同沙水库、松木山水库等饮用水源水库水源保护区内的养殖场，控制运河流域内属于饮用水源水库的水源保护区建设别墅、住宅区和旅游区；以城区段为突破口，开展运河水质污染治理，完成全线59个排污口的调查登记，开展污染物排放单位和个体工商户的排污申报登记，核发排污许可证，实行总量控制，禁止饮食业、汽车修理厂、加油站、摩托车修理店和洗车场在运河集雨区内建设，拆除运河沿岸洗车场14个。2001年，市环境保护局以环保机构建设与环境污染整治为重点开展调查，向市委、市政府提交《关于加强环境保护工作的几点建议》《东莞市水污染问题及防治对策》《关于办理加强生态环境保护与建设，促进经济社会可持续发展的议案的工作方案》等，草拟《关于贯彻珠江三角洲水质保护条例的工作意见》。是年，市政府作出系列加强环境保护工作的决策：拨出300万元，用于请有关环境科研单位对全市水污染状况和垃圾处理状况进行调研，编制污染整治规划；加快实施以东引运河治理工程为重点的一批环境治理骨干工程，提出治理运河的"一项龙头工程（市区污水处理厂），两项清理工程，三项基础设施建设"思路，加快污染治理进程。2002年8月，市政府专题召开东莞运河流域清理污染源动员会议，其中布置全市畜禽养殖业污染整治，要求以东江、东莞运河两岸的养殖场为清理、治理重点，实行清理与治理相结合，分期分批实施，最终实现清理、治理整顿养殖业，使畜禽养殖业排放污水达到国家和省规定的排放标准。

相关基础设施建设同步推进，力度明显增强。实施的主要工程措施是扩河建闸，疏浚河道，加快引东江淡水，改善运河水质，同时规划建设樟村水质净化厂、市区污水处理厂等专项治污环保设施。1991年9月，市投入1650万元，将运河石鼓水闸至双岗银河口段（13.2千米）河底宽由20米扩宽到30米，新建新基水闸一座，4孔净宽20米；石角水闸一座，2孔净宽12米。1993年10月，投入1700万元，建设运河莞城北门桥至新楼桥护岸工程，在改善莞城交通、市容、环境卫生的同时，助力改善运河水质。1995年冬，重建运河樟村水闸，由3米单孔水闸改建为5米2孔箱涵。1996年5月，投资1000多万元，扩宽东门河，新开草塘排渠，畅通莞城雨水排入运河。同年12月，运河莞城、博厦段和细村段混凝土护岸工程（2.15千米）及河道清淤工程（6千米）竣工，完成投资1480万元，对改善运河水质有一定帮助。1997年6月23日，市区运河两岸改造工程竣工，该区段交通状况得到改善，同时减轻运河水质污染。1999年，东引运河综合整治工程列入东莞市"三个一百"重点水利工程项目，2000年8月成立东引河整治工程指挥部，逐步实施磨碟口水闸、镇口水闸及镇口节制闸重建，运河中段48.25千米河道清淤，下游27.3千米河堤加固等主要工程和樟村提水泵站、寒溪河东段综合整治、磨碟口水闸上游二期护岸工程等配套工程。至2003年底，主要工程项目及配套项目全面完成，运河排洪（污）能力及引水能力均有所提高，水污染明显缓解。其间，2000年10月樟村泵站开工建设，一年后竣工。2001年9月，市区污水处理厂一期工程开工建设，次年9月竣工，10月试产。2003年3月，樟村水质净化厂一期工程动工建设，2005年开始投入试运行。

此阶段东江水位不断下切，运河源头建塘引水口无法引水，建塘水闸于1997年永久封堵，运河污染压力加大。世纪之交，东莞专门制定实施运河治理的规范性文件、整治方案，首次开展并完成一次系统化的全面整治，建设分散式污水处理厂、抽水泵站、樟村水质净化厂、市区污水处理厂等一批配套的治污骨干工程，这对遏制运河水质污染，扭转经济快速发展而生态环境质量急剧下滑不利局面发挥重要作用。但由于当时市区仍有市桥河、白马河、周溪河和三禾市河4条河的污水未进行截污，运河东岸不少于50个排污口和8条排污河渠未进行截污，污水处理厂的处理能力相对于服务区域的污水产生量来说有所不足，对运河的污染削减有限。

市区污水处理厂

市区污水处理厂又名石鼓污水处理厂，位于东莞南城街道石鼓社区王洲运河畔，是东莞进行环境治理的重点工程之一。20世纪90年代，东莞市区尚未形成完整的城市污水系统，所有污水经过雨水渠和天然河沟排入运河，对运河造成严重污染，导致城市环境质量下降，市政府决定建设此工程。

▲ 市区污水处理厂（2023年）

第四章 运河治理保护

市区污水处理厂总建设规模为日处理污水40万吨，占地面积约46万平方米，工程分三期建设。首期工程日处理污水10万吨，占地约18.5万平方米（按20万吨每日考虑），污水处理采用厌氧—氧化沟工艺，出水指标按照国家现行一级排放标准。截污主干管沿运河东路敷设，连接次干管。主干管由东城柏洲边至篁村石鼓，总长14.77千米，其中大王洲桥至石鼓12.2千米，管径1.2米～2.6米不等，按总规模一次建成；次干管36.62千米。市区段主干管（红荔路口至南城新基）采用顶管方法施工。工程于2001年9月正式动工，2002年9月竣工，10月20日试产。污水收集范围包括莞城、南城、东城、万江街道南面组团的生活污水，服务面积96平方千米。外辖新基、珊洲河、水濂山、下桥、草塱五座污水泵站，负责市区截污管网系统的巡查、维护、清淤工作。二期工程于2004年8月投入试运行，设计处理能力为10万吨每日，采用厌氧、缺氧—氧化沟工艺。三期工程设计处理能力提高到20万吨每日，采用多模式厌氧、缺氧—氧化沟工艺，于2012年12月投入试运行。经处理后的尾水，水质符合国家《城镇污水处理污染物排放标准》（GB 18918-2002）一级B标准。市区污水处理厂建成投产以来，生产实行全过程控制，出水水质达标率100%，市环保监测站抽检达标率100%，保证出水达标排放，最大限度地降低对环境的影响，为运河水质的改善发挥了重要作用。

市区污水处理厂先后申请并获得1SO900115014001、OHSAS18001等体系认证，成为东莞市第一家同时通过三标认证的污水处理厂，获得"全国先进城市污水处理厂""广东环保先进单位特别贡献奖"等众多荣誉称号，是东莞对外宣传环保的窗口之一，具有良好的工程效益、环境效益、社会效益和经济效益。

樟村水质净化厂

樟村水质净化厂位于东莞东城街道樟村运河畔，占地总面积23.3万平方米，是全国日处理污水能力最大的河道水质净化厂，是东莞市最大的污水处理综合工程，也是世界上最大的水质净化厂。主要作用是拦截运河水引入厂区，将水中悬浮物、色素、有机污染物等处理后重新排入运河，

▲ 樟村水质净化厂（2021年）

以改善运河水质。工程总设计日处理规模360万立方米，其中一期日污水处理能力260万立方米，二期日污水处理能力100万立方米。首期工程建筑面积1.03万平方米，工程概算投资5亿元，其中水质净化厂投资4.8亿元，配套工程投资0.2亿元，采用化学一级强化处理工艺，于2003年3月全面开工建设，2005年开始投入试运行。同年针对试运行暴露出的问题进行不停产整改，除改造部分设备、改进生产工艺等外，对药物、污泥、设备

零配件验收制定了一套严格的验收程序和设备管理制度,并实行每月"三检查"制度(定期对生产安全、设备管理、劳动纪律进行检查),根据生产需要有计划地安排部分生产员工分批到省内优秀污水厂进行周期培训,2006年完成整改,生产走上正轨,实现日污水处理能力260万立方米满负荷运作,后通过工艺升级又增加了降氨氮能力,处理效果得到提升。二期工程因后续运河治理方案优化及工程处理深度低(起初氨氮去除率只有约5%)等未予实施。目前,樟村水质净化厂约能处理运河樟村断面65%的枯水期污水,主要污染物化学需氧量、生化需氧量、悬浮物、色度和浊度的平均去除率分别为50.7%、36.2%、62.5%、89.5%和86.9%,部分排水指标优于污水处理厂二级排放标准,其中,化学需氧量和溶解氧平均浓度甚至可满足地表水Ⅴ类标准的要求,有效改善运河城区段的水质及市区环境。

樟村泵站

樟村泵站位于运河东城樟村段,属于由东江向运河补水泵站,工程建设规模中型,主要作用是生态活源,通过提东江水入运河进行生态补水,加强河道水动力,保障河道生态环境,保持运河水景观。该工程于2000年10月开工建设,2001年10月竣工投入使

▲ 樟村泵站(2005年)

用,2017年对泵站进行扩容升级,于2018年7月完成设备更新改造(含闸站自动化控制整合)。改造后共装机6台900QZB-100型潜水轴流泵,总装机容量为1500千瓦,总设计流量为21立方米/秒。樟村泵站建成投入运行以来,对改善运河水质特别是城区段水质效果明显,在改善东莞市中心区及运河莞城段的水环境、提升东莞城市形象等方面发挥着重要的工程效益。

三、面上治污(2003—2007年)

新世纪开启,党中央提出树立科学发展观、构建和谐社会的重大战略思想,制定《国家环境保护"十五"计划》。党的十六大明确将环境保护列入全面建设小康社会的总体目标,把增强可持续发展能力、改善生态环境作为全面建设小康社会的四项重要目标之一,给环境保护带来前所未有的大好机遇和严峻挑战。为落实科学发展观和环境保护"十五"计划,国家制定颁布一系列环境保护相关的法律法规,第一部循环经济立法《清洁生产促进法》出台,标志着我国污染治理模式由末端治理开始向全过程控制转变。2003年起,国务院六部门联合在全国开展"整治违法排污企业 保障群众健康"环保专项行动。2005年,

国务院发布《关于落实科学发展观加强环境保护的决定》，是指导当时经济、社会与环境协调发展的纲领性文件。2006 年，第六次全国环境保护大会提出，新形势下的环保工作加快实现具有方向性、战略性、历史性的"三个转变"：从重经济增长轻环境保护转变为保护环境与经济增长并重，从环境保护滞后于经济发展转变为环境保护与经济发展同步，从主要用行政手段保护环境转变为综合运用法律、经济、技术和必要的行政办法解决环境问题，标志着中国环境保护工作进入以保护环境优化经济增长的新阶段，是中国环境保护发展史上一个新的里程碑。广东省委省政府树立和落实科学发展观，在水环境保护上重点加强流域水污染控制，针对珠江流域水污染与经济高速发展不协调的状况，2002 年起，以 8 年为期（2002—2010 年），确立"一年初见成效、三年不黑不臭、八年江水变清"目标，部署实施涉及东莞在内 14 个地市的珠江综合整治，与各地市逐个签订《珠江整治责任书》，开启南粤大地第二轮大规模治水行动。2003 年起，又全面实施治污保洁、环保基础设施建设两大工程。2004 年进一步加强顶层设计和规划引领，编制《珠江三角洲环境保护规划》，2005 年印发实施《珠江三角洲环境保护规划纲要（2004—2020 年）实施方案》《广东省环境保护规划》，泛珠三角区域签署协议开展环境保护合作。到 2006 年，全省环境污染加剧的趋势初步得到遏制，初现环保拐点，但总的形势仍然严峻。

贯彻科学发展观，落实国家对于环境保护工作"三个转变"的要求，全面履行省部署的珠江综合整治责任，东莞把水环境治理摆上更重要的议事日程，加快运河水污染防治的步伐。2002 年，东莞提出创建国家环境保护模范城市的目标，以此为抓手，开启八年艰苦创建努力，先后制定《东莞市创建国家环境保护模范城市实施方案》，出台《东莞市创建国家环境保护模范城市规划》，实施全覆盖治理城乡环境、全过程强化企业监管、全市域加强生态建设、全民化推进社会参与、全方位提升环保能力等具体措施，全面加强以运河整治为重要对象的环境保护和环境治理。当时，东莞撤县建市后没有编制全市范围的污水处理工程建设专项规划，污水系统布局过于分散，规模偏小，缺乏规模经营效益，水处理成本过高，城市生活污水处理率低，而污水总量仍在增加，部分河流已受到严重污染，城市排水系统和污水治理系统承受很大压力，工程建设远落后于城市发展速度，洪涝灾害和水污染越来越严重，欠账越来越多。污水处理能力不足成为环境治理的突出短板，成为创建国家环境保护模范城市首先要解决的问题。2003 年，东莞以工程建设为龙头开展全市水环境综合整治，出台具有里程碑意义的指导文件《东莞市污水处理工程建设规划（2003—2020 年）》，顶层设计和指引全市污水治理工程建设，配套河流水系综合整治、面源污染综合整治、垃圾处理厂建设、东江梯级开发可行性研究、产业结构和布局调整、加强用水监督和环保监管等系列措施，范围包括市域 4 区 28 镇，主要集中在运河流域（含寒溪河）、石马河流域、南畚塱流域、挂影洲中心涌和东江下游河网片，拉开东莞有史以来最大规模污水处理工程和污水管网建设的序幕。规划年限分为近期 2003—2005 年，中期 2006—2010 年，远期 2011—2020 年，共规划建设 37 座污水处理厂，826 千米截污主干管，其中在运河流域规划建设污水处理厂 21 座（不含樟村水质净化厂），建设规模为 411.5 万立方米/天，包括寒溪河片污水处理厂 7 座，建设规模为 151.5 万立方米/天，南畲塱排渠污水处理厂 1 座，建设规模为 30 万立方米/天，其他镇区 13 座，建设规模为 230 万立方米/天。2005 年统计，东莞在全国首开先河，大规模进行城市污水处理主体工程等环保基础设施 BOT 项目建设，吸引社会资金 31.1 亿元，至 2006 年底，建成运营污水处理厂 18 座，总处理规模 307.9 万吨/日（其中，一级处理 265 万吨/日，二级处理 42.9 万吨/日）。另外，东莞不断健全环境资源收费政策。按照"谁污染，谁交费"和"保本微利"的原则，制定完善城市生活污水、城市生活垃圾、医疗废物等处理处置收费政策，为大规模推进环保基础设施建设及市场化运营提供资金保障。大面积的污水处理工程建设，从源头上加强污水的收集与处理，是运河污水治理最关键的一环，为后来的全面治水攻坚战奠定工程基础。

在大规模建设污水处理厂的同时，配套开展全市内河涌污染治理。2003 年，全市村镇规划建设暨水环境治理工作会议召开，印发《东莞市各镇（街道办事处）2003 年水环境综合整治任务》，提出以"一片三线"（市区片、广深高速沿线、东引运河沿线、东深沿线）为重点整治区域，当年全市整治内河涌 37 条，清淤疏浚 87.1 千米。2004 年对流经镇、村中心区及污染较重的内河涌进行全面清淤、修建堤岸和两岸绿化，整治 61 条（段）总长 195 千米内河涌，清理污泥 52.2 万吨。同步在全市范围内开展"四清理"行动（清理违法搭建、清理违法用地、清理无证照经营、清理畜禽养殖业）和"五整治"行动（整治生态环境、整治环境卫生、整治旧村、整治农贸市场、整治"六乱"），其中动员全市力量深入整治畜禽养殖业污染，对禁止养殖区内的畜禽养殖场全面清拆，对非禁止养殖区的养殖场进行规范管理，2003 年、2004 年两年累计清拆畜禽养殖场 7241 个，减少养殖场对水环境的污染。2005 年，东莞正式递交创建国家环境保护模范城市申请，进一步加大内河涌污染整治力度，从污水处理费中专项列支经费治河，最大限度地消除水体"黑臭"现象。2005 年 7 月市印发《东莞市重点污染企业整治方案》，加强污染企业管理，以突出重点、分类治理、优化整合和到期关闭为原则，对"四纯两小"企业实行到期一家，关闭一家，东莞企石金威（康记）五金厂（纯电镀，允许废水排放量 300 吨/天）、东莞市乐升植绒有限公司（漂染，允许废水排放量 100 吨/天）等重污染企业相继关闭或关停污染工序。总体上，这时段运河水质受上游及沿线生活污水和部分工业废水的影响，污染物以化学需氧量和氨氮为主，监测河段水质有时达不到地表水功能区水质标准，2004 年舍运河保东江，将石马河污水调入运河后，污染压力进一步增大。为全面落实省委、省政府的珠江综合整治整体目标，东莞市委、市政府高度重视治理运河水质，市环保局联合水利、城管、建设等部门从 2005 年 10 月开始，在完成 1999—2003 年"三个一百"工程中百千米东引运河整治的基础上，着手深入系统地开展以水污染治理为主要任务的运河综合整治，聘请中国环境科学研究院调查运河水质污染和污染源情况，完成东莞运河水质污染整治工作方案。2006 年，联合中国环境科学研究院编制《东莞运河综合整治方案》《东莞市内河涌整治规划》，11月6日第36次市委常委、副市长联席会议讨论通过，确定由市水利部门统筹落实相关整治，运河治理保护开始进入新阶段。

总体上，面上治污阶段，东莞市制定实施跨越十七年的污水处理工程建设规划，启动建设有史以来最大规模的污水处理工程建设，采取BOT形式投入约32.9亿元新建（扩建）污水处理厂37家，投入4亿元建设主城区范围的截污管网20千米，投入73.94亿元建设配套截污主干管863.96千米。到2015年底这些工程基本建成并投入使用后，运河水质取得明显改善，城区段基本实现不黑不臭。

表4-10　2003年规划前东莞市污水处理厂建设状况表

序号	名称	建设规模（万立方米/天）	备注
一	已建污水处理工程		
1	*市区污水处理厂（一期）	10	运河流域
2	塘厦白泥湖污水处理厂	1.5	2010年废除
3	塘厦林村污水处理厂（一期）	6	
4	凤岗雁田污水处理厂	1.5	2010年废除
5	凤岗油甘埔污水处理站	0.36	2005年废除
6	凤岗圩镇污水处理站	0.24	2005年废除
7	樟木头污水处理站	0.5	2005年废除
8	清溪污水处理站	0.5	2005年废除
9	常平陈屋贝污水处理站	0.3	2010年废除
	小计	20.9	
二	在建污水处理工程		
1	*东引运河樟村水质净化厂	260	运河流域
2	*市区污水处理厂（二期）	10	运河流域
3	清溪污水处理厂	2	
4	樟木头污水处理厂	2	

续上表

序号	名称	建设规模（万立方米/天）	备注
5	凤岗虾公潭污水处理厂	2	
6	塘厦石桥头污水处理厂	2	2020年废除
7	樟木头镇中心区排污口整治工程	1	2010年废除
8	凤岗虾公潭排污口整治工程	2	2010年废除
9	塘厦林村污水处理厂（二期）	6	
	小计	287	
	合计	307.9	

*号表示该污水处理工程位于运河流域。

表4-11　2003—2020年运河流域污水处理工程建设规划表

序号	项目名称	分期（年）	建设规模（万立方米/天）	干管长度（米）	厂内投资估算（万元）	干管投资估算（万元）	污水厂占地面积（公顷）	污水处理厂厂址	污水厂服务区域
1	黄江污水处理厂	近期 2003—2005	4	16920	4800	5351	5.6	黄江河西侧	黄牛埔以南区域
		中期 2006—2010	—	—	—	1251			
		远期 2011—2020	4	—	4800	980			
		小计	8	16920	9600	7582			
2	大朗、黄江、松山湖南部合建污水处理厂	近期 2003—2005	12	42265	10800	15920	22	水口村东部、寒溪河西侧	大朗全镇、黄江镇黄牛埔以北区域、松山湖松木山水库东南区域
		中期 2006—2010	12	—	10800	8986			
		远期 2011—2020	18	—	16200	3622			
		小计	42	42265	37800	28528			

续上表

序号	项目名称	分期（年）	建设规模（万立方米/天）	干管长度（米）	厂内投资估算（万元）	干管投资估算（万元）	污水厂占地面积（公顷）	污水处理厂厂址	污水厂服务区域
3	横沥、东坑合建污水处理厂	近期 2003—2005	7	46160	7000	13399	12	神山工业区	横沥镇除三江和东兴工业园外全镇的范围及东坑镇全镇区域
		中期 2006—2010	5	—	5000	7704			
		远期 2011—2020	12	—	10800	3335			
		小计	24	46160	22800	24438			
4	寮步镇污水处理厂	近期 2003—2005	10	47000	9000	14198	12.5	竹园村	寮步镇全镇区域
		中期 2006—2010	5	—	5000	3928			
		远期 2011—2020	10	—	9000	5036			
		小计	25	47000	23000	23162			
5	松山湖北部污水处理厂	近期 2003—2005	5	6950	5000	5221	12	松山湖北区西北角	西北部区域，松山湖北区、西区、中心区
		中期 2006—2010	5	—	5000	2344			
		远期 2011—2020	10	—	9000	916			
		小计	20	6950	19000	8481			
6	大岭山污水处理厂	近期 2003—2005	8	16600	8617	8880	12.48	连马路同沙水库侧	大岭山镇
		中期 2006—2010	8	—	6084	—			
		远期 2011—2020	4	6460	3554	5196			
		小计	20	23060	18255	14076			

续上表

序号	项目名称	分期（年）	建设规模（万立方米/天）	干管长度（米）	厂内投资估算（万元）	干管投资估算（万元）	污水厂占地面积（公顷）	污水处理厂厂址	污水厂服务区域
7	茶山镇污水处理厂	近期 2003—2005	5	16540	5000	5921	8	坑口埔	铁路以南区域
		中期 2006—2010	2.5	—	3000	2951			
		远期 2011—2020	5	—	5000	1057			
		小计	12.5	16540	13000	9929			
8	常平镇东部污水处理厂	近期 2003—2005	7	19985	7000	9269	12	沙湖口	常平镇以东、桥头属于东部工业园的部分
		中期 2006—2010	4	—	4800	3260			
		远期 2011—2020	9	—	9000	2142			
		小计	20	19985	20800	14671			
9	常平镇西部污水处理厂	近期 2003—2005	6	15420	6000	7610	9.6	猪头山	常平镇铁路西部
		中期 2006—2010	3	—	3000	5753			
		远期 2011—2020	7	—	7000	2283			
		小计	16	15420	16000	15646			
10	桥头镇污水处理厂	近期 2003—2005	4	18945	4800	6896	9.6	朗厦区小海河西侧	桥头镇全镇
		中期 2006—2010	4	—	4800	3076			
		远期 2011—2020	8	—	8000	1772			
		小计	16	18945	17600	11744			

续上表

序号	项目名称	分期（年）	建设规模（万立方米/天）	干管长度（米）	厂内投资估算（万元）	干管投资估算（万元）	污水厂占地面积（公顷）	污水处理厂厂址	污水厂服务区域
11	企石镇东部污水处理厂	近期 2003—2005	2	9690	2400	2373	5.6	江边管理区、小海河北岸	企石镇东部（湖滨北路以东）
		中期 2006—2010	2	—	2400	3916			
		远期 2011—2020	4	—	4800	964			
		小计	8	9690	9600	7253			
12	东城区牛山污水处理厂	近期 2003—2005	3	—	4678	3250	3.5	东城区牛山	东城区
		中期 2006—2010	—	—	—	—			
		远期 2011—2020	3	—	1543	1250			
		小计	6	—	6221	4500			
13	市区污水处理厂	近期 2003—2005	10	14770	20200	35800	46	南城区石鼓管理区	东莞市旧城区、南城区、道滘镇蔡白村、万江区胜利围、东莞水道以东地区
		中期 2006—2010	10	—	14400	25600			
		远期 2011—2020	20	—	—	—			
		小计	40	14770	34600	61400			
14	厚街镇涌口污水处理厂	近期 2003—2005	10	25900	12486	11776	12	涌口村	厚街镇宝桥路—桥南路—创业路以北地区
		中期 2006—2010	5	—	3070	—			
		远期 2011—2020	5	—	3070	8443			
		小计	20	25900	18626	20219			

续上表

序号	项目名称	分期（年）	建设规模（万立方米/天）	干管长度（米）	厂内投资估算（万元）	干管投资估算（万元）	污水厂占地面积（公顷）	污水处理厂厂址	污水厂服务区域
15	厚街镇沙塘污水处理厂	近期	—	—	—	—	7	沙塘村西南角，东引运河东岸	厚街镇宝桥路—桥南路—创业路以南地区
		中期 2006—2010	5	—	6221	4894			
		远期 2011—2020	5	—	4574	3192			
		小计	10	—	10795	8086			
16	沙田镇福禄沙污水处理厂	近期 2003—2005	3	—	4381	5634	6.57	福禄沙村以西、过江电缆以南	东江南支流、狮子洋与淡水湖支流之间地区
		中期 2006—2010	3	—	2842	6402			
		远期 2011—2020	3	—	2842	3466			
		小计	9	—	10065	15502			
17	虎门镇路东污水处理厂	近期 2003—2005	10	26110	10787	16093	21.33	路东村东部旧围	虎门镇太平水道以北地区
		中期 2006—2010	10	22260	7918	16522			
		远期 2011—2020	20	—	14886	6599			
		小计	40	48370	33591	39214			
18	虎门威远岛污水处理厂	近期	—	—	—	—	4.25	武山沙村五围涌	虎门镇威远岛
		中期 2006—2010	2.5	8500	3977	3217			
		远期 2011—2020	2.5	4400	2397	2411			
		小计	5	12900	6374	5628			

续上表

序号	项目名称	分期（年）	建设规模（万立方米/天）	干管长度（米）	厂内投资估算（万元）	干管投资估算（万元）	污水厂占地面积（公顷）	污水处理厂厂址	污水厂服务区域
19	长安镇新民污水处理厂	近期	—	—	—	—	12	新民村	长安镇西部地区
		中期 2006—2010	10	23670	10731	12792			
		远期 2011—2020	10	8290	7896	8046			
		小计	20	31960	18627	20838			
20	长安镇三洲污水处理厂	近期 2003—2005	10	—	10731	4540	12	锦厦村	长安镇镇中心区所在的东部地区
		中期 2006—2010	—	—	—	4633			
		远期 2011—2020	10	—	7897	2302			
		小计	20	—	18268	11475			
21	南畲塱污水处理厂	近期 2003—2005	10	—	9230	8274	16	石排镇谷吓管理区西南	石排镇、企石镇西部、茶山铁路以北区域、横沥镇三江工业园区、石龙镇西湖片区
		中期 2006—2010	10	—	9000	4681			
		远期 2011—2020	10	—	9000	2512			
		小计	30	—	27230	15467			

四、综合治理（2007—2018 年）

"十一五"后，国家进一步加大环境保护力度。2007 年 10 月，党的十七大提出加快建设资源节约型、环境友好型社会，首次把建设生态文明作为一项国家战略任务。2012 年 11 月，党的十八大首次单篇论述生态文明，把生态文明建设摆到中国特色社会主义事业"五位一体"总体布局的战略位置，明确建设"美丽中国"宏伟目标。2014 年，环境保护部将创建国家生态市提档升级为创建国家生态文明建设示范市。2015年1月1日，"史上最严"的新《中华人民共和国环境保护法》开始施行；2015年4月，《水污染防治行动计划》（简称"水十条"）发布实施。第一轮中央环保督察于2015年在河北展开试点后，2016年7月，由环境保护部牵头，中纪委、中组部参与的中央环保督察全面启动，是党中央为推动生态文明建设和加强生态环境保护而采取的一项重大改革举措。2017年10月，党的十九大将生态文明建设提升到中华民族永续发展千年大计的新高度。2018年组建生态环境部。同年5月，首次以"生态环境保护"为主题的全国生态环境保护大会召开，习近平总书记出席会议并发表重要讲话，是我国生态文明建设和生态环境保护发展历程中规格最高、规模最大、影响最广、意义最深的历史性盛会，大会确立习近平生态文明思想，是新时代建设生态文明和美丽中国的指导方针和根本遵循。6月，中共中央、国务院出台《中共中央 国务院关于全面加强生态环境保护 坚决打好污染防治攻坚战的意见》，全面打响蓝天、碧水、净土三大保卫战。在国家对环境保护工作的大力推动下，2011年，广东省委省政府出台《中共广东省委、广东省人民政府关于进一步加强环境保护推进生态文明建设的决定》。2013年，广东省政府公布《南粤水更清行动计划（2013—2020年）》，以"三年新突破，八年水更清"，扎实构建人水和谐新格局为目标，实施广东新一轮治水举措。2015年7月1日正式实施《广东省环境保护条例》，是新环保法实施后全国首个配套的省级地方性环保法规。为落实2015年国家"水十条"和接受2016年第一轮中央环保督察，省强势推进水环境综合整治，2016年省委省政府成立由时任书记胡春华任组长、省长朱小丹任副组长的珠三角区域水污染防治协作小组，聚力地表水国考断面达标攻坚，加快推进生活源、工业源、农业源污染治理。2018年6月30日，印发《广东省打好污染防治攻坚战三年行动计划（2018—2020年）》，当年开展并完成首轮省级环保督察，全省上下形成众志成城治污攻坚的良好态势。

东莞抢抓生态文明建设机遇，变国家和省的环保督察考核及创先创模压力为全市治污动力，进一步大抓环境保护和污染治理。2007—2010年是东莞创建国家环境保护模范城市和落实珠江整治责任目标的关键期、冲刺期，水污染治理是一项系统工程，只靠继续建设污水处理厂和截污主干管网是无法解决水污染问题的，必须采取一系列配套措施进行综合治理。运河水环境质量是接受国家、省考核的一个关键指标，东莞把运河整治作为促进全市经济社会双转型的一个战略支撑重点来抓，在继续落实前阶段污水处理工程建设规划进行面上治污的基础上，2007年，东莞市进一步强化运河治理统筹，6—8月，东莞市委、市政府先后三次召开东引运河城区段整治方案技术讨论会。10月30日，市政府实地考察观澜河与石马河交界河段、石马河调污工程、南畲塱调污工程等，深入了解运河水污染的现状，提出针对性治理措施。12月25日，东莞市专项制定发布运河综合整治"1+5"方案（即一个总体方案：《东莞市运河综合整治工作实施方案》；五个专项方案：《东莞运河污水净化工程建设实施方案》《东莞市运河综合整治清淤、活源工作实施方案》《东莞市运河面源整治工作实施方案》《东莞市东引运河路堤及景观工程建设实施方案》《东莞生态园水系整治工作实施方案》），以"截污、清淤、活源、治堤"（"截污"是完善截污管网建设，对污水进行净化处理；"清淤"是清理面源污染和河底淤泥；"活源"是抽取东江水对运河进行补水、稀释；"治堤"是对河堤进行加固、修整、绿化）为总体思路，整治范围除运河流域（含寒溪水、生态园内水系）外，拓展到与运河水系相关联的石马河流域及相关镇街内河涌，以及挂影洲中心涌，目标是将运河及各水系整治为"安全河、清水河、景观河"。运河综合整治"1+5"方案的发布实施，防洪、排涝、治污并举，同时进行水景观建设，范围更广，内容更具体，程度也更深入，是东莞水生态文明城市建设的关键举措，标志运河整治进入综合治理历史新阶段。12月27日，全市运河整治动员大会召开，运河综合治理全面推开。其后，因资金、用地等要素限制以及不同时期全市重点工作安排，方案中的部分项目建设内容和时间在原规划和实施计划上，科学适当地进行项目增减、内容变更、时间顺延等调整，服从服务生态文明建设和全市经济社会发展中心工作。

（一）组织统筹

根据《东莞市运河综合整治工作实施方案》，2007年10月29日，东莞市高规格成立运河整治工作领导组，由市长挂帅担任领导组组长，负责统一领导、协调运河综合整治过程中的有关工作。领导组下设办公室，由分管副市长担任办公室主任，并依托市委秘书四科设立市运河整治办，统筹协调运河整治工作，明确运河综合整治目标、整治范围、工作内容及分工、组织领导、工作计划安排等内容。2009年9月，成立运河综合整治工程建设指挥部，全力推动运河综合整治工程的建设。同年10月，市委、市政府为进一步加强运河整治办的力量，将市运河整治办调整充实为实体组织，在领导组成员单位抽调人员负责办公室日常工作。2010年，市运河整治办探索建设新模式，将原来市政府统筹并实施建设的单一模式改为市政府统筹并按有关标准补贴、积极鼓励镇街自行实施运河综合整治工程建设的新模式，提高镇街对运河综合整治的积极性和主观能动性，提升运河综合整治的效率，先后有虎门、凤岗、横沥、长安、常平、厚街、东坑、塘厦等镇街申请自行实施。2012年，污水处理工程全面投产，路堤工程局部通车，生态园治水工程基本完成，运河整治初见成效，城区段基本实现不黑不臭。同年，东莞市撤并原东江引水工程管理处、石马河流域管理处、挂影洲围管理处三大流域管理单位，组建东莞市运河治理中心，进一步强化运河综合治理职能，加大统筹协调力度。2014年，市政府规定运河整治主干河道（包括水利工程及景观建设、清淤疏浚）公共基础设施项目由市财政全额投资，截污管网工程由市财政与镇街财政按5∶5比例分摊共同投资，并设立运河综合整治专项资金，由运河整治办统筹用于运河综合整治项目，加大运河综合整治的投入，进一步规范工程建设六阶段报建程序。2016年水污染治理攻坚战全面打响后，运河整治领导机构先后接受市污水治理设施建设工程总指挥部、市水污染治理指挥部领导，后变更为市东引运河流域综合整治现场指挥部，一直持续组织推进运河整治。

（二）责任分工

市运河整治办负责统筹工作计划，协调解决工程建设过程中的相关问题，督导工程的进度。市城乡规划局负责河堤及景观规划设计，做好设计论证、审核把关工作。运河整治设计联合体由广东省水利电力勘测设计研究院作为牵头单位，成员单位包括东莞市城建规划设计院、水利勘测设计院。市水务局负责东引运河、寒溪水流域、石马河流域、挂影洲中心涌等主干河道的清淤工作的组织实施；市污水治理中心负责指导各镇街开展污水处理厂及配套截污主干管网工程和截污次支管网工程建设；东引运河、石马河、挂影洲围等流域管理单位负责落实各流域主干河道整治工程前期工作和已建工程管理。市城建工程管理局负责组织河堤和道路景观结合工程施工建设。市城市管理局牵头负责面源整治工程相关工作，并建立、完善运河水上环卫保洁长效机制。东莞生态园管委会负责东莞生态园治水工程的组织实施，工程涉及的相关管理部门按职责行使行政审批权。各属地镇街负责运河整治工程的征地拆迁工作，组织实施辖区内截污次支管网工程和内河涌整治工程。

（三）文件依据

运河综合整治除依照"1+5"方案开展外，响应中央和省有关生态环境保护和治水工作的部署，便于运河整治工作顺利推进，东莞市委、市政府先后出台多项相关重要文件，为运河综合治理提供依据和保障。

表4-12　2007—2020年运河综合治理阶段相关市级指导性文件目录表

序号	文件名称	发文字号
1	东莞市运河综合整治工作实施方案	东府办〔2007〕132号
2	东莞运河污水净化工程建设实施方案	东府办〔2007〕133号
3	东莞市运河综合整治清淤、活源工作实施方案	东府办〔2007〕134号
4	东莞市运河面源整治工作实施方案	东府办〔2007〕135号
5	东莞市东引运河路堤及景观工程建设实施方案	东府办〔2007〕136号
6	东莞生态园水系整治工作实施方案	东府办〔2007〕137号
7	东莞市公共基础设施建设项目征地拆迁补偿标准规定	东府办〔2009〕99号
8	关于进一步加强环境保护推进宜居生态城市建设的实施意见	东府〔2011〕88号
9	全市截污次支管网工程建设实施方案	东府办〔2012〕187号

续上表

序号	文件名称	发文字号
10	东莞市创建国家生态市实施方案	东府办函〔2013〕437号
11	东莞市南粤水更清行动计划（2013—2020年）实施方案	东环〔2013〕140号
12	关于运河综合整治项目建设程序问题的复函	东府办复〔2014〕107号
13	东莞市公共基础设施项目投资市镇分担暂行办法	东府〔2014〕11号
14	东莞市水生态文明城市建设试点实施方案（2014—2016）	东创水办〔2015〕2号
15	东莞市水污染防治行动计划实施方案	东府〔2016〕17号
16	东莞市生态文明先行示范区建设行动计划	东府办〔2016〕79号
17	关于推动美丽东莞建设满足人民日益增长的优美环境需要的若干意见	东府〔2018〕1号
18	东莞市创建国家生态文明建设示范市实施方案	东府〔2018〕84号
19	东莞市打好污染防治攻坚战三年行动计划（2018—2020）	东办字〔2018〕65号

（四）污水净化

市环保局负责落实，成立污水净化工程建设专项工作小组，由局主要领导任组长，专项工作小组下设办公室，负责污水净化工程建设的统筹组织工作。中国环境科学研究院及相关的规划设计单位为技术支撑单位。专项工作小组办公室内设截污主干管工程建设组、截污次支管网工程建设组、污水处理厂及综合配套工程建设组和生态修复工程建设组四个工作组。主要任务目标是开展污水处理厂及配套截污主干管网工程、截污次支管网工程、水体修复工程、快速除黑除臭工程、污泥处理工程、潲水处理厂工程、医疗固废处理厂工程、水质监控工程等项目建设，使运河入河排污总量得到控制，水质近期实现不黑不臭，远期达到Ⅳ类水质的目标。

2007年，东莞市环保局制订《东莞运河污水净化工程建设实施方案》，提出河涌污水净化的具体措施，包括采取自然跌水充氧、生态浮岛、微生物絮凝沉淀、建设湿地活水公园、建设水生生物保护带、建设底栖生物带等技术进行生态修复。制订应急工程措施。为尽快解决好运河城区段的黑臭污染问题，联合清华大学深圳研究院专家制订《东莞运河城区段消除黑臭方案》，采取高效纯氧曝气技术，争取在最短的时间内解决好运河中心段的黑臭问题。广泛开展技术试验。积极与各类型科研机构合作，采用国际、国内先进技术开展水体修复工程试验。从当年 5 月份开始，联合华中生物科技公司，在莞城珊洲河、南畲塱开展生物处理河涌污染技术试验。从 10 月份开始，联合中国环境科学研究院在桥头小海河、清溪茅輋渠开展生物—生态修复复合技术试验。通过试验，积累经验，储备技术，为全面治理打下基础。2008 年，市环保局编制《东莞运河截污工程方案》，在石排中心涌进行纯氧曝气快速消除黑臭试验。编制同沙水库污染整治方案。推进畜禽养殖业污染整治。检查运河和上游沿岸的排污企业 450 家，其中污染防治设施正常运转的 366 家，停产 12 家，关闭 15 家，搬迁 2 家，查处违法企业 15 家，发出限期整改通知书 40 份，基本摸清运河和上游沿岸排污企业情况，多举措推进源头截污。至 2010 年 10 月，东莞通过环保部创建国家环境保护模范城市考核验收时，累计完成投资超过 100 亿元，基本完成《东莞市污水处理工程建设规划》预定目标，成为领先全国的"镇镇有污水处理厂""污水处理城乡全覆盖"的地级市。当时全市基本建成污水处理厂 36 座（含规划内的 34 家 BOT 污水处理厂），其中二级污水处理厂 35 座、日处理污水 208.5 万吨，一级水质净化厂 1 座、日处理能力 260 万吨；另在建二级污水处理厂 2 座。建设截污管网总长 755.43 千米，配套次支管网工程全面启动，为东莞成功创建国家环境保护模范城市发挥了重要作用，助力当年珠江三角洲建成全国首个环保模范城市群。2010 年还建成与污水处理厂配套使用的市樟村水质净化厂污泥处置项目、市污泥处置中心黄江项目、圣茵环境科技有限公司污泥处置基地 3 个污泥处置处理项目。2011 年，东莞与广州、佛山、中山等市一起获评珠江综合整治工作优秀城市。据 2012 年 2 月统计，规划的 859.69 千米截污主干管工程任务基本完成。这些污水处理厂虽建成通过试运行验收，但由于主干管网还未完全接通，部分污水处理厂暂时抽取运河水运行。据 6 月统计，全市 34 家 BOT 污水处理厂中，有 32 家将污泥委托市污泥处置中心集中处置，累计处理上述污水处理厂污泥 7.55 万吨。2013 年，东莞全面启动创建国家生态市，实施东莞市南粤水更清行动计划，进一步部署水污染防治多个环境支撑体系重点项目建设，推进减排工程，完善城镇污水处理工程，新建截污次支管网 126 千米，34 家 BOT 污水处理厂污泥全部纳入集中处置。同年，东莞被水利部批准为全国首批水生态文明试点市之一。

2016 年，落实国家"水十条"，市政府印发实施《东莞市水污染防治行动计划实施方案》，出台《关于全面加强我市水污染防治工作的实施意见》，构建市级污染防治攻坚战指挥部、市级—流域现场—镇级三级治水指挥体系。实施《关于加快推进全市截污次支管网建设实施方案》《关于推进水污染防治责任清单制度的实施方案》，成立市长任总指挥的东莞市污水治理设施建设工程总指挥部，组建现场指挥部，当年新建成 260 千米截污管网，完成 4 家污水处理厂扩建，市污泥处置黄江中心基本消纳全市生活污水处理厂产生的污泥。同年，东莞接受中央环保督察组下沉督察。2017 年 10 月，东莞水生态文明城市建设试点通过水利部考核验收，获评第一批全国水生态文明城市。2018 年 9 月 3 日至 19 日，东莞接受广东省首轮第三批环境保护督察组环保督察，11 月 27 日首届粤港澳大湾区生态文明建设高峰论坛在东莞市举行。以上这些从 2016 年以来部署开展的重点工作任务，又进一步促进东莞市水污染治理源头截污和污水工程设施建设、提质。至 2018 年底统计，全市共建成运行污水处理厂 38 家（运河流域 21 家），累计建成截污管网 4115 千米。

表4-13　截至2018年底运河综合治理阶段东莞市污水处理厂网建设情况表

阶段划分	建成运营污水处理厂	建成截污管网
"十二五"以前（2007—2010年）	累计32家	新建1310.32千米
"十二五"期间（2011—2015年）	累计39家	新建251.87千米
2016年	累计42家	新建260千米
2017年	累计46家	新建767.81千米
2018年	累计59家	新建1525千米，累计4115千米

注：污水厂数据根据历年重点排污企业名录整理。

表4-14　2005—2020年运河流域污水处理工程规模情况表

镇街	污水集中处理工程	处理规模（万吨/日）		
		2005年	2010年	2020年
企石	企石污水处理厂	0（2）	4	8
石排	石排南畲塱污水处理厂	0（10）	20	30
横沥	横沥污水处理厂	0（15）	25	35
茶山	茶山污水处理厂	0（5）	7.5	12.5
黄江	黄江污水处理厂	0（4）	8	16
大朗	松山湖南部污水处理厂	0（10）	20	35
常平	常平西部污水处理厂	0（6）	6	12
	常平东部污水处理厂	0（7）	14	32
	常平陈屋贝污水处理厂	0.3	已废除	

续上表

镇街	污水集中处理工程	处理规模（万吨/日）		
		2005年	2010年	2020年
大岭山	大岭山污水处理厂	0（8）	16	20
	松山湖北部污水处理厂	0（5）	10	20
寮步	寮步污水处理厂	0（10）	15	25
东城	东城牛山污水处理厂	0（3）	3	6
	运河樟村水质净化厂	260	260	260
南城	市区污水处理厂	20	20	40
厚街	厚街沙塘污水处理厂	0（10）	15	25
	厚街涌口污水处理厂	0（5）	5	5
虎门	虎门宁洲污水处理厂	0（10）	20	40
	虎门海岛污水处理厂	0（2.5）	5	5
长安	长安新民污水处理厂	0（10）	20	40
	长安三洲污水处理厂	0（10）	10	15

注：2005年括号内数字为规划的污水处理规模，括号外的为实际运行规模。

企石污水处理厂（一期）

企石污水处理厂位于企石镇北端湖滨北路西侧、东引河北岸、沿江路以南的江边村空闲地区。规划总处理能力为16万吨/日，一期工程5万吨/日，采用BOT模式建设，建设单位为东莞市企石新锦源水务有限公司，采用A^2/O微曝氧化沟工艺，2013年7月建成投入运行，尾水达到一级A标准后排入运河。

▲企石污水处理厂（一期）（2013年）

常平西部污水处理厂

东莞市常平西部污水处理厂位于常平镇岗梓村东北角,占地面积16.04万平方米,采用BOT运作模式,由东莞市常平岗梓华南水质净化有限公司负责该项目建设、运营,2010年1月建成投入运行。一期用地6.86万平方米,其中建筑物占地面积1.486万平方米、道路面积1.15万平方米、厂区绿化面积4.224万平方米,建设规模一期6万吨/日。采用二级生物处理氧化沟工艺,处理流程为粗格栅处理—污水提升—细格栅处理—旋流沉砂处理—氧化沟处理—二次沉淀池—紫外线消毒—污水处理厂出水至运河寒溪河段。

▲常平西部污水处理厂(2016年)

横沥东坑合建污水处理厂

横沥东坑合建污水处理厂位于横沥镇神山工业区与东坑镇丁屋村交界处,承担着横沥、东坑两镇32个村委及社区生活污水的收集和处理任务,纳污面积77.5平方千米,服务人口约64.87万人。2013年1月正式建成投入运行,处理后污水经提升排入寒溪河,大大减少进入寒溪河流域的污染物排放量,改善横沥、东坑两镇水体质量及环境质量。

▲横沥东坑合建污水处理厂(2016年)

东莞市横沥东坑合建污水处理厂采用BOT运作模式,由东莞市德高水务有限公司负责建设、运营管理,合同期25年。污水处理厂设计处理规模12万吨/日,占地面积约6.9万平方米,其中建(构)筑物面积2.09万平方米、道路面积1.52万平方米、厂区绿化面积3.29万平方米,绿化率达47.7%。2018年增加提标工程,项目占地面积1.42万平方米,建筑面积1271.38平方米。污水处理系统采用改良型,经智能反硝化滤池提高出水标准,剩余污泥经过机械浓缩脱水一体化处理后交由具资质的单位外运。其工艺流程为:粗格栅及提升泵房—细格栅及旋流沉砂池—改良型A^2/O生化池—二沉池—反硝化智滤池—紫外线消毒系统—出水至运河寒溪河段。

黄江污水处理厂

黄江污水处理厂坐落于黄江河边,一期工程由广东建工环保股份有限公司(原名:东莞市黄江合路建工水务有限公司）以BOT模式负责运营，地处裕元工业区的西部、西环路以南，占地面积6.9万平方米（含一、二、三期），绿化面积3.2万平方米，纳污范围为黄江全镇生活污水。总体工程共分为三期（总规模16万吨/日），一期设计规模为4万吨/日，2007年7月开始动工建设，2009年3月完工，2009年7月开始试运行，同年9月底完成环保工程竣工验收。采用的工艺名称为改良型卡鲁赛尔2000氧化沟，

▲黄江污水处理厂（2022年）

采用厌氧—缺氧—好氧交替进行的模式来净化污水。二期及配套管网工程（以下简称"黄江二期"）由东莞市水务集团净水有限公司下属的东莞市石鼓污水处理有限公司负责投资、建设、运营。污水处理规模6万吨/日，采用改良A^2/O处理工艺，2017年9月动工建设，2019年7月1日投产运营。

东城牛山污水处理厂

东城牛山污水处理厂是东莞市第一批污水处理厂BOT特许权项目之一，厂址位于东莞市东城牛山老围村积善里，2008年5月正式投入运行，占地面积3.5万平方米。东莞市东城牛山污水处理服务有限公司负责运营的污水处理厂一期工程，总投资3780万元，日处理能力为3万立方米，采用循环式活性污泥法（简称CASS）工艺，运行稳定性好。配套管网长约13千米，总共收集污水范围为东城牛山村委管辖区面积约10平方千米的生活污水和经处理达标排放的工业园区污水。

▲东城牛山污水处理厂（2021年）

东城温塘污水处理厂

东城温塘污水处理厂位于东城温塘社区与寮步镇交界的黄沙河支流南岸，由东莞市水务集团净水有限公司下属的东莞市石鼓污

▲东城温塘污水处理厂（2023年）

第四章　运河治理保护　151

水处理有限公司负责投资、建设、运营。工程总用地面积 4.78 万平方米，配套截污管网 4.9 千米，污水处理规模 5 万吨 / 日（远期规划规模 10 万吨 / 日）。采用改良 A^2/O 处理工艺，每年可减少向河道排放污水 1825 万吨。工程于 2018 年 5 月动工建设，于 2019 年 5 月 23—24 日完成连续两天环保验收监测，5 月 24 日投产运营。

▲虎门宁洲污水处理厂（2016 年）

虎门宁洲污水处理厂

虎门宁洲污水处理厂位于虎门镇南栅村第六工业区民昌路，占地面积为 39 万平方米，主要负责收集虎门镇太平水道以东地区的居民生活污水，服务面积约 150 平方千米。一期由东莞市虎门绿源水务有限公司建设、运营，2008 年 9 月动工，2009 年 9 月建成投入运行，设计日处理规模为 10 万吨。二期由东莞市水务集团净水有限公司建设、运营，占地面积约 5770 平方米，服务范围为除威远岛外虎门全镇，服务面积约 178.5 平方千米，设计处理规模为 10 万吨 / 日。采用改良 A^2/O 工艺，出水水质执行《城镇污水处理厂污染物排放标准》（GB 18918-2002）一级 A 标准、广东省地方标准《水污染物排放限值》（DB44/26-2001）的第二时段一级标准二者中较严值，尾水排放至运河磨碟河段。

（五）河堤建设及河道沿线景观综合整治

市城建工程管理局负责组织实施，主要任务目标是通过河堤建设，各堤防达到设计防洪标准；通过河道沿线景观综合整治，使整治的河道实现水清、岸绿、景美，成为自然景观与人文景观相协调的河道生态景观区。运河河堤建设及河道沿线景观综合整治工程规划分为 A（峡口水闸至长安）、B（神山桥至峡口水闸）、C（蝴蝶地至神山桥）、D（石马河）、E（挂影洲）段。"十二五"期间，东莞投入约 37 亿元资金，整治河堤长度约 92 千米，先后实施东引运河（或寒溪水）堤路结合达标工程 A 段（石碣大桥至南城新基）工程、虎门长堤路工程、东引运河（或寒溪水）堤路结合达标工程 B 段（东城峡口至东坑神山桥）工程、神山桥至坑美段堤防和市政工程、横沥中心区段（南环桥至铁路桥）工程、合浦市陂至梅塘水汇入口段工程、石马河凤岗（竹塘至黄洞桥）河道整治工程、石马河凤岗（黄洞桥至金凤凰桥）河道整治工程、石马河凤岗段河道整治（竹塘水闸上游至沙岭水闸下游）应急工程、挂影洲中心涌水环境综合整治示范工程等一系列"治堤"相关工程，有效发挥防洪作用，还具备城市道路功能，提升城市形象，为群众提供新的休闲娱乐场所和亲水平台。"十三五"期间，陆续完成 A、B 段甩项工程收尾。

表4-15 截至2018年底河堤建设主要工程表

序号	工程项目	主要建设内容	开工时间	完工时间	所属流域
1	东引运河（或寒溪水）堤路结合达标工程A段（石碣大桥至南城新基）工程	整治堤路总长12.8千米	2010年6月	未全面完工	运河流域
2	东引运河（或寒溪水）堤路结合达标工程B段（东城峡口至东坑神山桥）工程	改造堤路总长约42千米（河道17.78千米），改建排水闸及排水泵站32座，防洪标准达到50年一遇	2009年9月	2012年	运河流域
3	东莞市东引运河寒溪水流域综合整治工程樟村—石鼓河段整治工程	河道12.5千米，清淤2.48千米，堤路结合堤防建设	2010年12月	2012年7月	运河流域
4	虎门长堤路工程	改造堤路全长11.54千米，防洪标准达到50年一遇	2011年4月10日	未全面完工	运河流域
5	寒溪水合浦市陂至梅塘水汇入口段工程	堤防建设（左岸堤防约3.14千米、右岸堤防约2.66千米、环江子埔护岸约3.27千米）及相应的穿堤涵管；扩建环常路桥（东桥）；拆除合浦市陂水闸、沙步陂水闸；拆除江子埔机耕桥等	2010年3月	2012年3月	运河流域
6	神山桥至坑美段堤防和市政工程	整治长度5.2千米，工程涉及东坑和横沥两镇	堤防工程2013年2月 市政工程2014年2月	2016年1月	运河流域
7	横沥中心区段（南环桥至铁路桥）工程	整治堤防4.06千米，改造道路2.94千米，绿化景观带3.75千米，绿化面积6.7万平方米，新建新海排站排渠279.71米	2014年12月	2016年11月5日	运河流域
8	石马河凤岗（竹塘至黄洞桥）河道整治工程	整治河段2.5千米，集水利、景观和交通为一体	2003年	2010年12月	石马河流域

续上表

序号	工程项目	主要建设内容	开工时间	完工时间	所属流域
9	石马河凤岗（黄洞桥至金凤凰桥）河道整治工程	整治河段1.8千米，集水利、景观和交通为一体	2012年11月	2014年	石马河流域
10	石马河凤岗段河道整治（竹塘水闸上游至沙岭水闸下游）应急工程	整治河道7.88千米，包括河床清淤疏浚、边坡防护	2011年4月	2012年6月	石马河流域
11	挂影洲中心涌水环境综合整治示范工程	实施中心涌截污、清淤工程，水利防洪工程；石碣崇焕路节制闸调水活源，泵闸联合调度，改造中心涌沿岸桥梁、景观绿化；南排涌、北排涌、中心涌主干河道防洪标准达到20年一遇	2014年2月	2017年底	挂影洲围流域

虎门长堤路工程

位于运河下游及太平水道东侧，是集城市防洪、市政道路、滨河景观于一体的综合性项目。工程北起白沙片区，途经中心城区，南至新湾片区和沙角片区，路线全长11.54千米，总投入14亿元。工程把运河及太平水道沿线的防洪标准提高至50年一遇，带动沿线太平水道和运河沿线环境的整治及旧城区改造开发，减少河流污染，提高城市绿化覆盖率，打造治水、利水、亲水的城市景观带，完善虎门镇区交通网络，对优化虎门镇发展格局发挥重要作用。

▲虎门长堤路改造后的路段（2021年）

东引运河堤路结合达标工程B段（东城峡口至东坑神山桥）工程

工程途经东城、茶山、寮步、生态园、东坑等镇街，利用现状路网系统，视客观现实采取路堤结合或路堤分离两种模式，打通断头路，保持堤路的连续性，改造堤路总长约42千米（河道17.78千米），改建排水闸及排水泵站32座，防洪标准达到50年一遇，成为既有景观休闲功能又兼有便于防汛抢险、工程管理的水利安全保障与应急功能的综合通道。

▲ A、B 段河堤整治前（2008 年）　　　▲ A、B 段河堤整治后（2012 年）

梅塘水工程

工程跨常平、大朗等镇，于 2010 年 3 月 20 日正式开工，2013 年 12 月完工，主要建设左岸堤防 3.14 千米、右岸堤防 2.66 千米、环江子埔护岸 3.27 千米及相应的穿堤涌管，扩建环常路桥（东桥），拆除梅塘水汇入口上游 1.6 千米处的沙步陂水闸，整治主河道 2.82 千米，辅河道 2.51 千米，将此段河道防洪标准提升至 50 年一遇，极大增强沿线各镇防洪能力，有效改善生态环境，带动旅游、交通运输、房地产业的发展。

（六）内河涌整治

市水利局统筹。集雨面积大于、等于 10 平方千米的内河涌整治规划设计以及运河（含寒溪水）、石马河、挂影洲中心涌主干流整治由市水利局负责组织实施，

▲ 整治前后的梅塘水（2012 年）

小于 10 平方千米的内河涌整治规划设计及其余支流整治由属地镇街负责组织实施，主要任务目标是结合当时水利部门部署开展的城乡水利防灾减灾工程建设，实施加堤、扩

第四章　运河治理保护　155

河、清淤、疏浚、清障、兴建排涝泵站等综合工程措施，完善防洪排涝工程体系，使运河城区段达到百年一遇防洪标准，运河非城区段、寒溪河、石马河及镇街中心区主要河涌达到50年一遇的防洪标准，各流域达到20年一遇24小时暴雨一天排干的排涝标准，既有效提高防灾减灾能力，保障城市安全，又控制河道内源污染，修复生态改善水环境。

2007年12月25日，市正式印发《东莞市运河综合整治清淤、活源工作实施方案》，作为内河涌整治除防洪排涝工程措施外的又一重要手段，运河综合整治清淤、活源工作正式启动。2008年，市水利局制定《关于运河综合整治清淤、活源工作实施意见》，成立"东莞市运河综合整治清淤、活源工作专项工作小组"，东引运河（含寒溪水）流域、石马河流域、挂影洲中心涌综合整治规划、清淤和活源工作全面推开。"十二五"期间，全市先后开展东引运河塘板水闸至厚街涌口段、樟村水闸至石鼓水闸段、峡口至神山桥段、职教城段、梅塘水至合浦市陂段、石马河马滩水闸段、凤岗镇黄洞河段、挂影洲围中心涌等多项清淤工程。同时，继续发挥2001年建成投入运行的樟村泵站作用，提优质东江水入运河改善水质。清淤、活源后的河段，底栖动植物生长环境得到改善，水生态系统获得恢复的空间，水质明显上升，河道的行洪能力大为提高。

表4-16　截至2018年底清淤、活源主要工程表

序号	工程项目	主要建设内容	开工时间	完工时间	所属流域
1	樟村水闸至石鼓水闸段清淤	清淤疏浚总长12.5千米，清淤总量18.4万立方米	2010年12月	2012年7月	运河流域
2	东引运河职教城段清淤疏浚工程	清淤总长7950米，清挖底泥工程量16.65万立方米	2011年3月	2012年8月	运河流域
3	梅塘水至合浦市陂段清淤	清淤长度5.33千米	2010年3月	2013年12月	运河流域
4	桥头至企石水闸区段河道清淤疏浚工程	清淤疏浚12.51千米，清淤总量38万立方米，拆除阻水旧桥，重建上洞桥	2017年9月15日	2019年	运河流域
5	石鼓水闸至虎门水闸段河道清淤清障应急工程	清淤疏浚20.7千米，清淤总量85.25万立方米，水下岩石开挖4.21万立方米	2017年11月1日	2018年4月	运河流域

续上表

序号	工程项目	主要建设内容	开工时间	完工时间	所属流域
6	虎门城区段河道清淤疏浚工程	清淤疏浚3.88千米，清淤总量12.06万立方米	2017年9月12日	2019年	运河流域
7	樟村泵站设备升级改造工程	扩容后共装机6台900QZB-100型潜水轴流泵，设计流量从15立方米/秒，提升至21.42立方米/秒	2017年	2018年	运河流域
8	市第三水厂生态补水应急项目	驳接钢管，护岸连续灌注桩，建竖井、消力池，阀门安装等	2018年1月	2018年12月	运河流域
9	石马河河口东江水源保护一期工程	新建节制闸，重建建塘反虹涵，扩建调污箱涵	2017年10月20日	2020年	石马河流域
10	石马河马滩水闸段清淤	清淤长度530米	2011年6月	2011年7月	石马河流域
11	石马河凤岗段河道整治应急工程	清淤整治长度7.88千米，清淤工程量63万立方米	2011年4月	2012年6月	石马河流域

东引运河职教城段清淤疏浚工程

工程位于企石镇企石节制闸至横沥镇仁和水口段，全长7950米，采用专用环保清淤机械实施生态清淤施工，采用化学固化法对淤泥进行处置。清淤疏浚底宽30米，全段清挖底泥工程量16.65万立方米，其中横沥段2.93万立方米、石排段0.31万立方米、企石段13.41万立方米。2012年，清淤工程完工后，该段河道水质、水环境得到明显改善，防洪标准提高到50年一遇。

▲建设中的塘板水闸（2011年）

2008年10月，东引运河（含寒溪水）流域综合整治《干流防洪规划》《干流岸线控制规划》《干流河道整治规划》《流域排涝规划》及《干流水环境整治规划》5个专题规划报告通过评审。2009年5月、12月，市政府先后批准东引运河（寒溪水）流域及石马河流域的干流防洪规划，塘板、樟村及峡口三宗水闸扩建，寒溪水合浦市陂至梅塘水汇入口段堤防建设及扩河工程、东引运河峡口至樟村段河道整治等5项工程作为应急工程先行实

▲河道清淤（运河横沥职教城段）（2011年）

施。同年12月24日，塘板水闸扩建工程进场开工。2010年，内河涌综合整治规划设计基本完成收尾。同年，樟村水闸扩建、峡口水闸扩建（一期）工程也先后于年前动工，樟村水闸扩建工程当年即完成项目建设和工程验收。2011年6月17日，塘板水闸扩建工程完工。到2012年2月统计，寒溪水合浦市陂至梅塘水汇入口段堤防建设及扩河工程主体工程基本完成，峡口水闸至樟村水闸段河道整治工程完成98%，峡口水闸扩建（一期）工程完成整体工程量的90%，至2013年底这些工程陆续全部完工。

2014年，东莞市制定《东莞市内河涌综合整治工作实施方案》及《东莞市内河涌水环境综合整治技术指引》，要求全市各镇街每年开展一条以上内河涌整治，运河治理保护

表4-17 截至2018年底主要防洪整治工程表

序号	工程项目	主要建设内容	开工时间	完工时间	所属流域
1	樟村水闸扩建工程	扩建水闸，装修管理楼，建设人渡码头	2010年1月1日	2010年底	运河流域
2	塘板水闸扩建工程	扩建水闸4孔8米、管理房、箱涵（桩号塘0+000至桩号塘4+600）及河道疏浚	2009年12月24日	2011年6月17日	运河流域
3	峡口水闸扩建（一期）工程	扩建水闸4孔及船闸1孔，总净宽60米；建管理楼	2010年11月15日	2013年12月	运河流域

续上表

序号	工程项目	主要建设内容	开工时间	完工时间	所属流域
4	寒溪水合浦市陂至梅塘水汇入口段堤防建设	建设左岸堤防长3.36千米、右岸堤防长2.85千米，改造穿堤建筑物3处，改建跨河桥1座，拓宽现状20~60米的河道至80~100米，达到50年一遇防洪标准	2010年3月	2013年12月	运河流域
5	东引运河虎门城区水闸工程	新建闸室3孔，总净宽18米	2017年12月27日	2020年10月16日	运河流域
6	马滩水闸改扩建工程	加固现有泄洪水闸，拆除部位新建水闸，改扩建后19孔×6米，总净宽114米，达到50年一遇防洪标准	2018年3月6日	2019年	石马河流域
7	旗岭水闸改扩建工程	拆除溢流坝段，新建泄水闸，改扩建后22孔×6米，总净宽132米，达到50年一遇防洪标准	2018年获立项批复	进行中	石马河流域
8	潼湖围陈屋边水闸重建	重建闸室、管理楼，道路绿化	2016年11月	2018年	潼湖流域

转入以河道水体治理为主，同时加强重要水闸的新建（改、扩建），启动石马河河口东江水源保护一期工程前期工作，当年完成内河涌整治11条。2015年，制定《东莞市"涌长制"实施方案》和《东引运河（含寒溪水）"河长制"实施细则》，实现东莞主要流域"河长制"全覆盖。2015年9月11日，广东省政府在东莞召开珠三角地区水环境综合整治与绿色生态水网建设工作现场会，总结珠三角地区水环境综合整治工作进展情况，并对东莞绿色生态水网建设经验进行推广。2016年，全市启动35条内河涌整治，并完成6条。2017年3月，印发实施《东莞市城市建成区黑臭水体整治工作方案》，纳入国家督办的10条黑臭水体中的7条消除黑臭。铺开44条重污染河涌整治示范项目建设，其中40条基本完成消除黑臭任务。2017年9月，印发实施《东莞市东引运河—寒溪河流域水

体达标方案》,制定实施7个国、省考断面水质达标方案,坚持长短结合,积极实施水闸联调、生态补水、负荷减排、面源控制等"八大专项行动、十项整改措施"断面水质保障举措,断面水质整体有所改善,运河樟村断面水质恶化的趋势得到有力遏制并逐步改善。同年,东莞市全面推行河长制,成立市、镇两级全面推行河长制工作领导小组及办公室,出台《东莞市全面推行河长制工作方案》和《东莞市全面推行河长制工作考核办法(试行)》等11项配套工作制度,完成建章立制阶段目标,内河涌整治有了更强大的政策支持和平台支撑,进入水体治理快速通道。2018年,东莞市出台《东莞市2018年河涌水环境综合整治工作实施方案》,明确市水务局统筹做好年内计划能完成截污的85条河涌水环境综合整治任务,再加上市环保局统筹完成的全市44条重污染河涌整治示范项目,要求全市到年底前合计完成不少于100条河涌水环境综合整治,并确保完成整治后的河涌全面稳定消除黑臭。同时启动10条重点跨园区、镇(街)河涌的综合整治。当年全市实际完成102条河涌整治(包括市环保局重污染河涌整治示范项目已完成38条、市水务局河涌水环境整治任务已完成64条),原有10条黑臭水体中,

▲整治前后的周溪水陂涌(2018年)

南城白马大氹、东城老围河、东城黄沙河同沙段、长安人民涌等6条河涌水质基本消除黑臭。新发现的12条黑臭水体中动工整治9条,10条跨镇(街)污染河涌综合整治完成前期工作。2018年对比上年同期,全市7个国、省考断面水质总体有所改善,其中运河樟村、沙田泗盛、石马河旗岭、茅洲河共和村、石龙北河、石龙南河断面综合污染指数全部下降。

表4-18 2018年运河流域市水务局统筹整治任务河涌及效果评估表

园区、镇（街道）	河涌名称	评价结果	园区、镇（街道）	河涌名称	评价结果
松山湖	犀牛陂水	消除黑臭	企石镇	东丫湖水库下游河	消除黑臭
东城街道	下桥河	消除黑臭	石排镇	文庙排渠	消除黑臭
南城街道	周溪水陂涌	消除黑臭	茶山镇	东洲渠	消除黑臭
南城街道	石鼓河支渠	消除黑臭	虎门镇	龙眼新涌	基本消除黑臭
厚街镇	黑水陂	消除黑臭	虎门镇	大沙河上游段	基本消除黑臭
厚街镇	大陂河	消除黑臭	长安镇	东引河	基本消除黑臭
厚街镇	陈屋水	消除黑臭	寮步镇	三联筷子堤排渠	基本消除黑臭
沙田镇	阇西运河	消除黑臭	大岭山镇	大塘加油站排渠	基本消除黑臭
长安镇	环山渠	消除黑臭	大岭山镇	黄沙河东支流	基本消除黑臭
长安镇	塘下涌	消除黑臭	大朗镇	碧水天源明渠	基本消除黑臭
长安镇	霄边排渠	消除黑臭	黄江镇	大岞渠	基本消除黑臭
寮步镇	西南河	消除黑臭	常平镇	司马联围泵站干渠	基本消除黑臭
大岭山镇	鸡翅岭排渠	消除黑臭	常平镇	白沙埔泵站干渠	基本消除黑臭
大岭山镇	旧飞鹅排渠	消除黑臭	常平镇	卢屋村河道	基本消除黑臭

续上表

园区、镇（街道）	河涌名称	评价结果	园区、镇（街道）	河涌名称	评价结果
大岭山镇	下高田排渠	消除黑臭	桥头镇	面前湖排渠	基本消除黑臭
大朗镇	水平水	消除黑臭	横沥镇	新城排渠	基本消除黑臭
黄江镇	大石坑排洪渠	消除黑臭	东坑镇	横东排渠（东坑）	基本消除黑臭
黄江镇	大石坑支流	消除黑臭	东坑镇	角社排渠	基本消除黑臭
常平镇	朗洲泵站干渠	消除黑臭	东坑镇	角社支渠	基本消除黑臭
桥头镇	小海河	消除黑臭	东坑镇	岭贝坑排渠	基本消除黑臭
桥头镇	东岸涌	消除黑臭	石排镇	埔心排渠	基本消除黑臭
横沥镇	石涌排渠	消除黑臭	石排镇	田边排渠	基本消除黑臭
横沥镇	横东渠（横沥段）	消除黑臭	长安镇	陈蔡涌	未消除黑臭

（七）面源整治

东莞市城市综合管理局牵头组织落实，主要任务目标是建立、完善运河水上环卫保洁长效机制，全面清理运河沿线1千米范围内的填埋场垃圾、填埋场内的渗滤液处理、垃圾清运后填埋场复绿、运河水面垃圾清理、运河河堤垃圾清理以及做好运河水面日常保洁等工作。垃圾填埋场整治按属地负责、属地出资的原则施行。

2007年，东莞市开展大规模环境卫生检查，实行环境卫生检查结果排名公布制度，初步建立城乡一体化的环卫保洁市场化机制，为开展运河面源整治奠定较好基础。2008年，东莞市开展公厕、垃圾转运站建设和垃圾填埋场整治三项"民心工程"建设。加强运河沿线垃圾填埋场清理、主河道水面垃圾（水浮莲）、两岸河堤卫生死角清理与保洁，推动水面垃圾清运码头及配套设施建设等工作。采取分批整治、试点先行方法，全力推进运河面源整治。完成茶山镇横江坑口、超朗麦屋、粟边牛家地3个首批试点填埋场的清运工程，共清运垃圾 2 万多立方米，抽取渗滤液 5 千多立方米。同时将 24 个填埋场列入第二批整治方案，研究石马河、寒溪河、东引运河等清运保洁码头选址。2009 年，编制《东莞市域环境卫生专项规划》，深入推进运河沿线垃圾填埋场整治，至年底，整治垃圾填埋场 26 座，清理垃圾 70 万立方米，组织运河水面垃圾清运码头选址可行性调研。2010 年，市区生活垃圾无害化处理率达到 100%，组织环卫保洁监理单位对运河水面明察暗访，督导保洁单位落实保洁。2011 年，遵循垃圾处理减量化、无害化和资源化原则，全面推进垃圾无害化处理工作，重点综合整治虎门五马、塘厦石潭埔、樟木头樟洋 3 座垃圾填埋场。完成《运河沿线 3 个水面垃圾清运码头选址工作可行性调研报告》，确定运河水面垃圾清运码头选址方案。2012 年，开展"大清洁，乡村美"城乡清洁工程专项活动，全市清理包括运河边在内的积存垃圾 5185.46 吨，塘厦石潭埔生活垃圾填埋场顺利通过省专家组评定，成为东莞首个实现无害化处理的生活垃圾卫生填埋场。虎门五马和樟木头樟洋填埋场基本完成旧填埋区整治。2013 年，完善生活垃圾处理设施，推进生活垃圾分类处理，提高全市生活垃圾处理"减量化、无害化、资源化"的能力。2014 年推进城乡市容环卫"一体化"管理，建立生活垃圾生态补偿机制，积极推进中以产业合作垃圾渗沥液处理示范项目。至 2015 年，全面开展清理"三边"（路边、山边、水边），市城镇生活垃圾无害化处理率达 100%。针对运河的专项面源整治任务基本完成，转入常态化持续保洁。

（八）生态园治水

东莞生态园管委会负责实施。主要任务目标是以南畲塱排渠、大圳埔排渠为整治工作重点，贯穿区内水体，水质提升，全面改善水系环境，营造特色水系景观。

2006 年 6 月，东莞市委、市政府决定对寮步、东坑、横沥、企石、石排、茶山六镇汇合处约 30.5 平方千米土地进行集约开发，打造定位为生态湿地公园和高端产业发展及配套服务区的东莞生态园，也是运河治理的重要组成部分。生态园自成立起，坚持"生态优先、治水在前，逐步完善基础设施建设，突出发展循环经济"的发展理念，将治水置于首要地位，纳入运河综合整治工程实施计划，促进园区发展。2008 年 10 月，生态园水系综合整治开工建设。2010 年 4 月，生态园经广东省政府批准升级为省级园区；2011 年 6 月，入选广东省首批循环经济工业园区。至 2012 年 2 月，南畲塱排涝站工程、大圳埔排涝站工程和下沙排涝站工程竣工验收，燕岭湿地、大圳埔湿地及下沙湿地工程全面完成，南畲塱排渠园区段竣工验收，横沥段、茶山段完工，石龙段完成工程量 96%，大圳埔排渠工程完工，新排渠建设工程完成工程量 90%，南畲塱排渠两岸绿化工程完成工程量 98.7%，大圳埔排渠两岸绿化工程完工，中央水系岸线景观绿化工程一期完成工程量 90%、二期开工，到 2012 年底，生态园水系整治基本完成。2013 年启动创建国家生态市后，续建生态园治水工程，包括排涝工程、湿地工程、排涝渠工程和生态景观绿化工程。2013 年 12 月，东莞生态园获住建部批复成为珠三角首家"国家城市湿地公园"。

东莞国家城市湿地公园

东莞国家城市湿地公园位于东莞松山湖高新技术产业开发区生态园片区的核心区域，是由燕岭湿地、中央岛群、月湖、下沙湿地、大圳埔湿地、南畲塱排渠以及大圳埔排渠几个湿地共同组成的湿地群，总面积651.1公顷，水域面积342.7公顷。东莞国家城市湿地公园是我国非常典型的修复型、复合型湿地公园，是珠三角地区首家国家城市湿地公园。燕岭湿地位于园区西北角，占地62.7公顷。建有全国最大面积水处理人工湿地工程，为园区的水质生态净化区，是集中体现"循环利用"理念的生态修复示范区域。主要设计为通过人工湿地与自然湿地的物理、化学、微生物以及植物吸收等作用，深度净化园内南畲塱污水处理厂的尾水，最终使地表劣Ⅴ类污水达到地表Ⅳ类水标准，实现污水由

▲东莞国家城市湿地公园（2013年）

"浊"变"清"、循环再生利用。在空间上，由"三块""一点"和"一轴"组成。"三块"是燕岭湿地的三个水质生态净化功能区（垂直流人工湿地区、自然湿地一区、自然湿地二区）；"一点"为燕岭湿地中心位置的"生态眼"，发挥配水和反硝化的作用；"一轴"为穿越整个园区东西的曲水河道，它排出经过处理的再生水，是连接燕岭湿地的生态廊道。

五、流域治理（2018—2021年并延续）

2018年，中央部署并持续推进具有里程碑意义的蓝天、碧水、净土三大保卫战后，全国各地积极响应，纷纷出台具体落实举措。广东省坚决扛起生态环境保护政治责任，部署推动全省污染防治攻坚。为响应党和国家号召，对标省的部署，东莞市全面打响水污染防治攻坚战，从着重补齐静态处污能力短板全面转向聚焦水质改善达标，所有治污措施目标指向水质最终达标。这一阶段目标更加明确，治污工作更加成熟，治污工作即将全面完成，流域治理成为治水主导思路。

水污染防治大兵团作战

2019年起，聚焦国考断面水质达标攻坚，全市实施大兵团作战，在市污染防治攻坚战指挥部统筹领导下，调整市污水治理设施建设工程总指挥部为市水污染治理指挥部，主要职责由推进截污管网建设调整为协调解决水污染治理推进中重大问题，对重要事项落实情况进行督导检查；调整市污水处理设施建设工程现场指挥部为市水污染治理现场指挥部，负责落实水污染治理指挥部决定事项，全面协调推进水污染治理工作。市水污染治理现场指挥部下设5个专项工作组，并建立4个流域治理现场指挥部，分别出台治污攻坚命令，"全河段、全流域、全时段"推进茅洲河、石马河、东引运河、东江下游片区4个重点流域整治。其中，茅洲河流域投入20亿元开展流域综合整治，石马河流域投入146亿元推进"3+5+1"攻坚任务，东引运河流域投入92亿元对流域内1+6片区、311个控制单元实施系统整治，东江下游片区投入84亿元对片区内14个园区、镇街开展水污染综合治理工程。2019年，4个国考断面中，共和村断面水质从11月起达到Ⅴ类，旗岭断面水质如期在12月达到Ⅴ类，樟村断面成功扭转恶化趋势，从8月起水质逐月好转，12月综合污染指数同比下降58.4%，泗盛断面水质在12月达到Ⅲ类，81个市考断面中90%断面的水质综合指数同比实现好转，断面水质实现整体改善。当年对10家污水厂进行扩建，建成38座分散式污水

东莞市水污染防治指挥机构

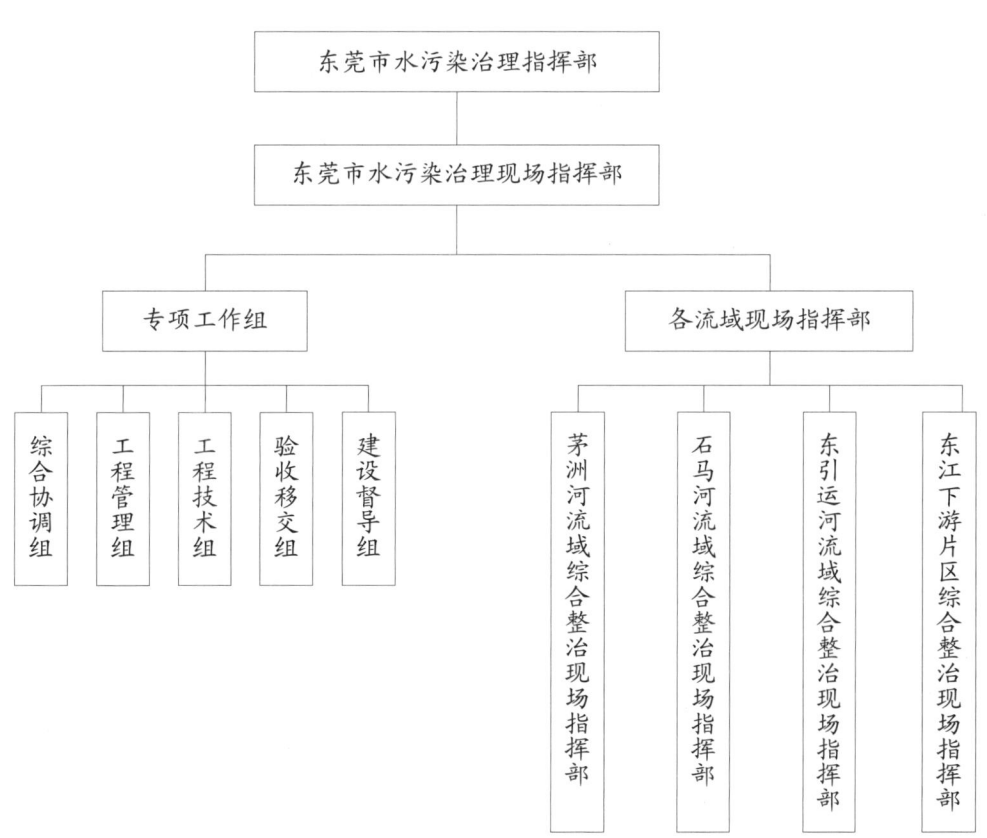

处理设施项目。基本完成全市地下雨污两套管道摸排，共摸查出排水管网2.06万千米，其中污水及合流管网7689千米，并启动对缺陷管网检测修复、雨污错接漏接混接问题管网整改等。新建截污次支管网1567千米，新建微支管网3113千米。石马河上游四镇试点实施有奖举报制度，最高奖励50万元，发动社会群众参与流域水污染治理工作。成立流域水质监测小组，全流域主干流建设30个自动监测站，其他支流河涌选取70个断面采取手工采测，初步建成全流域干支流监测网络，对流域重点支流开展全河段监测。出台《东莞市河涌水环境综合治理攻坚战三年行动计划（2019—2021）》，开展重污染河涌整治百日攻坚行动、河湖"清四乱"和"五清"专项行动，全市完成污染河涌整治109条。城市建成区22条黑臭水体基本消除黑臭。2个城市集中式饮用水源地（东江南支流和中堂水道）年均水质类别达Ⅱ类。水污染治理攻坚取得阶段性成效。

2020年，全市新增截污管网5700千米，累计建成截污管网1.3万千米。累计建成并投运59个污水处理项目，35家污水处理厂提标改造工程全部正式运营。累计建成分散式和一体化污水处理设施152座（处理能力约48万吨/日）。2个城市集中式饮用水源地年均水质类别保持Ⅱ类，水质状况属优，水质达标率（按频次计算）100%。完成建成区22条黑臭水体和213条内河涌污染整治。7个国、省考断面全部达标，石马河旗岭断面、东莞运河樟村断面等东莞原有水质劣Ⅴ类国考断面全部清零，全年水质稳定达Ⅳ类，茅洲河、东莞运河、石马河考核断面水质整体同比向好改善43.32%，水环境质量改善幅度排全国第三名、全省第一名，创下"十三五"最好水平，得到广东省生态环境厅通报表彰。在水环境改善的基础上，东莞更加注重水生态保护修复，积极推进碧道建设，注重人水和谐，完成碧道建设140多千米，一河两岸水清秀美，成了市民群众休闲健身的好去处，群众拥有更多生态环境获得感和幸福感。2020年，东莞环境治理工作获得国务院督查激励。

表4-19　2020年消除黑臭的城市建成区22条黑臭水体表

镇街（园区）	数量（条）	水体名称	所属流域
东城街道	7	黄沙河、老围河、下桥河、筷子河、光明排渠、上埔排渠、下埔排渠	运河流域
南城街道	7	白马大氹、新基河、周溪水陂涌、三禾市河、鸿福河（与东城跨界）、石鼓河、大园水（与厚街跨界）	运河流域
长安镇	4	新民排渠、三八河、长青渠、人民涌	运河流域
万江街道	4	牌楼基涌、高基涌、筒沙洲涌、胜利涌6	东江三角洲网河流域

2021年，全市新增镇村污水管网1338千米，累计建成截污管网约1.4万千米，基本实现污水收集全覆盖。建成区13296个排水单元地块全部完成污水接驳。其中7179个地块完成雨污分流改造，基本形成雨水污水两套独立收处系统。研究推进全市污水管网"一张网"运维及信息平台"一张图"管理，建立分级管理、分级响应的突发事件应急处置模式。在全市污水处理总能力达431万吨/日的基础上，再启动13项总能力84.5万吨/日的污水处理新扩建工程。新增700吨/日生活污泥处置能力，污泥处理总能力达3410吨/日。7个国考断面优良水体比例57.1%，石龙南河、黄大仙、大墩断面水质达Ⅱ类，樟村断面水质达Ⅲ类，旗岭断面水质达Ⅳ类，5个断面均实现提档达标，共和

▲横沥镇运河支流仁和水碧道（2021年）

▲东坑镇运河南岸碧道（2022年）

村断面稳定保持省定的Ⅳ类水质目标要求，泗盛断面水质为Ⅳ类（不计溶解氧达Ⅱ类），氨氮、总磷指标大幅下降。2个城市集中式饮用水水源地年均水质继续保持Ⅱ类。22条建成区黑臭水体实现"长制久清"，53条农村黑臭水体基本消除黑臭，23条重点一级支流基本消劣。全市累计建设碧道220千米，新增完成污染河涌整治217条，《东莞市河涌水环境综合治理攻坚战三年（2019—2021）行动计划》明确的641条污染河涌治理任务（含2018年治理的102条）全部完成，全市内河涌消劣比例约72.6%。河涌重现"水清岸美"，逐渐释放"生态红利"。东莞重点打造万江街道"三江六岸"滨水岸线示范段、常平镇—横沥镇—东坑镇寒溪水、沙田镇穗丰年水道、中堂镇北海仔河、谢岗镇山水公园示范片区、松山湖东莞国家城市湿地公园、清溪镇清溪水7个项目申报美丽河湖优秀案例。至2021年底，以上7个重点美丽河湖建设项目所在镇街完成工作方案制定，纳入镇街"十四五"发展规划。2021年，东莞河湖长制获得国务院激励奖励，东莞市被授予"国家生态文明建设示范区"称号。

东城上埔排渠整治

上埔排渠为黄沙河左岸一侧支流，渠道主要功能为农田灌溉和排涝。起点靠近温周路，上游已暗渠化，暗渠尺寸为D2000～3

▲上埔排渠整治前（2016年）

米×2米～4米×4.6米,明渠段起点位于温增路,由南向北流入黄沙河(运河支流),暗渠段长1850米,明渠长约945米,宽约8米。2019年实施集中整治,2020年完成治理,消除黑臭。

南城三禾市河整治

三禾市河发源于南城袁屋边社区范围,流经袁屋边、周溪横博村,与燕尾涌和袁屋涌交汇。横穿莞太路,最终汇入东引运河。河道全长1.62千米,其中莞太路以东河道覆盖,长约0.72千米,覆盖箱涵宽约10米,高约3.5米,莞太路以西为明河道,长约0.9千米。三禾市河流域面积3.34平方千米。2019年实施集中整治,2020年完成治理,消除黑臭。

▲上埔排渠整治后(2021年)

▲三禾市河整治前(2016年)

▲三禾市河整治后(2020年)

表4-20　2018—2021年641条完成治理的污染河涌表

园区、镇(街道)	数量(条)	河涌名称	整治年份	所属流域
企石镇	2	东丫湖水库下游河、南坑排站主排渠	2018年	运河流域
	1	远塘排渠	2019年	运河流域
	9	旧围鹅公咀、五八围排渠、东丫湖水库上游河、霞朗排渠、十二丫排渠、市场排渠、十二丫右上支、木棉排渠、食品公司侧排渠	2020年	运河流域

续上表

园区、镇（街道）	数量（条）	河涌名称	整治年份	所属流域
企石镇	9	上洞东门排渠、砂井坑排渠、东山村西安东路排渠、江边埔排渠、小郎排渠、下截白水湖排渠、东山西安西路排渠、清湖鹏岭排渠、新南排渠	2021年	运河流域
石排镇	1	海仔河	2018年	运河流域
	4	东支渠、石崇排渠1、坑尾排渠、下沙排渠	2019年	运河流域
	6	埔心排渠、文庙排渠、福隆排渠（与松山湖跨界）、独洲排渠、向西排渠、鸿运排渠	2020年	运河流域
	6	李屋排渠、黄家塱排渠、下沙一渠、沙角内河（含沙角内河支渠）、田边排渠、中坑二渠（与松山湖跨界）	2021年	运河流域
横沥镇	2	长巷围排渠、石涌新排渠	2018年	运河流域
	4	新城排渠、新海排渠、横东渠（与东坑跨界）、石涌排渠（与松山湖跨界）	2019年	运河流域
	10	大圳埔排渠（与松山湖跨界）、南畲塱排渠（与石龙、松山湖跨界）、田坑排渠、淦田排渠、半坑排渠、横沥围排渠、水边排渠、松麻岭排渠、隔坑排渠、村头排渠	2020年	运河流域
	11	村尾排渠、南坑桥排渠、田甲排渠、职教城3号排渠、职教城2号排渠、职教城1号排渠、职教城4号排渠、小坑尾排渠、四马排渠、仁和水（与常平跨界）、张坑排渠（与松山湖跨界）	2021年	运河流域
东坑镇	1	碳步渠	2018年	运河流域
	3	岭贝坑排渠、黄麻岭排渠（与大朗跨界）、横东渠（与横沥跨界）	2019年	运河流域
	2	东坑内河、角社排渠	2020年	运河流域
	2	角社支渠、西溪河	2021年	运河流域

续上表

园区、镇（街道）	数量（条）	河涌名称	整治年份	所属流域
寮步镇	1	寮步河	2018年	运河流域
	2	上底高灌渠、香江公园	2019年	运河流域
	15	牛其冲排渠、岭厦排渠、塘富围排渠、向西排渠、富竹山筷子堤排渠、上底排渠、刘屋排渠、正坑排洪渠、西溪河、西溪排渠（与松山湖跨界）、西溪支渠（与松山湖跨界）、横竹河、狮子河、药勒排渠、浮竹山排渠	2020年	运河流域
	15	三联筷子堤排渠、石大路与良边交界排渠、良边下围排渠、良边上围排渠、凫西路箱涵、寮步七支渠、第六高级中学排渠、井巷排渠、长坑排渠2、鱼敬塘内河涌、寮步改水渠、长坑排渠、华南城石步排渠（与茶山跨界）、黄沙河（与茶山跨界）、西南河（与大岭山、松山湖跨界）	2021年	运河流域
茶山镇	1	上元渠	2018年	运河流域
	2	东洲渠、四美洲渠	2019年	运河流域
	5	卢溪渠、刘周渠、京山渠、茶山内河、塘边渠	2020年	运河流域
	7	北围渠、沙墩渠、卢边渠、大圳埔排渠、南畲塱排渠、华南城石步排渠（与寮步跨界）、黄沙河（与寮步跨界）	2021年	运河流域
东城街道	2	黄沙同沙段、老围河	2018年	运河流域
	6	下桥河、筷子河、光明排渠、上埔排渠、下埔排渠、鸿福河（与南城跨界）	2019年	运河流域
	6	筷子涌支渠2、上桥排站进水渠、一涌排站进水渠、峡柏联围排站进水渠、草塘排站进水渠、同沙立交桥下排渠	2020年	运河流域
	6	筷子河支渠1、余屋排渠、周屋大围排渠、横竹河、东门河、狮子河	2021年	运河流域

续上表

园区、镇（街道）	数量（条）	河涌名称	整治年份	所属流域
莞城街道	1	珊洲河	2018年	运河流域
	1	东门河	2020年	运河流域
	1	博厦排渠	2021年	运河流域
南城街道	2	石鼓河支渠、白马大冚	2018年	运河流域
	6	新基河、周溪水陂涌、三禾市河、鸿福河（与东城跨界）、石鼓河、大园水（与厚街跨界）	2019年	运河流域
	1	周溪排水渠	2020年	运河流域
厚街镇	1	凤山公园内河涌	2018年	运河流域
	3	黑水陂、白濠陂水、大园水（与南城跨界）	2019年	运河流域
	7	陈屋水、叶屋水、大陂河、大堑涌、新涌、旧涌、史涌	2020年	运河流域
	7	三丫陂水、白庙水、大堑涌支沟、大涌、新塘沟、白濠北沟、虎门灌渠（与虎门跨界）	2021年	运河流域
沙田镇	2	闸西运河、泗盛河	2018年	运河流域
	5	泗沙河、淡水湖、百亩涌、蛇尾涌、福沙河	2019年	运河流域
	5	渡船洲涌、新村涌、百亩涌、闸门涌、大流涌	2020年	运河流域
	9	聚丰涌、齐沙新围涌、三大圳涌、仁和村涌、杨公洲河、官洲河、南北河、西太隆河、鞋底沙河	2021年	运河流域
虎门镇	1	官涌	2018年	运河流域
	2	大沙河上游段、龙眼新涌	2019年	运河流域
	10	江门涌、牛压涌、鲫鱼岗水库泄洪渠、蛇头湾涌、南面下围涌、南面上围涌、蚝坦涌、德隆围涌、宁洲河、白坑水库排洪渠	2020年	运河流域
	9	怀大河、芦花坑水库泄洪渠、大宁南涌、十围涌、八围涌、河仔涌、四架闸涌、虎门灌渠（与厚街跨界）、磨碟河（与长安跨界）	2021年	运河流域

续上表

园区、镇（街道）	数量（条）	河涌名称	整治年份	所属流域
长安镇	2	环山渠、人民涌	2018年	运河流域
	4	新民排渠、三八河、长青渠、茅洲河	2019年	运河流域
	5	塘下涌、霄边排渠、新涌、涌头排渠、筷子涌	2020年	运河流域
	10	东引运河（东引河段）、塞古涌、龙涌（北）、龙涌（南）、陆丰涌、沙涌、苗涌、孖斗涌、大沙河、磨碟河（与虎门跨界）	2021年	运河流域
大岭山镇	1	连平河+梅林河支流	2018年	运河流域
	4	鸡翅岭排渠、大塘加油站排渠、下高田排渠、旧飞鹅排渠	2019年	运河流域
	9	大塘朗排渠、大片美排渠、大王岭水库排渠、石槽坑排渠、大坑洞排渠、枫树坑排渠、水朗排渠、大王岭排渠、百花洞排渠	2020年	运河流域
	9	黄沙河东支流、龙江河、科技园排渠、金桔排渠、大塘排渠（包括大塘支渠）、湖畔工业园排渠（大岭山镇段）、梅林河、大沙排渠、西南河（与寮步、松山湖跨界）	2021年	运河流域
松山湖（生态园）	4	犀牛陂排渠、埔心排渠、下沙排渠、文庙排渠	2018年	运河流域
	2	生态园新排渠、石涌排渠（与横沥跨界）	2019年	运河流域
	10	涌美排渠、山厦排渠、坑尾一渠、大圳埔排渠（与横沥跨界）、黎贝岭排渠（与大朗跨界）、坑尾排渠、南畲塱排渠（与横沥、石龙跨界）、西溪排渠（与寮步跨界）、松木山水、福隆排渠（与石排跨界）	2020年	运河流域
	9	实验小学南侧排渠、坑尾排渠、大坑洞排渠、枫树坑排渠、寒溪河（与常平跨界）、黄草朗支渠（北排渠，与大朗跨界）、张坑排渠（与横沥跨界）、中坑二渠（与石排跨界）、西南河（与大岭山、寮步跨界）	2021年	运河流域

续上表

园区、镇（街道）	数量（条）	河涌名称	整治年份	所属流域
大朗镇	1	竹高陂排渠	2018年	运河流域
	5	水平水、碧水天源明渠、凤山水、新马莲分洪渠、黄麻岭排渠（与东坑跨界）	2019年	运河流域
	7	高英渠、南华园排渠、石沙水、黎贝岭排渠（与松山湖跨界）、犀牛陂水、仙村水、莲塘头水库排洪渠	2020年	运河流域
	7	黄草朗水（富民排渠）、松柏朗水、水口排渠、赤足陂排洪渠、松木山水、黄草朗支渠（北排渠，与松山湖跨界）、梅塘水（与常平跨界）	2021年	运河流域
黄江镇	6	大石坑排渠、大石坑支流、芙蓉水、裕元排渠、田美北排渠、南山坑排洪渠	2018年	运河流域
	6	大岊渠、星光排洪渠、塘坑排洪渠、黄京坑排洪渠、北岸村排洪渠、梅塘水支渠	2019年	运河流域
	5	梅塘水、蝴蝶地排洪渠、清泉排洪渠、石水口排洪渠、黄牛埔水库排洪渠	2020年	运河流域
	4	周坑渠、龙见田水、板湖河支流、板湖河	2021年	运河流域
桥头镇	3	小海河、东岸涌、东太湖排渠	2018年	运河流域
	4	面前湖排渠、石水口排渠、东门浦排渠、赵曹排洪渠（与谢岗跨界）	2019年	运河流域
	3	谢岗涌、旧石马河、大洲排渠	2020年	运河流域
	2	朗厦排渠（湖头排渠）、新湖排渠	2021年	运河流域
常平镇	3	郎洲泵站主干排渠、白沙埔排站排渠、朗州自排渠	2018年	运河流域
	5	司马联围泵站干渠、卢屋村河道、先建排渠、袁山贝排渠、松柏塘主干渠	2019年	运河流域

续上表

园区、镇（街道）	数量（条）	河涌名称	整治年份	所属流域
常平镇	11	桥沥水、鸡嘴泵站干渠、松岗泵站干渠、金美泵站干渠、木榆河、木榆支涌、屋厦泵站干渠、改水河、锅田泵站干渠、新桥泵站干渠、沙湖口旧围泵站干渠	2020年	运河流域
	17	麦园公园支渠、霞坑排洪渠、矮桥泵站干渠、黄泥塘排洪渠、元江元排渠、木茶湖水、鱼脚岭泵站干渠、新龙底泵站干渠、沙湖口泵站干渠、沙湖口排渠、漱新排洪渠、田尾泵站干渠、大洲排渠、旧石马河、寒溪河（与松山湖跨界）、梅塘水（与大朗跨界）、仁和水（与横沥跨界）	2021年	运河流域
凤岗镇	3	中坳路排渠、浸校塘排渠、虾公潭水	2018年	石马河流域
	2	水贝水、芦竹田水	2019年	石马河流域
	6	雁田水库排洪渠、桥陇河、黄洞水、碧湖水、虾公潭水支流、凤德岭水	2020年	石马河流域
	6	天堂围排渠、浸校塘截洪沟、凤翔路排渠、玉泉水、中心渠、雁田水（与塘厦跨界）	2021年	石马河流域
塘厦镇	2	契爷石河、鸡爪河	2018年	石马河流域
	4	利是陂水、大钟岭水、龙尾河、营盘运河	2019年	石马河流域
	4	虾公岩水、谢坑水、企山陂水、牛眠埔1#渠	2020年	石马河流域
	5	牛眠埔2#渠、大坪水、宝山水、桥陇河、雁田水（与凤岗跨界）	2021年	石马河流域
清溪镇	2	龙潭水、龙眼坑水	2018年	石马河流域
	2	天生湖水、冷水坑水	2019年	石马河流域
	16	火草洞河、副坝渠、旱坑坝渠、新建北环截流沟、楼仔水、清溪水、新厦渠、土桥涵、正坑渠、骆坑水、九乡渠、河坑水、大坑水、二坑水、三星渠、百劳坑	2020年	石马河流域

续上表

园区、镇（街道）	数量（条）	河涌名称	整治年份	所属流域
清溪镇	14	莲塘支渠、独树渠、荔横渠、大利渠、铁矢岭河、新厦支渠、铁松渠、李有塘渠、谢坑渠、莲塘渠、三中渠、青皇河、罗坑水、厦坭河（契爷石水）	2021年	石马河流域
樟木头镇	4	莞惠公路裕丰排渠、养贤中学排渠、长坑排渠、上南水库排洪渠	2018年	石马河流域
	6	大坑口水库排渠、黄坭乙水库排渠、塘吓埔排渠、圩镇排渠、樟洋排渠、官仓水	2019年	石马河流域
	2	猪古岭排渠、百果洞排渠	2020年	石马河流域
	2	蕉坑水库排洪渠、刁龙赤山排渠	2021年	石马河流域
谢岗镇	2	谢岗截洪渠、黎村截洪渠	2018年	石马河流域
	7	赵林截洪渠、曹乐截洪渠、曹乐排渠、大厚截洪渠、银湖排渠、镇岭排站主排渠、赵曹排洪渠（与桥头跨界）	2019年	石马河流域
	5	沙树江排渠、竹树岗排渠、和尚岗水闸排渠、稔子园排渠、大洲排渠	2020年	石马河流域
	5	乐园排渠、大坑排洪渠（谢山支渠）、鸡公石排渠、西亚排渠、南坑排洪渠	2021年	石马河流域
石龙镇	1	中山公园湖涌	2018年	东江三角洲网河流域
	1	南畲塱排渠（与横沥、松山湖跨界）	2020年	东江三角洲网河流域
	1	中心涌	2021年	东江三角洲网河流域
石碣镇	3	四村排渠、石碣泵站干渠、大洲排渠	2018年	东江三角洲网河流域
	2	鹤田厦二支渠、鹤田厦连通渠	2019年	东江三角洲网河流域

续上表

园区、镇（街道）	数量（条）	河涌名称	整治年份	所属流域
石碣镇	6	梁家村渠、林卢渠、中心涌（与高埗跨界）、北排涌（与高埗跨界）、横滘左排渠、横滘右排渠	2020年	东江三角洲网河流域
	7	鹤田厦一支渠、沙腰支渠、桔洲排渠、中心涌至北排涌连贯涌、黄泗围排水支渠、黄泗围排水渠、南排涌	2021年	东江三角洲网河流域
高埗镇	2	中北联渠、三保路横排渠	2018年	东江三角洲网河流域
	3	林卢涌、茶洲水闸排渠、芦村渠	2019年	东江三角洲网河流域
	19	宝莲渠、宝莲渠一支渠、北排涌（与石碣跨界）、护安围水闸排渠、凌屋村渠、欧邓排涌、欧邓排涌一支渠、三保路横排涌一、朱磡涌、上江城二支渠、下江城排渠、新联涌、凌屋村一支渠、上江城一支渠、三联渠、护安围渠、凌屋村二支渠、南排涌、中心涌（与石碣跨界）	2020年	东江三角洲网河流域
	20	高埗排站排渠、塘厦村渠、塘厦水闸排水渠、冼沙三支渠、冼沙五支渠、冼沙横渠、冼沙一支渠、中心涌分支、三保路横排涌二、南排涌支渠、卢溪渠、东联涌、欧邓排涌三支渠、欧邓排涌二支渠、凌屋村横排涌、北排涌支渠、冼沙四支渠、高埗大道排渠、中南联涌、高豪花园渠	2021年	东江三角洲网河流域
万江街道	5	连步桥水闸和北坊村水闸连通渠、横涌一、横涌二、牌楼基涌、高基涌	2018年	东江三角洲网河流域
	3	简沙洲涌、官桥滘和龙涌排站连通渠、胜利涌6	2019年	东江三角洲网河流域

续上表

园区、镇（街道）	数量（条）	河涌名称	整治年份	所属流域
万江街道	19	大滘河、麦屋排站右排渠、大冲河万江段、滘联涌6、小享社区河、大滘口排站和帅虎洲水闸连通渠、基头水闸涌、洲头水闸涌、村尾水闸上游河道、横涌二、崩口排站涌、石美涌一、石美涌二、海仔水闸和冰糖厂水闸连通渠、龙湾水闸和官桥滘排站连通渠、横九水闸涌、坝头涌、横滘水闸涌支渠、螺涌水	2020年	东江三角洲网河流域
	16	横涌五、流涌尾水、横涌四、横涌三、滘联涌17、麦屋排站左排渠、公洲排站内河涌、陈屋围涌、新涌村5、旧宁基排涝站和上福水闸连通渠、北中心涌、灯笼桥水闸和沙滘排站连通渠、横涌一黄粘洲社区段2、曲海涌、洲头水闸涌支渠、金丰涌8	2021年	东江三角洲网河流域
望牛墩镇	12	洲湾村内河涌、石排村内河涌、扶涌村内涌、锦涡村内河涌、福安村内河涌、杜屋村内河涌、芙蓉沙村内河涌、官桥涌内河涌、望东村内河涌、李屋村内河涌、朱平沙村内河涌、赤滘村内河涌	2018年	东江三角洲网河流域
	3	下漕村内河涌、望联村内河涌、聚龙江村内河涌	2019年	东江三角洲网河流域
	3	五涌村内涌、蕉利河（与中堂跨界）、横沥村内河涌	2020年	东江三角洲网河流域
	2	寮厦村内河涌、上合村内河涌	2021年	东江三角洲网河流域
中堂镇	6	四乡涌、上庙水闸涌、南汴涌、三涌村内河涌、马沥南北水闸连通渠、湛翠涌	2018年	东江三角洲网河流域
	8	北海仔河、新湾涌、袁家涌、吴家涌、下芦内河涌、凤涌水闸涌、郭洲内河涌、倒运海与中堂水道下芦连通渠	2019年	东江三角洲网河流域

续上表

园区、镇（街道）	数量（条）	河涌名称	整治年份	所属流域
中堂镇	6	陈屋涌、潢涌南水闸涌、东泊涌、大梅涌、川槎涌（与麻涌跨界）、蕉利河（与望牛墩跨界）	2020年	东江三角洲网河流域
	6	陈屋水闸涌（包括新涌）、鹤田涌、南向涌、罗屋水闸涌、斗朗内河涌、东向涌（东向鹤田涌）	2021年	东江三角洲网河流域
道滘镇	4	思贤河、大罗沙排渠、沥江围排渠、白鹭排渠	2018年	东江三角洲网河流域
	4	律涌排渠、上口排渠、马嘶塘排渠、蔡屋排渠	2019年	东江三角洲网河流域
	5	南丫排渠、九曲排渠、厚德河、昌平排渠、金丰涌8	2020年	东江三角洲网河流域
	5	兴隆河、东洲头河、大鲩涌排渠、大鱼沙排渠、新昌水闸内河涌	2021年	东江三角洲网河流域
洪梅镇	5	乌沙涌、氹涌河、梅沙涌、新庄涌、夏汇排渠	2018年	东江三角洲网河流域
	1	尧均涌	2019年	东江三角洲网河流域
	1	洪屋涡涌	2020年	东江三角洲网河流域
麻涌镇	14	新基水系、东太水系、大步水系、华阳村马滘涌、黎滘街前涌、圭窖涌、围垄涌、华阳第二涌、步涌、南丫涌、麻涌运河、麻二村河道、麻三村河道、麻一村河道	2018年	东江三角洲网河流域
	2	运河至破流水道、马滘涌+沙洛涌	2019年	东江三角洲网河流域
	4	川槎涌（与中堂跨界）、漳澎水系、大盛水系、景观河+两丫涌	2020年	东江三角洲网河流域
	1	黎滘街前涌	2021年	东江三角洲网河流域

注：表中跨界河涌在所跨镇街（园区）均列明，分别计入各镇街（园区）治理数，统计全市总数时只合计为1条。

运河樟村断面水质达标攻坚

运河樟村断面是东莞全市治理范围广、治污难度最大的国考断面，樟村断面水质达标是水污染防治攻坚战的重头戏。2019年6月14日，东引运河流域综合整治现场指挥部（以下简称"运河现场指挥部"）成立，围绕樟村国考断面水质达标展开攻坚行动。指挥部主要发挥统筹、协调和监督职能，制定流域综合整治目标及工作计划，跟进督促落实工作进度，协调解决工作推进过程中的各种问题。统筹范围涉及运河流域樟村断面以上的桥头镇、企石镇、横沥镇、东坑镇、石排镇、寮步镇、茶山镇、东城街道、松山湖管委会、大朗镇、常平镇、大岭山镇、黄江镇共13个镇街（园区）（运河流域樟村断面以下的莞城、南城、厚街、沙田、虎门和长安分别划归东江下游片区综合整治现场指挥部、茅洲河流域综合整治现场指挥部统筹治理），面积843.13平方千米，各级河道278条，均超过全市总量的三分之一。涉及的13个镇街（园区）均组建相对接的镇街层面的现场指挥部，市镇全链条强化工作统筹协调，合力推进运河流域樟村断面综合整治。

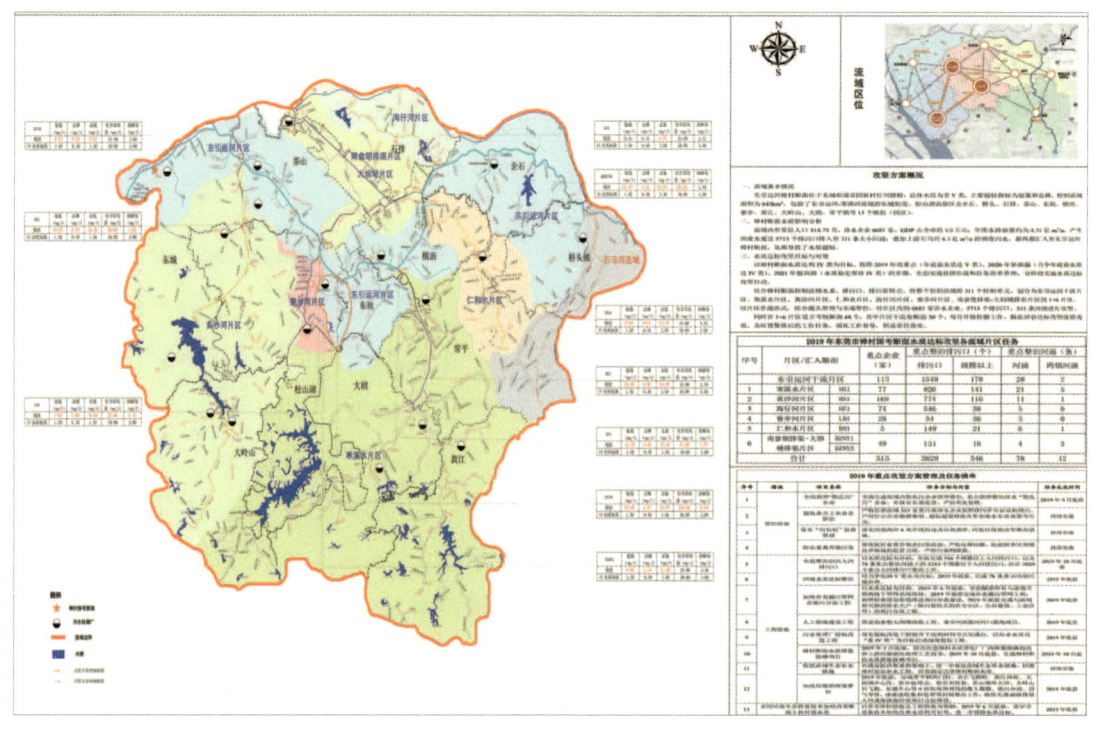

▲樟村国考断面水质达标攻坚作战总图（2019年）

统筹一张网

基于流域治理一张网，按照"全流域、全河段、全天候、综合治理"工作思路，彻底改变过去"碎片化、分段式、工程互不连通"的治理方式，以樟村断面水质稳定达标、8条一级支流全面消劣、流域内河涌剿黑消劣为导向，以完善雨污两套管网系统为核心，采取大兵团作战模式统筹推进樟村段面综合治理工程。先后印发《东莞市樟村国考断面水质提升2019年百日攻坚方案》《东莞市樟村国考断面水质达标2020年决战决胜百日攻坚工作方案》《东莞市东引运河流域水污染治理2021年重点工作任务清单》，每年明确攻坚目标和思路，采取务实管用举措，落实落细各项攻坚任务。

督导两包干

2020年4月、10月，东莞市先后建立市领导包干督导重点支流污染整治工作机制以及领导包干督导重点污水处理厂工作机制，倒逼责任主体完成目标任务，加速推动运河流域水污染治理。截至2021年10月，8条包干重点污染支流（寒溪河、寮步河、东坑内河、小海河、海仔河、黄沙河、仁和水、西溪河）水质均有较大改善，涉及的重污染河涌消除比例达到82%，10家包干污水厂进水BOD浓度上升44.5%。

指挥三联动

运河现场指挥部充分利用市级—流域—镇级指挥三级联动机制，统一思想、统一路径、统一规程开展流域统筹。市水污染防治现场指挥部每年制定攻坚任务，运河现场指挥部落实统筹、协调、督导，镇街指挥部具体实施，专职研究部署、落实辖区治水工作。截至2021年10月，运河现场指挥部组织涉运河各类工作协调会、推进会380次，研究协调镇街水污染治理问题、管网完善工程建设和验收移交有关问题和跨镇河涌治理问题，发出提醒函、督办函355份，重点督办滞后工作和市领导交办事项。

保障四要素

建立并运用技术指导、水质监测、通报督导和宣传引导四项保障措施。技术指导服务上，2019年7月至2021年3月，采购中规院（北京）规划设计公司作为流域治理的技术咨询单位。制定"一厂一策"方案，建立水系水质图、管网水质液位图、地块作战图等"三张图"，查找管道堵点、污水倒灌和错混接点。水质监测分析上，利用市生态环境局、市水务局提供的水质监测结果，精准分析研判，及时掌握水质变化趋势。2019年决战督导期间、2020年决战决胜冲刺期间加密监测频次，实行断面水质每日一报、河涌水质每周一报。2021年围绕年底前8条一级支流全面消劣的工作目标，每周根据重点干支流断面监测数据，加强对8条一级支流水质不达标原因的分析研判。通报督导评价上，建立2019年水质提升百日攻坚、2020年水质达标决战决胜百日攻坚、2021年重点工作任务周报机制和管网完善工程验收移交工作周报机制。截至2021年10月，每周通报水质状况、污水厂运行情况和重点任务完成情况，以及管网收尾工作进展累计77期。宣传舆论引导上，制作两部攻坚工作纪实片，联合东莞广播电视台推出《运河治理进行时》专栏，报道东引运河流域百日攻坚和相关镇街治水成果共17期；组织"莞水清清——亲子家庭游运河"系列活动；策划开展"南方+"《运河新风貌》系列宣传报道等。2021年底统计，各级纸媒和新媒体发表流域治理宣传报道逾500篇。

措施五并举

从2019年起,采取PPP、EOD等投融资模式,实施樟村断面综合治理工程(包括污水管网完善工程、河涌水环境整治工程),在污水管网建设、污水能力建设、系统工程完善、雨污分流工程、河涌综合整治五方面集中攻坚、系统发力,全面补齐治污短板。2021年10月统计,污水管网建设方面,新建成截污管网合计4328千米,包括水生态一至五期管网1596千米、管网完善工程1584千米和补充完善管网38千米、镇街自建雨污分流管网1110千米,加上早前已建成的主干管459千米,运河流域13镇累计建成污水管网4787千米。污水能力建设方面,着重补齐污水处理缺口,完成樟村断面上游12家BOT污水厂共计79万吨/天规模的提标改造,出水标准从原来一级B提高到一级A。污水处理能力由2018年的108万吨/天新增至2021年的180.14万吨/天(含集中式污水处理厂20座137万吨/天、一体化及分散式设施80座43.14万吨/天)。系统工程完善方面,着力修复整改已建污水管网系统。对地下管网开展全面摸排,通过主干管清淤与修复、错混接整改、入河排污口整治、河涌收水口整治、截留井整治

▲桥头污水处理厂二期(2019年)

▲东城街道筷子河整治前后对比(2019年) ▲黄江镇板湖河整治前后对比(2021年)

五方面措施对流域内污水管网系统进行修复。完成主干管清淤72千米，修复532处23千米，完成市政地下排水系统雨污错混接整改9772个，完成入河排污口整治9481个，关闭河涌收水口83个，完成截流井整治663个。雨污分流工程方面，累计完成5561个排水单元地块污水接驳以及12427个重点排水户雨污分流。属地镇街（园区）持续开展雨污分流效果核查，发现问题即时整改，保障工程效益。河涌综合整治方面，市水务集团牵头采用EOD模式推进河涌水环境整治工程，完工188条，累计完成清淤量254.21万立方米，占初步设计总清淤量256.61万立方米的99%，至2021年底，清淤工程全部完工。

▲ 大岭山镇鸡翅岭排渠整治前后对比（2019年）

表4-21　2019—2021年樟村断面达标攻坚主要工程项目建设情况表

项目	2019年	2020年	2021年
污水处理厂或一体化及分散式设施新扩建	污水处理厂2个，一体化及分散式设施22个	污水处理厂3个，一体化及分散式设施46个	一体化及分散式设施13个
污水处理厂提标改造	11家	1家	—
垃圾填埋场整治	5座	—	—
管网完善工程	1574.71千米	1581千米	1584千米
污水处理总规模	137万吨/天	171.12万吨/天	180.14万吨/天
排水单元地块污水接驳或错混接整改	接驳994个	接驳5484个、错混接整改9772个	错混接整改3365个
排水小区、地块或重点排水户雨污分流	752个排水小区	12427个重点排水户	3925家重点排水户、746个地块

续上表

项目	2019年	2020年	2021年
入河排污口整治	2655个	9103个	620个
河涌收水口关闭	—	80个	49个
截流井整治	—	663个	1903个
污染河涌治理	正推进78条	累计完成111条	累计完成168条

截至2021年底，运河樟村国考断面水质达标攻坚成效显著，达到2007年实施综合整治以来的最好水平。樟村断面水质实现稳定达标。2021年1—12月统计，对比2020年同期，断面水质进一步好转，其中水质类别由Ⅳ类好转至Ⅲ类，综合污染指数下降12.1%，氨氮下降40.5%，总磷下降4.9%，达到国家考核标准。重点一级支流水质逐步改善。2021年12月水质断面监测，8条一级支流水质均值全部达到Ⅴ类以上，消除劣Ⅴ类比例为100%。污水处理效能不断提升。2021年1—12月，樟村断面流域内20座污水厂平均负荷率为102.09%，同比上升8.7%，进水BOD浓度99.61毫克/升，同比上升22.34%。2021年12月，运河樟村断面上游污水收集率为76.85%，达到广东省污水处理提质增效考核目标值的64%。

第五章
运河管理

运河管理是东莞市水利工程管理的重要组成部分。1957年10月运河刚开建时，东莞县人民政府设水利科，各堤围设有堤围水利管理委员会（下称水利会），各区配水利助理员一名，管理水利工程。同年冬，东莞县同时兴建一大批水库及其他工程。为应对新形势，12月撤水利科设县水利局，加强水利建设管理力量。1958年，县委、县人委发出《调整水利会和人员配备问题的指示》，各公社在建立和健全水利会的同时对工程管理配备专职人员，建成一支管理队伍。运河当年通水至1970年建设东江引水工程时段，归属县管工程，由县政府统一管理，先后历经县水利局、县农林水电部、县水电局、县农业服务站、县农林水战线革命委员会等部门管辖，沿线各地（区、公社）按受益参与管理。

1970年10月，东江引水工程建成通水，由东莞县直接管理。1971年1月1日，东莞县成立东江引水工程管理所，为当时县内最大的水利工程单位，专职管理运河这宗全县最大的引水灌溉工程。1972年归属恢复设立的县水电局领导。1979年管理所升格为管理处。1988年直属新成立的市水利局，定级为正科级事业单位。2010年隶属新组建的市水务局。2012年机构改革时，整合东江引水工程管理处、石马河流域管理处、挂影洲围管理所三个单位，合并成立东莞市运河治理中心，为直属市水务局公益一类事业单位，统筹沿线属地镇街，进行运河综合整治与管理，于2013年3月正式运行。2016年升格为副处级，其运河管理职责延续至今。另外还根据需要先后成立东引河整治工程指挥部（2000年8月）、东莞市运河整治工作领导组及办公室（2007年10月）、东引运河综合整治工程建设指挥部（2009年6月）、东引运河流域综合整治现场指挥部（2019年6月）四个临时机构，配合专职机构加强运河管理，完成某一时期的特定治理任务。

第一节 机 构

一、东江引水工程管理处（所）

东江引水工程管理处前身为东江引水工程指挥部领导组，1971年1月1日成立管理所，办公场所在东莞市虎门镇东引路10号，第一任所长为指挥部领导组组长陈新，时有职工49人。1979年管理所升格为管理处，时任主任陈浩，有职工56人。1988年9月20日升格为正科级单位（东编升字〔1988〕第049号）。1989年3月内设人秘股、工程股、综合经营股、财务股（东水电〔1989〕5号），有职工87人。1991年，根据东编〔1991〕55号文件通知，单位定编92人，时有职工84人。

东江引水工程管理处是当时全国水利系统综合经营先进单位之一。在2008年纳入市财政核拨前，全体干部职工广开思路，辛勤奋斗。随着改革开放逐步深入，管理处抓牢机遇，创新发展综合经营，由原来的鱼塘养鱼、开闸捕鱼等，逐步拓展到建造招待所、海鲜楼餐厅，购置游艇，开辟虎门到番禺莲花山、龙穴岛海上旅游专线，从珠江口海上观览沙角炮台、镇远炮台、上下横档岛古炮台等，主要接待香港同胞来莞的短途旅客。同时建造农用码头、厂房、商铺出租，创办东引肉菜市场等，形成了"东引路商业一条街"。综合经营收入自给自支，既保障了职工的工资，更保障了东引运河沿线水利工程的运行和维修养护。管理处分别于1988年和1991年获水利部表彰为"全国水利系统综合经营先进单位"。

▲东江引水工程管理处办公楼（虎门）（2005年）

2008年1月，东江引水工程管理处经费开支由市财政核拨，并正式纳入收支两条线管理，从自收自支转变为财政核拨体制。根据东机编〔2008〕39号文件通知，管理处明确为纯公益性事业单位，人员编制核定77人，其中主任1人，副主任3人，主要职责和任务是：贯彻执行《中华人民共和国水法》及国家和地方有关水行

▲市园林式单位——东江引水工程管理处（2005年）

政的方针、政策和法规；执行全市水利发展规划和年度水利工程计划，并监督有关专业规划的实施；统一开发、管理水资源，组织水文资料收集和调查评价，实施取水许可证制度，对保护水资源实施监督和管理；对受益镇区和取水单位按上级规定收取水资源费和水费；负责运河及沿途水闸、泵站等工作的安全运行与调度管理以及简单日常维护；负责运河工程资产管理；实施工程巡查管理，保证管理的水土资源不被非法占用；配合市水政监察支队依法查处侵占运河管理范围内水土资源和破坏堤围等水事违法行为；负责引淡灌溉、排污排涝、防咸拒潮、部分工业用水和城镇人民生活用水的任务；在市三防指挥部的指导下，做好防汛、防风、防旱工作。7月18日，原内设的人秘股、工程股、综合经营股、财务股重新调整为工程建管股、水政管理股、人事科教股和综合股，调整时在编人员76人，临工39人，退休48人，没有人员被分流，职工队伍保持稳定，单位职责权利得到进一步明晰。至2012年机构改革，东江引水工程管理处、石马河流域管理处、挂影洲围管理所撤并，成立东莞市运河治理中心，为不定级别一类事业单位，单位负责人为副处级干部。

该处（所）先后荣获全国水利系统综合经营先进单位、全国水利管理先进单位、东莞市模范集体、东莞市文明单位、东莞市园林式单位等称号。

历任处（所）负责人有陈新、钟政、陈浩、王泰明、卢泽文、张庆明、袁满洪等。

表5-1　1971—2012年东江引水工程管理处（所）历任领导和职工人数表

单位：人

年份	主要负责人	在职在编人数	年份	主要负责人	在职在编人数
1971	陈　新	49	1986	王泰明	81
1972	陈　新	53	1987	王泰明	87
1973	陈　新（到任） 钟　政（接任）	58	1988	王泰明	86
1974	钟　政	56	1989	王泰明（到任） 卢泽文（接任）	87
1975	钟　政	57	1990	卢泽文	87
1976	钟　政	57	1991	卢泽文	84
1977	钟　政（到任） 陈　浩（接任）	57	1992	卢泽文	80
1978	陈　浩	54	1993	卢泽文	80
1979	陈　浩	56	1994	卢泽文	67
1980	陈　浩（到任） 王泰明（接任）	75	1995	卢泽文	67
1981	王泰明	83	1996	卢泽文	64
1982	王泰明	80	1997	卢泽文	64
1983	王泰明	83	1998	卢泽文	64
1984	王泰明	81	1999	卢泽文（到任） 张庆明（接任）	55
1985	王泰明	80	2000	张庆明	54

续上表

年份	主要负责人	在职在编人数	年份	主要负责人	在职在编人数
2001	张庆明	53	2007	袁满洪	74
2002	张庆明	60	2008	袁满洪	76
2003	张庆明	70	2009	袁满洪	77
2004	张庆明	66	2010	袁满洪	77
2005	张庆明（到任） 袁满洪（接任）	66	2011	袁满洪	72
2006	袁满洪	66	2012	袁满洪	74

二、东莞市运河治理中心

2012年，根据《关于组建东莞市运河治理中心的批复》（东机编〔2012〕116号），为整合水利资源和统筹运河综合治理，市撤并东江引水工程管理处、石马河流域管理处、挂影洲围管理所三个单位并成立东莞市运河治理中心。2013年3月，市运河治理中心完成三个单位合并，组建各项任务并正式运行，初始办公地点在原挂影洲围管理所（石碣镇滨江中路），2015年6月搬迁至莞城区运河西路（可园中学对面）办公。组建时编制172人，主任李集坚，副主任卢彦。内设综合科、工程规划科、建设管理科、资产运营科4个科室。时有在职在编人员162人、普通聘员28人、临时聘员8人、挂影洲围镇街自筹款列支的临工22人、单位经费列支的临工38人。为强化管理职能，中心成立时自设挂影洲围工作站、峡口工作站、虎门工作站、塘厦工作站共4个工作站，后又于2016年12月撤销，由各科室直接对接原工作站相关各项业务。市运河治理中心管理范围涉及东莞市25个镇街，包括石马河流域、东引运河、寒溪水流域及挂影洲围，负责管辖堤线长36.82千米，河道全长170千米，沿线泵站15座、水闸37座、调污工程1座，承担原三个单位的所有管理任务。

▲东莞市运河治理中心办公楼（莞城运河西路）（2023年）

2016年,按照《关于市运河治理中心升格为副处级的通知》(东机编〔2016〕58号)、《关于增设市运河治理中心内设机构的批复》(东机编〔2016〕89号)文件要求,运河治理中心调整为副处级建制,直属市水务局管理的公益一类事业单位,编制161人,设主任1名,副主任3名,内设机构5个,分别为综合科、工程规划科、建设管理科、工程运行管理科、技术合同科,均为科级建制,设正副科长10名。其主要职能和任务明确为:协助主管部门编制和实施运河流域的总体规划、项目规划和年度计划,统筹实施运河流域内综合整治相关项目的建设,包括截污、清淤、活源、治堤等,负责运河河道防汛工作,负责辖区内水务工程设施和水域岸线配套设施的安全、巡查、运行调度、维护加固和日常管理,与广东粤港供水有限公司协调东深沿线各镇供水用水,负责运河水资源的管理和保护,配合市水政监察支队依法查处侵占管理范围内水土资源和破坏工程设施等有关水事违法行为,负责流域内水文、水质的监测,协助组织所辖流域内河道沿线水务工程建设项目的技术审查。

市运河治理中心自组建以来,负责建设的东莞市挂影洲围石碣泵站扩建工程获评中国水利工程优质(大禹)奖,东引运河下游石鼓水闸至虎门水闸段河道清淤清障应急工程获评广东省詹天佑故乡杯土木工程奖,东莞市运河综合整治石马河流域干流马滩水闸改扩建工程获评广东省优质建设工程奖,石马河河口东江水源保护一期工程获评广东省优质水利工程一等奖。

2021年,时任主任李集坚,副主任卢彦、舒逸秋、缪培军、袁满洪。中心编制161人,在职在编人员157人,退休人员83人,其他人员86人(随军家属2人、普通聘员28人、其他聘用人员56人)。

表5-2　截至2021年底东莞市运河治理中心任职领导表

姓名	性别	职务	任职时间
李集坚	男	主任	2013年起任
卢彦	男	副主任	2013年起任
袁满洪	男	副主任	2014年—2021年3月
苏忠	男	副主任	2016年7月—2017年5月
孙锦章	男	副主任	2017年—2019年7月
舒逸秋	男	副主任	2019年7月起任
缪培军	男	副主任	2021年3月起任

表5-3 截至2021年底东莞市运河治理中心职工人数表

单位：人

年份	编制人数	在职人数	年份	编制人数	在职人数
2012	172	162	2017	163	162
2013	172	162	2018	163	156
2014	172	162	2019	163	160
2015	172	162	2020	162	157
2016	168	157	2021	161	157

石马河流域管理处

2005年1月，由东深防护灌溉工程东莞管理处及东莞市旗岭灌区管理所合并成立，正科级事业单位，直属市水利局管理。核定事业编制46名，其中主任1名，副主任3名，核定聘用临时工作人员20名。经费由市财政从沿线有关镇征收的水利规费分成款中扣减，依照福燕洲围管理所的供给类别和标准核拨。石马河流域管理处主要任务是：负责石马河流域河道及沿线水利工程设施的管理、调度、维修加固，负责石马河流域水资源的管理、保护和水质监测，负责与广东粤港供水有限公司协调东深沿线各镇的工业用水、生活供水、农田用水。历任领导有赖清华、卢彦。2012年作为合并三大单位之一组建东莞市运河治理中心。

▲合并前的石马河流域管理处大楼（2010年）

▲合并前的挂影洲围管理所大楼（2010年）

挂影洲围管理所

挂影洲围管理所于2010年3月成立，属副科级市属事业单位建制，人员编制44名。其前身是1951年成立挂影洲围水利委员会，1960年成立挂影洲围水利会。负责全长36.8千米挂影洲围，62.5平方千米围内面积的水资源、河道及水利工程设施的管理及保护，管理工程设施主要有水闸14座,排涝站10座,装机31台,总容量4710千瓦。历任领导有莫讲、梨康、熊扶泰、郭奴、袁康桂、刘锡江、唐炳基。2012年作为合并三大单位之一组建东莞市运河治理中心。

三、临时机构

东引河整治工程指挥部

2000年8月3日,市委联席会议讨论决定全面启动东引河整治工程(东府办〔2000〕280号)。为做好工程指挥协调,成立东引河整治工程指挥部,总指挥为市委副书记袁李松,副指挥为市农委主任郑焕深、市水利局局长李敏杲、市水利局副局长卢棣梁,成员有市水利局、市邮电局、市供电公司、市交警大队和市规划局相关工作人员。指挥部下设镇口办公室、樟村水闸办公室两个地点。镇口办公室负责组织镇口水闸、镇口浮闸、磨碟口水闸的工程施工。由张庆明任办公室副主任,负责日常事务工作;李俊泉任工程技术负责人;张近东任报账员,负责资料、合同管理、征地拆迁;袁满洪负责工程施工。樟村水闸办公室负责组织东引河整治清淤、堤围加固、人工湖工程的设计施工。周沛祥任办公室副主任,负责日常事务工作;陈汝钦任工程技术负责人;陈建新任报账员,负责资料、合同管理。

运河整治工作领导组及办公室

2007年10月31日,为进一步加强对运河整治工作的协调领导,市委、市政府决定成立东莞市运河整治工作领导组,由市委副书记、市长任组长,市委秘书长、若干相关副市长任副组长,成员34名,由市政府秘书长,市环保局、市水利局、市城市管理局、市财政局、市城建规划局、市交通局、市建设局、市城建工程管理局的局长以及各镇街党委书记组成。领导小组下设办公室,办公室主任由牵头副市长兼任。办公室负责统筹协调运河综合整治,包括河涌清淤、污水净化、河堤建设、防洪排涝、生态修复、垃圾填埋场处理等日常有关工作。

东引运河综合整治工程建设指挥部

2009年6月,为整合各方力量,全面加强东引运河综合整治工程建设的指挥协调和工程建设管理,市水利局成立东引运河综合整治工程建设指挥部。指挥部由市水利局局长刘伟全担任指挥,由陶谨副局长、倪佳翔副局长、钟润广副调研员担任副指挥,指挥部成员由相关科室和直属单位主要负责人组成。指挥部下设办公室、前期工作组、工程建设组、征地拆迁组,人员从有关科室和单位抽调。办公室和各工作组的主要职责是协调指挥部对内、对外的工作事务,负责建设项目前期工作的协调管理和建设项目的造价咨询、招投标管理、工程施工协调管理、征地拆迁等工作。主要负责协调的工程项目包括樟村水闸扩建工程、塘板水闸重建工程、峡口水闸扩建工程、寒溪水合浦市陂—梅塘水汇入口段堤防建设等。

东引运河流域综合整治现场指挥部

2019年6月14日，根据市委十四届第122次常委会及5月29日市政府常务会议精神，成立东莞市东引运河流域综合整治现场指挥部（简称"东引运河现场指挥部"）。指挥部由市运河治理中心李集坚主任担任指挥，由市环保产业促进中心黄浩辉科长、市水务局水利工程管理科莫雪峰科长担任副指挥，指挥部成员由相关单位人员组成。指挥部集中办公，强化统筹，持续攻坚，全面推进东引运河流域樟村国考断面水质达标攻坚行动。东引运河现场指挥部隶属市水污染治理现场指挥部，相对独立运作，独立负责上级单位、兄弟单位来文的处理，独立审定综合性文件材料的上报下发，独立安排日常工作事项，按靠前指挥、集中审批、加强督导的原则，推进东引运河流域樟村断面综合整治。具体职责主要是加强统筹、协调和监督，制定流域综合整治目标及工作计划，跟进督促落实工作进度，协调解决工作推进过程中的各种问题，重大事项提交东莞市水污染治理现场指挥部研究讨论。

第二节　管　理

运河管理是在市主管部门的统一领导下，由东江引水工程管理处（所）（本节以下简称管理处）、市运河治理中心（本节以下简称治理中心）集中统筹抓总，组织协调运河流域属地各镇街（园区）具体实施，内容主要包括运河防汛、水资源管理保护、项目建设管理、工程维修养护、水政巡查执法、资产管理、安全生产等各方面工作。

一、防汛

防汛是运河管理的中心工作，安全度汛是每年管理的首要任务。在市三防办的统一指挥和市水利（水务）部门指导下，建立统一的三防（防汛、防旱、防风）组织架构，明确防汛责任制，实施防汛值班、防汛调度、防汛物资、信息报送、应急响应等各环节管理。

三防组织架构

治理中心组建前，管理处成立三防工作领导小组，配置抢险工作队伍，组织实施防汛工作。治理中心组建后，健全完善三防组织指挥体制。指挥、副指挥分别由主任、副主任担任，负责指挥、协调和督导，成员由内设科室科长、副科长及相关专业技术人员（高级工程师）组成，日常办事部门为三防值班室，负责落实具体工作。

防汛责任制

以落实防汛行政首长负责制和技术负责人责任制为核心，实行治理中心与科室、闸站各级负责人防汛责任制全覆盖，分级负责、分级管理、分流域调度，覆盖行政人员、技术人员、值班人员、工程管理人员、河道专管人员、闸站运行管理人员等各类关键岗位人员。行政责任人主要负责组织制定防汛预案，部署防汛工作，协调属地镇街和相关部门投入运河防汛，组织协调各方力量进行抢险救灾等。技术负责人主要负责组织制定并执行防汛制度与运行调度方案，组织汛前、汛中和汛后安全检查，督促处理险工隐患，修复水毁工程，落实防汛物资器材的储备和管理，指导防汛抢险队伍的建设和管理，组织防汛抢险技术业务培训等。防汛值班人员主要负责第一时间了解掌握汛情，及时报告、请示、传达，准确记录水情、雨情、工情、险情、旱情及调度指令。工程管理人员主要负责了解掌握工情，参加防汛检查、清障调查、水毁工程处理及防汛备料、工程抢险等。河道专管人员主要负责所分管河道、堤防巡查抢险。闸站运行管理人员主要负责维护工程完整和机械设备、动力系统及照明设施完好，掌握工情、水情、雨情，听令开展水闸、排站启闭等。

汛期值班

运河汛期一般为每年的4月15日至10月15日，实行汛期值班带班制，每天（含法定节假日、公休日）24小时值班及领导带班。每24小时为一班，自当天上午8:30至次日上午8:30。带班领导由副科以上人员担任，其他人员轮流担任值班员。带班领导主要负责值班室的工作安排及相关事务的处置，签发三防快报、函件及普通事务文电，审核重大事项的文电并负责送分管领导签发，全面掌握辖区汛情、险情、灾情等信息及相关工作动态并负责信息报送安排，检查、督促各闸站的信息报送以及相关突发事件的处置。值班人员和带班领导，按规定应在岗值班、带班的，24小时在值班区域履行职责；无需在岗值班、带班的，保持通信工具24小时畅通，根据工作需要及时赶回值班室处理应急事务。气象部门预测市内将有较大范围强降雨或市三防办启动防汛、防风Ⅳ级及以上级别的预警，或因其他一般性的相关应急处置工作需要时，指挥员就位，会商汛情，布置应对措施，各闸站加强值班，加强汛情监视，落实各项防汛措施。其余人员保持通信工具24小时畅通，随时参与相关事务的处置。

防汛调度

除上级指令外，运河防汛调度指令由管理处或治理中心调度负责人，由三防值班室发出。遇突发汛情或险情的紧急情况，防汛行政负责人、技术负责人现场发布调度指令。闸站接到调度指令后，服从命令、听从指挥、顾全大局，按规定时间进行正确操作，并做好运行记录。遇突发情况，在确保安全情况下，闸站可尽快开启闸门或开机排涝。发布调度指令时，发令人与受令人互报姓名，发令人明确要求，受令人复述。截至2021年底，运河干流沿线主要建有企石水闸、峡口水闸（一）、峡口水闸（二）、樟村净化厂节制闸（市水务集团管理）、樟村水闸（一）、樟村水闸（二）、博厦水闸（市东莞大堤管理处管理）、厚街水道挡潮闸、海口庙水闸、新基水闸、石鼓水闸、赤岭水闸、塘板水闸、虎门水闸、镇口水闸、虎门城区水闸、广济涌水闸和磨碟口水闸共18座水闸和樟村泵站1座泵站，这些工程调度遵循"先开启下游水闸后开启上游水闸，开闸时间根据潮汐变化规律且运河水位高于外江水位时，才能开闸排水"的一般性原则实施，以防止沿线镇街发生内涝，保护东江供水安全，同时兼顾改善东江南支流——沙田泗盛断面水质。据不完全统计，2013—2021年9年间，运河重点水利工程防汛调度年均28次704小时。

表5-4　2013—2021年运河重点水利工程防汛调度情况表

年份	调度次数（次）	总时长（小时）	年份	调度次数（次）	总时长（小时）
2013	47	1147	2018	26	597
2014	18	835	2019	21	607
2015	34	723	2020	24	372
2016	29	1033	2021	18	304
2017	32	715			

防汛物资

管理处在虎门水闸、石鼓水闸设防汛物资仓库。治理中心进一步规范防汛物资管理，设立专门的三防物资仓库，主要分布在虎门水闸、石鼓水闸、石马河河口水闸、挂影洲围等重要节点，丰富物资储备，提高管理水平。2021年，运河储备防汛物资品类达到61种，总价值144.44万元。仓库存储的防汛物资"定额储备、专业管理、保障急需"，单位自行采购。防汛物资采购到货后，治理中心、仓库管理员和供货商派代表组成验收小组，检查物资的外形包装、规格型号、数量、生产日期等符合合同要求后入库。仓库做好防潮、防火、防盗、防鼠、防霉烂、避光、通风等措施，保持环境清洁。统一标签编码，实行一物一签制，标签上标明品名、数量、型号、用途、生产日期、入库日期等，做到"实物、标签、台账"三相符。仓库实行值班制度，汛期实行24小时值班，非汛期正常情况下按国家法定工作日值班，每日值班员对仓库进行1次巡查。仓库随时做好物资应急调运的准备，落实装卸运输措施。与运输车队签订调运协议，当接到上级物资调令后，立即联系运输车队组织发货，专人随车押运交接给申请调用单位。按规定标准和年限进行防汛物资报废，由仓库提出申请，治理中心核实批准，处理所得的物资款项归还财政国库。

信息报送

运河三防信息主要包括三防值班室发出的工程调度、三防动态、突发险情、突发灾情和水、雨、风、旱、冻等实时、统计或信息，指定信息报送工作责任人和信息员负责。突发险情、灾情报送和发布遵循分级负责、及时快捷、真实全面的原则。突发险情主要报送工程基本情况、险情态势以及抢险情况等。一般动态报送水雨风情或天气预报、三防日常工作信息、主要领导的动态行踪等。重大突发险情在事件发生后1小时内报送市局、单位领导以及所在镇街，特别紧急的情况，立即报告市局、单位领导以及所在镇街。突发险情的基本情况应在事件发生后2小时内书面报告市局。突发险情在处置完毕后，详细情况4小时内报送市局。

应急响应

根据市局三防应急响应等级，结合运河防御工作态势，经指挥或其授权人会商同意后由三防值班室负责发布三防应急响应。按紧急程度由低到高，三防应急响应依次为Ⅳ级、Ⅲ级、Ⅱ级、Ⅰ级。启动Ⅳ级应急响应，分管三防工作副主任主持工作，防汛牵头业务科长协助指挥工作，三防值班室值班值守，防汛牵头业务科安排1名工作人员参与三防值班。启动Ⅲ级应急响应，分管三防工作副主任主持工作，防汛牵头业务科长协助指挥工作，各闸站全体人员集中值班，各科室派1名工作人员到三防值班室协助加强值守，按片区划分，派出防御工作督导组。启动Ⅱ级应急响应，主任主持工作，副主任、各科室科长协助指挥工作，全体人员24小时值班，防汛牵头业务科安排2名工作人员到三防值班室参与值班，相关科室派2名工作人员到三防会商室收集科室负责片区最新工程状况，向重点水利工程派出前线工作督导组。启动Ⅰ级应急响应，主任主持工作，副主任、各科室科长协助指挥工作，全体人员24小时值班，防汛牵头业务科安排2名工作人员到三防值班室参与值班，相关科室派2名工作人员到三防会商室收集科室负责片区最新工程状况，在重点水利工程成立前线指挥小组或派出工作督导组。

二、水资源管理保护

运河水资源较为丰富,年均径流总量11.8亿立方米。对运河水资源的管理,20世纪90年代之前在保护的同时侧重开发利用,因水质污染,其后至今转向以治理保护为主。

水资源管理

运河建成通水起,丰沛的淡水资源有力保障沿线镇街生产生活。运河以段分片、以点设站进行管理,分季度调度运河水进行灌溉、供水或拒咸。1984年前计收少量水费,大多按受益田亩、人口负担,维持运河基本的日常开支。随着管理业务增加,管理维修负担加重,根据国务院对水费改革的规定,1984年东莞县人民政府印发《关于我县水利工程管理单位的水费改革和征收办法的通知》(东府〔1984〕124号文),规定农业用水每100立方米收费0.3~0.4元,工业、生活用水每100立方米收费2~3元。农业用水如计量设备不健全,可按亩计收,每亩收2~2.5元。堤围保卫的国营工商企业,按上年总产值或销售额收1.3‰。属于堤防保护集体和个体工商企业,按上年总产值或销售额的1‰计收。

1988年《中华人民共和国水法》颁布实施,水资源管理保护工作逐步受到重视并不断得到加强。1990年,东莞市水利局成立水政水资源科,依法对全市水资源实施保护和开发利用管理。至1992年,基本完成包括运河取水在内的全市取水登记。1993年,按照广东省要求"水费标准应在供水成本基础上核定"的原则,颁布实施《关于我市水利工程水费收费管理的规定》,对水费收缴进行适当调整。1996年,颁布实施《东莞市取水许可证制度和水资源费征收管理规定》(东府〔1996〕99号),明确规定在东莞行政区域内利用水利工程、机械提水设施直接从江河或地下取水的单位及个人,必须办理取水许可证,并按规定标准向水行政主管部门交纳水资源费。1997年开始,全市范围内全面实行取水许可证制度。运河取用水户统一由市水利局按规定进行年审(检),征收水资源费。到2004年后,为提高计量准确性,逐步推进取水户装表计量、在线监测监控。2012年,国务院印发《关于实行最严格水资源管理制度的意见》(国发〔2012〕3号),治理中心落实最严格水资源管理制度,全面加强运河水资源开发利用控制红线管理、用水效率控制红线管理、水功能区限制纳污红线管理,不断促进运河水资源合理开发利用和节约保护,助力东莞2020年成功创建国家节水型城市,保障流域经济社会可持续发展。

水资源保护

运河水为东莞经济社会做出了突出贡献,也默默做出牺牲。保护运河一直是运河管理的主题。运河建成使用初期,主要是建设下水道控制生活污水,改进沿线工厂工艺以削减工业废水,减少对运河的影响。1988年《中华人民共和国水法》颁布实施,水资源及水环境保护工作逐步受到各级政府及水行政主管部门重视。当时,东莞市水利、环保部门编制《东莞市水资源保护规划》，以利用河流的水环境容量为主。进入 21 世纪后，为适应经济社会形势发展变化，又多次修编出台新的水资源保护规划，为开展运河水资源保护提供总体思路和操作指导。1999 年，针对运河水资源保护，东莞制定出台专项文件《东莞市东引运河水质污染防治办法》（东府〔1999〕92 号），对如何保护运河水质做出 21 条具体规定。随着国家对环境保护工作的持续加力和全社会环境保护意识的不断增强，运河保护的深度、力度和广度也不断提升。在治理中心自身加强管理的基础上，2000 年后，市抽调相关部门精干力量，先后成立多个专项治理运河的市级指挥部，研究实施一系列整治方案，推进运河全流域统筹和系统综合治理。2014 年 4 月，东莞市政府常务会议审议通过《东莞市主要河流"河长制"实施方案》，开始探索实施河长制。2017 年全面推开实行河长制，运河各段有了明确的河长，河长领治、部门联动治理，运河水资源保护进一步增添制度和力量保障。治理保护措施主要有：在源头截污上，严格审批运河沿线企业项目尤其是污染型项目，加强流域水源保护区范围内住宅开发控制，关停搬迁污染企业，整治垃圾填埋场和渗漏液，清理养殖场、乱搭建窝棚等面源污染。持续推进运河流域污水处理厂、截污管网、一体化分散式污水处理设施等工程建设，提高污水处理能力，确保污水达标排放，减少水体负荷。在水体治理上，科学系统精准实施流域内河涌水环境综合整治，改扩建沿河重要节点水闸，清淤疏浚河道，培修加固堤岸并进行绿化美化，开展水体保洁，增加生态修复生物措施等。

三、项目建设管理

管理处或治理中心独立承担运河相关工程项目的建设，除规划编制外，统筹实施项目建设从前期、施工到验收全流程的管理。

建设规划

运河治理总体规划、中长期规划和年度规划等由市主管部门主导编制，管理处或治理中心配合协助。2009 年，市组织编制的《东莞市东引运河、寒溪水流域综合整治规划总报告》，包含干流防洪规划、干流岸线控制规划、干流河道整治规划、干流河道水环境整治规划、26 条支流防洪规划、26 条支流岸线控制规划、26 条支流河道整治规划、排涝规划、水系规划、水动力数学模型专题、现状调查等方面内容，是运河建成通水以来规模最大、最详细的一次系统性规划，是实施运河治理的重要指导依据。

工程前期

管理处或治理中心接收市局下达的项目建设文件，分工负责全面展开工程前期工作。对接规划的科室负责立项报建、勘察设计、材料等工作，具体研究提出建设项目，开展项目前期策划，组织研究论证项目建设的必要性，编制项目建议书，组织研究论证项目建设的可行性，落实项目用地预审、规划选址、节能评估等建设条件，编制项目可行性研究报告，修编报批项目建议书、项目可行性研究报告和初步设计报告，办理设计方案、概算报审、设计任务书、海域使用论证、环评、海洋环评、水土保持、防洪安全评估，签订和管理勘测设计合同。对接技术的科室负责概预算审核、上网招标、签订合同等工作，具体组织编制初步设计概算书、施工图预算、办理上网招投标、中标通知书交底、委托监理、签订合同和交底。对接建设的科室负责施工准备相关工作，具体牵头搭建项目组，大型工程由负责建设管理业务的科长任组长，一般工程由副科长担任组长，各专业工程师（土建、水利、安装、电气、设备、园林绿化等）、拆迁等人员参加。协调办理施工许可证、水务工程质量安全监督登记证、排水排污和涉水施工许可、余泥渣土排放和准运证、开工报告，组织图纸会审、设计技术和安全交底等。

施工管理

项目组负责施工阶段管理。工程招标完成一周内，组织召开由项目经理、监理总监、项目组成员参加的碰头会（重点项目需相关科室领导参加），明确项目组具体分工，组织监理、施工单位学习工程管理制度和办事程序。组织设计、勘察、监理、施工等单位邀请规划局或国土局技术人员到现场交桩。组织设计交底、图纸会审。移交施工场地及协调管线迁移。督促施工单位办理工程施工报建手续。工程具备开工条件后，签署开工报告。与监理单位签订《工程监理廉政协议书》，与施工单位签订《工程施工廉政协议书》《安全文明施工协议书》。督促施工单位按招标文件要求做好临设工作。审核施工单位提供的施工组织方案及施工进度计划。核查设计人员业务素质和履约情况。负责对监理单位的管理，支持、督促和检查监理工作开展。加强安全文明施工管理。严格按照《监理工作及其管理细则》和《工程质量管理细则》开展质量管理。审查施工方案、质量保证措施和质量管理体系，抓好施工质量控制，督促监理控制好每一道工序和原材料的质量检验，及时处理现场出现的质量问题。严格监理单位组织单元（工序）工程验收评定。对照进度计划，对施工单位上报的季、月、周完成情况进行检查。对由业主负责检测的项目进行委托检测，对工程关键部位检测工作提出要求，对检测不合格工程不予计量支付。工程开工后1个月内提交材料清单表，2个月完成材料样板送样。填写《建设管理日志》，对已做工作、存在困难、施工质量、施工进度、报告请示、监理工作、科室协调、天气等情况做好详细记录，及时进行总结分析。加强工人工资发放管理，制定施工班组人员清单，定期开展工资发放情况统计和调查。专人负责内业资料管理，确保资料准确、完整并及时归档。组织工程收尾。

质量管理

项目建设区分建设、勘察、设计、施工、监理和材料设备供应单位，承担相应的工程质量责任。管理处或治理中心为建设单位，施工前向质量监督部门申报登记，办理工程质量监督手续。项目组组长对工程质量负总责，项目开工前组织设计、监理和施工单位进行技术交底；施工中按照有关技术标准、规范及合同规定，对工程质量进行检查；组织监理、设计、施工单位积极开展创优质工程活动，鼓励采用先进的科学技术和管理方法，提高建设工程质量；对建筑材料、构配件、设备组织验收、验证，按规定送检或试验；收到竣工报告后，严格组织工程验收。勘察、设计单位负责现场勘测、原始资料的收集和管理，提供地质、测量、物探、水文、气象资料，对其准确性、可靠性等负全责。监理单位根据工程的特点和监理合同要求，配备足够的合格监理人员和设施设备，通过旁站、巡视和平行检验，对质量进行监督检查，对达不到质量要求的分部分项工程，不予计量，且应责令返工，并向建设单位报告。施工单位严密进行施工组织设计，教育培训合格工作人员上岗作业，严格按照设计图纸要求和施工规范进行施工，严格落实自检、互检、工序交接检验，严格按质量检验评定标准对材料、构配件进行检验。管理处或治理中心成立质量安全检查组，对在建工程的施工质量与安全文明施工进行定期、不定期的工程质量检查，发现问题签发《整改通知单》（一式三份）责令整改。对质量意识薄弱、施工质量差、问题多的施工、监理单位进行批评或处罚。

竣工验收

竣工验收在工程建设项目全部完成并满足一定运行条件后1年内进行（泵站工程经过一个排水或抽水期，河道疏浚工程完成后，其他工程经过6个月至12个月或经过一个汛期）。管理处或治理中心召集单位技术负责人、各职能科室以及设计、勘察、监理、施工、主要设备制造（供应）商、运行管理等单位相关人员组成验收小组，负责运河分部工程验收、单位工程验收、合同工程完工验收，以及小型泵站首（末）台机组启动验收和中间机组启动验收等法人验收。中型泵站首（末）台机组启动验收由市主管部门委托水务技术部门组织。工程满足竣工验收条件，管理处或治理中心向市主管部门提交竣工验收申请报告，市主管部门受理申请报告后，批复竣工验收申请报告并向有关单位发出竣工验收通知书和按规定组织竣工验收，印发竣工验收鉴定书。

档案管理

运河工程建设过程中形成的各种形式的信息记录，包括工程准备阶段文件、监理文件、施工文件、竣工图和竣工验收文件等收集归档，集中管理、责任到人。运河档案室负责统筹档案管理、利用、检查、指导各科室、项目组、工地的资料收集、整理和移交。工程前期施工准备阶段至后期竣工验收、结算备案阶段资料的保管、整理工作由各科室、项目组负责，档案室根据工程进展情况分阶段收集归档。工程竣工验收后，施工、监理单位按要求提交竣工档案，由档案室认可竣工档案接收完毕后领取《竣工验收报告》。工程竣工验收后3个月内，各科室、项目组向档案室移交项目工程档案。档案室于工程竣工验收后半年内应完成该工程档案的归档，向市城建档案馆、使用单位移交工程档案。档案管理员持证上岗。严格落实档案借阅制度，严格履行登记手续。档案库房严格做好"八防"工作，确保档案安全。

四、工程运行管理

运河主要水利工程有堤围、水闸、泵站，以管理处或治理中心为主体，落实巡查、观测、记录等日常管理与维修养护各项制度，保持运河水利工程处于良好运行状态。

堤围日常管理

运河堤围管理实行日常管理与养护相结合、统一管理与分段量化管理相结合，主要工作任务是进行堤防观测、堤防检查、堤防的保护和堤防及其附属设施的维修养护。按规定对堤防设置的水位站点进行观测并记录，汛期时将观测记录按要求报市主管部门。汛期前后对重要的河床如险工、险段进行测量实测并记录。堤防外观主要检查堤防有无雨淋冲沟、陷坑、洞穴、裂缝、渗漏、滑坡、崩岸；检查堤基的薄弱环节，如取土坑、池塘、坑道、未封堵的钻坑、休闲公园地面起伏部位、集水井、排水沟及其出水口等；检查堤防穿堤建筑物与堤身结合部有无变形、裂缝、渗漏、淘空等现象，水闸工程还检查闸门有否被侵蚀、破损，电气及启闭设备有否经常保养，是否能正常运行；对险工险段在每次洪水后检查一次，探明堤脚有否冲深、割脚，并做好记录。堤身隐患主要检查堤身有无洞穴、植物腐烂形成的空隙；有无堤内暗沟、暗管、废井、坟墓；有无堤身填筑隐患如新旧堤结合面裂缝、穿堤涵箱腐蚀老化等。及时制止擅自在河道堤防管理范围内堆放物料，倾倒垃圾、废渣等杂物的行为；未经批准不得在河道堤防管理范围内进行建房、建码头、爆破、打井、挖洞、开沟、铲草皮、钻探、考古挖掘、采砂、取土、搭棚、放牧、种植，进行修筑道路、桥梁、拦河坝、开挖鱼塘、围堰以及需要破堤穿堤的建设工程；严禁侵占、移动或毁坏河道堤防、护岸、闸坝等水工程以及堤防里程桩、警示牌、防汛物料、通信、交通、照明、水文监测、测量等设施。

水闸日常管理

运河沿线水闸管理实行日常管理与维护相结合。水闸管理工作人员轮值班，汛期执行24小时值班。每天按规定（8时、14时、20时）进行水位观测并记录。遇大雨或暴雨等特殊天气，每小时观测一次，并做好登记和存档，同时将观测结果上报三防值班室，为防洪排涝抢险调度提供决策依据。每天进行一次例行检查，每月组织闸内进行一次定期检查，每年组织一次三大流域集中大检查，确保启闭设备运行正常。天气预报显示有大雨或暴雨时，水闸值班人员根据指令适时开闸，尽可能降低内河水位。当外江水位达警戒水位时，主动及时关好水闸，确保不出事故，把洪涝灾害损失降到最低。

泵站日常管理

运河沿线泵站管理实行日常管理与维护相结合。泵站管理工作人员轮值班，汛期执行24小时值班。观测记录机电设备开机前后的水位和机电运行调度情况，每月10日前报三防值班室，排涝期间遇特殊情况及时报告。每季度和每次排涝后，及时对所有机电设备进行检查维修，确保下次排涝能正常运行。每年对所有机电全面检查维修一至两次，并组织专项冬修，确保设备运行正常。当天气预报有大雨或暴雨时，泵站全体人员及时就位，做好排涝前的准备工作，同时联系好打捞垃圾人员，检查节制闸、变压器、电源开关设备等，确保随时开机抢排正常运行，避免内涝情况出现。

工程维修养护

堤防及其附属设施主要进行堤顶维修养护、堤坡及平台维修养护、穿堤建筑物及附属设施维修养护、堤防隐患探测、前（后）戗维修养护、备防砂石整修、害堤动物防治、护岸挡土墙维修养护、防浪（洪）墙维修养护和丁坝维修养护。

定期清除运河闸门表面附着的水生物、泥沙、污垢、杂物，一个月检查养护一次闸门联接紧固件、运转部位加油设施，及时更换磨损、变形或老化的止水橡皮，及时矫正、补强或更换钢门体承载构件，及时更换问题闸门行走支承装置零部件、主轨道、吊耳板、吊座、绳套等。

一周清扫一次启闭机环境卫生，保持防护罩机体表面、制动轮圆周面、电器接点、电磁铁吸合接触面和周围环境清洁，一个月检查紧固一次各种定位螺栓、高强螺栓、钢丝绳压紧螺栓和吊具联接螺栓，一个月检查润滑一次滑轮轴承、卷筒轴承等相对运动零部件，每月给螺杆加注一次机油，及时更换问题钢丝绳。

水泵运行时每小时检查一次，防止有损坏或堵塞水泵的杂物进入水流道（泵内），保持水泵的轴承填料函温度正常，监视流量、水位、压力和运行温度振动等技术参数处于正常状态，适时对易磨易损部件进行清洗检查、维护修理、更换调试，主机组大修时对主水泵进行全面解体，吊出电动机转子，检修、更换或调试轴承等部件。

定期清洁电动机外壳，汛前、汛后各检查一次接线盒防潮与压线螺栓紧固情况、轴承润滑松动磨损情况和绕组绝缘电阻值。每月清扫一次电气操作设备开关箱，保持各种开关、继电保护装置触点接触良好，接头牢固，主令控制器及限位装置定位准确可靠。定期测量导线（包括地埋供电线路）绝缘电阻值，各种电力（动力、照明）线路的始（末）端加装漏电短路保护开关。定期检验电器设备的防雷设施。自备电源的柴（汽）油发电机每月开机运行一个小时。

五、水政巡查执法

运河流域水政巡查执法实施全过程巡查报告闭环管理，采取日常巡查、特别巡查和专项巡查三种方式，及时发现、制止及查处水事违法行为和案件。管理处建有巡查执法工作机制，配置专门水政管理人员，以及虎门、峡口等水政监察站。治理中心成立后，2013、2014年先后建立规范的水政巡查制度、河道堤围巡查制度，2020年又进一步制定出台《东莞市运河治理中心水政工程细则》《东莞市运河治理中心在建涉水工程巡查监督细则》《东莞市运河治理中心堆砂场巡查监管细则》等工作规范并不断健全完善，持续加强水政日常巡查执法力度，维护运河水事活动正常秩序。

水政巡查

巡查范围划分4个片区（石马河片区河道73.7千米、峡口片区河道62千米、虎门片区河道32千米、挂影洲围片区堤防36.8千米），每个片区安排2名专职人员每周对管理辖区进行不少于3次巡查。巡查内容主要包括：擅自在河道堤防上建房、挖土、垦殖、埋坟、砍伐护堤林木及毁坏护林花草等行为；在行洪河道内设置障碍物，擅自在湖泊、河道水域内圈圩，倾倒垃圾、渣土、泥浆及在市区河道内运输建筑或生活垃圾等行为；擅自填塞河道、侵占水利工程设施及管理范围，损毁防汛、水文、水土保持等设施的行为；未经批准设置排污口和超标排放污水的行为；在本辖区水域内非法采砂行为；在管理范围内未按水行政主管部门批复意见进行建设的行为；其他违反水法律、法规的行为。

问题处置

建立巡查发现违法事件跟踪台账。管理处或治理中心为案件巡查阶段执行主体，在其后立案查处阶段、复议诉讼阶段辅助配合市水政监察部门工作，承担巡查跟踪报告责任。巡查过程中发现违章种植等轻微违法行为，当场制止并告知违法当事人相关政策法规，情况严重时立即联系属地社区和水务中心等相关单位到现场进行处置。发现违法施工、建设、开挖等较为严重的违法行为，当场制止并告知当事人需向市水行政主管部门申请并获得批准后方可施工，必要时通知属地水务中心相关人员到现场协助处理。对现场口头制止及警告无效的违法行为，按审批程序及时依法向违法当事人发出《责令停止违法行为通知书》，做好事件现场取证资料收集工作，书面报告上级主管部门。对已发出《责令停止违法行为通知书》的事件，跟进整改落实，违法行为不能有效纠正的或影响较大的，报上级主管部门，启动水事案件会商机制，开展案件查处等后续执法处置。

表5-5　2004—2021年部分年份运河巡查执法成果数据表

年份	问题整改通知书（宗）	年份	问题整改通知书（宗）
2004	1	2016	12
2007	8	2017	29
2008	2	2018	36
2011	8	2019	27
2014	9	2020	56
2015	18	2021	63

六、资产管理

运河资产主要由流动资产、固定资产、无形资产、在建工程、公共基础设施、政府储备物资等构成，严格使用和管理。其中，物业出租严格按要求办理相关手续，按照《东莞市市直行政事业单位国有资产管理暂行办法》《东莞市市直行政事业单位国有资产处置管理暂行办法》《东莞市市直行政事业单位国有资产收益收缴管理暂行办法》（东府〔2005〕144号）和《东莞市市直行政事业单位国有资产出租出借管理规定》（东府〔2008〕264号）等文件执行。固定资产使用按照《东莞市市直行政事业单位国有资产出租出借管理规定》（东府〔2008〕264号）执行，严格履行借用登记手续，妥善使用，及时归还，每年底前对固定资产进行一次核实，做到账、物、表相符。资产正常年限报废按照《东莞市市直行政事业单位国有资产处置实施细则》（东府〔2007〕83号）执行。

运河资产经妥善经营，创造不错的经济效益。2007年，管理处资产类总额为12082万元，其中流动资产210.21万元，固定资产10935.58万元。2008年，管理处从单位自收自支转改为财政核拨，纳入收支两条线管理。2009年，博厦水闸、赤岭水闸、磨碟口水闸等水闸利用自身有利的地理位置，地租出租收入13万元，全年投资39.5万元，升级改造肉菜市场，增强市场竞争力。2010年，管理处设立专门物业管理机构，周到服务租户放心经营。2011年，运河国有物业保持95%以上的出租率。

2013年，组建运行的新治理中心进一步加强资产管理，加强资产结构分析和利用，盘活资产为财政创收。2017年，治理中心突出加强物业管理，推进集资物业清理。加强出租物业巡查，设立管理台账，联合律师团队介入物业纠纷案件，维护国有资产权益。约谈集资人员和物业承租户，接管集资物业，租金收益全额上缴市财政。成立原东深返还资产核查小组，开展专项核查，整理原东深移交资料档案，现场核查返还红线，明确资产权属范围。2018年11月10日完成集资物业收回工作。2018年治理中心配合市政府、市水务局工作成立东引码头砂场专项清理整治工作小组，清查整治码头内三家砂石经营公司，2018年5月31日前完成东引码头砂场清理，并对砂场地块全面围蔽复绿。据2018年底统计，治理中心在案合同出租物业共计52宗，暂时闲置待出租物业8宗。2020年后，治理中心强化出租物业巡查监管，落实巡查日志登记制度，建立物业督办事项台账，当年发出物业整改函、复函、请示报告、情况说明、管理通知等共30份，落实物业挂网招租7宗，进一步加强落实承租物业现场的有效跟踪监管。为应对疫情影响，治理中心积极配合上级做好出租物业现场从业人员流动信息排查、复工复产信息跟踪调查等翔实数据统计，并协助企业减免租金88.37万元。2019—2021年，治理中心出租物业租金入库收益平均562万元/年，租金收益返还平均225万元/年。

截至2021年12月31日，治理中心资产账面数总额（净值）105689.64万元；其中流动资产账面数（净值）666万元，占资产总额比0.63%；固定资产账面数（净值）16308.32万元，占资产总额比15.43%；无形资产账面数（净值）12.74万元，占资产总额比0.01%；在建工程账面数（净值）113.96万元，占资产总额比0.11%；公共基础设施账面数（净值）88455.18万元，占资产总额比83.69%；政府储备物资账面数（净值）133.43万元，占资产总额比0.13%。

七、安全生产

运河安全管理工作贯彻"安全第一、预防为主、综合治理"的方针，重点做好在建项目、工程运行和出租物业安全管理，落实安全生产主体责任和各项措施，防范和遏制生产安全事故发生。管理处或治理中心安全生产领导小组负责组织领导，全面建立安全生产责任制，明确在建项目、工程运行和出租物业的相关责任人，层层签订安全生产责任书，实行党政同责、一岗双责、失职追责。制定完善的安全生产规章制度和操作规程，促进安全生产管理规范化，堵塞安全管理的漏洞，保证生产有序有效进行。定期组织管理工作人员与在建项目、工程运行和出租物业相关负责人开展安全生产培训教育。定期或不定期有步骤、有重点地开展安全生产检查，及时排除安全隐患。定期组织以施工单位主要负责人、安全生产管理人员、特种作业人员为基础，以工人为重点的培训，确保持证上岗。制定和实施事故应急救援预案，按计划、有重点、有针对性地开展应急综合演练，加强应急队伍建设和应急物资储备，提高应急队伍实战能力和人员应对突发事件的能力。2012年至2021年，治理中心成立以来没有发生等级以上责任事故，保持安全稳定发展良好状态。

第六章
运河文化

东莞是岭南千年古邑、历史文化名城,有5000多年文明史、近1700年县史、1260多年建城史,是岭南文化重要发源地、中国近代史开篇地、华南抗日重要根据地、改革开放先行地。东莞文化底蕴深厚,民俗风情独特,历史人文精神厚重,如星光般镶嵌在莞邑大地上。东莞运河犹如穿越古今的文化丝带,将众多位于其流域内的荟萃人文、特色风物串珠成链,璀璨夺目,辉映世界制造之都。

第一节　文物古迹

林则徐销烟池与虎门炮台旧址

位于东莞市虎门镇,清代林则徐销毁收缴鸦片和鸦片战争历史发生地。旧址分为镇口片区、威远岛片区和沙角片区,由林则徐销烟池和沙角炮台、威远炮台、镇远炮台、靖远炮台等虎门诸炮台及其他相关遗迹组成。林则徐销烟池遗址在虎门镇运河畔镇口村,清政府钦差大臣林则徐主持建造,数量2个,每个池长、宽各50余米,池底平铺石板,四周置桩钉板,池前开一涵洞以排放鸦片残渣,池后挖一水沟便于通水入池。销烟前先蓄海水于池中,撒入盐卤和生石灰,然后把鸦片分批投入池内浸泡搅拌,使其分解销蚀成渣沫,待退潮开启涵洞随浪送出大海,再引清水入池冲尽并洗涤池底。虎门诸炮台分布在珠江两岸的大角山、海角山、武当山和大虎山等地,范围数十平方千米。炮台分明台(露天)和暗台,呈平面圆形或半月形,多为条石和灰、砂、糯米浆砌筑,与珠江主航道上的木排铁链构成当时虎门海防"金锁铜关"。1982年2月,林则徐销烟池与虎门炮台旧址获国务院公布为第二批全国重点文物保护单位,由鸦片战争博物馆(虎门林则徐纪念馆、海战博物馆,三个馆名一套班子)管理。

▲林则徐销烟池

▲威远炮台

可园

位于东莞市莞城街道博厦社区可园路32号。始建于清朝道光三十年（1850年），与顺德清晖园、番禺余荫山房、佛山梁园合称清代广东四大名园。可园以"小巧玲珑、设计精巧"著称，将住宅、庭院、书斋等艺术地糅合在一起。在三亩三（约2200平方米）的土地上，亭台楼阁，山水桥榭，厅堂轩院一应俱全。园林布局高低错落，曲折回环，空处有景，疏处不虚，是岭南园林之珍品。可园创建者张敬修，东莞城区博厦人，官至江西按察使署理布政使，金石书画、琴棋诗赋，样样精通。他广邀文人雅集，岭南画派鼻祖居巢、居廉曾客居可园十年，创造了没骨撞水撞粉花鸟画法，为岭南画派开创先河。可园孕育了一批杰出的艺术家和文化名家，对莞邑文化乃至岭南文化产生了重要影响，是东莞宝贵的文化资源。可园以精巧的园林建筑与深厚的文化底蕴在岭南园林中独树一帜，2001年7月，国务院公布其为第五批全国重点文物保护单位，由东莞市可园博物馆管理。

▲可园

南社村和塘尾村明清古建筑群

位于广东省东莞市茶山镇与石排镇。南社村古建筑群位于茶山镇南社村，始建于宋代，明朝末年形成现有村落布局，占地面积共11万平方米。古村落规模宏大，布局协调，民居、祠堂、书院、店铺、家庙、古榕、楼阁、村墙、古井、巷道、牌楼等构成农耕时代的文明原生态，具有浓厚的岭南风情及珠三角水乡特色，是岭南

▲南社村明清古建筑群

地区不可多得的明清古村落典型。现遗存祠堂 32 座、庙宇 5 座、古民居 500 余间、古井 25 眼，谢氏大宗祠、百岁坊、家庙、资政第是代表性建筑。塘尾村古建筑群位于石排镇塘尾村旧围内，于宋时立村，明代初具规模，康熙年间村落格局基本定型，总面积约 3.96 万平方米。古村落依自然山势缓坡而建，布局合理，由围墙、炮楼、里巷、祠堂、书室、民居、古井、池塘、古榕等组成很有特色的聚族而居的农业村落文化景观。现遗存祠堂 21 座、古民居 268 间、书室 19 间、古井 10 眼、围门 4 个、炮楼 28 座，同时还保留大量精美的石雕、木雕和灰塑等建筑构件。南社村和塘尾村古建筑群较好地保存了明清古村落的历史原貌，是研究古代农业聚落文化和岭南明清古建筑的典型实例。2006 年 5 月，南社村和塘尾村明清古建筑群被国务院公布为第六批全国重点文物保护单位。

▲塘尾村明清古建筑群

却金亭碑

位于东莞市莞城街道北隅社区光明路与教场街交界处，由明嘉靖二十一年（1542 年）东莞县知县蔡存微立，明万历二十四年（1596 年）由巡按广东监察御史闽惠安刘会重修。却金亭碑保存完好，质地为青石制，高 1.84 米，宽 1.02 米，红砂岩方形底座。碑体镌刻碑额和楷体碑文，记载明嘉靖十七年（1538 年）番禺县尹李恺与暹罗（今泰国）商人文明交往、不受酬金的廉政故事，反映明代中国与泰国友好贸易往来的历史，是东莞古县城的历史地理坐标，也是中国海上丝绸之路不可或缺的历史丰碑。2006 年 5 月，却金亭碑被国务院公布为第六批全国重点文物保护单位。2006 年底，莞城街道于碑上新建一木石结构仿古亭加强保护。

▲却金亭碑

大岭山抗日根据地旧址

位于东莞市大岭山镇大岭村、连平村，由广东人民抗日游击队第三大队（东江纵队的前身之一）于1940年10月创建，是中国共产党在广东敌后地区建立的最早的抗日根据地之一，现存广东人民抗日游击队第三大队大队部、会议室、大家团结报社、交通站、粮食加工场、操场、医务所、中山书院、连平联乡办事处9处旧址，是华南地区历史风貌保存最好、规模最大的抗日文物群体，是中国人民特别是广东人民不畏强敌、抵御外侮、保家卫国的重要历史见证，具有重要的历史价值和教育意义。2006年5月，大岭山抗日根据地旧址被国务院公布为第六批全国重点文物保护单位，由广东东江纵队纪念馆管理。

▲ 大岭山抗日根据地旧址

蚝岗贝丘遗址

位于东莞市南城街道运河畔胜和社区蚝岗村，属新石器时代贝丘遗址。遗址最初发现于20世纪80年代，2003年进行考古发掘，发现有红烧土活动面、房基、柱洞、灰坑、排水沟和墓葬等重要遗迹，出土一批石器、骨器和蚌器，大量的绳纹陶和彩陶残片，以及两具保存十分完整的古人类遗骸，其中一具经测定为距今5000多年的中年男性。遗址是东莞地区发现的最早的人类定居点之一，年代距今3500～5000年，是研究史前采集渔猎经济的典型遗存，同时也是研究珠江三角洲地区海岸线变迁的重要依据，被誉为"珠三角第一村"。2007年于原址上建博物馆保护。2013年，蚝岗贝丘遗址被国务院公布为第七批全国重点文物保护单位。

▲ 蚝岗贝丘遗址

东莞村头遗址

位于东莞市虎门镇村头社区西部，属夏商时代贝丘遗址。1987年11月在建设广深高速公路时被发现，分布面积约1.6万平方米，1989年、1993年两次对该遗址进行过部分抢救性发掘，占整个遗址面积的三分之

▲ 东莞村头遗址

一，出土的文物包括陶器、石器、骨器、角器等，其中陶器（片）数量之多为当时广东省考古发现之最。该遗址也是广东同期遗存中发掘面积最大、遗存最为丰富、出土文物种类最多、数量最大的夏商（前1562年左右）时期聚落遗址。遗址的发现与挖掘，为研究中国南方沿海地区古人类生产生活、聚落规划布局、岭南文明进程，以及与中原、越南的文化交流传播提供了实物资料。2019年10月，东莞村头遗址被国务院公布为第八批全国重点文物保护单位。

蒋光鼐故居

▲蒋光鼐故居

位于东莞市虎门镇南栅社区三蒋村新基二巷，原名荔荫园，为清道咸年间蒋光鼐祖父蒋理祥所创建，庭园占地面积1258平方米。1930年，蒋光鼐回乡，在荔荫园内辟建一座造型典雅的西洋别墅式楼房，名为"红荔山房"，占地面积223平方米，花岗岩门框，两侧刻有"造庐谁道龙犹卧，题户应嗤鸟是凡"门联。走进故居，除了能看到蒋光鼐雕像及他生前所用的物品，还布置"蒋光鼐生平事迹"陈列展览，分"崇文尚武 立志救国""淞沪抗战 守土卫国""福建事变 致力民主""肝胆相照 荣辱与共""情系故乡 造福桑梓""世人敬仰 风范长存"六个部分，图文并茂地展示蒋光鼐追求真理、以身许国的崇高精神和非凡一生。该故居为东莞市爱国主义教育基地及广东省统一战线基地。2019年，蒋光鼐故居（含故居后面三台山公园的蒋兰士夫妇墓及光鲁亭）被国务院公布为第八批国家重点文物保护单位。

燕岭古采石场遗址

▲燕岭古采石场遗址

位于东莞市石排镇田边村和燕窝村交界处。遗址山体由第三纪棕红色细砂质粉砂岩组成，间夹有少量梭角状砾石，结构紧密，硬度大，以"摩崖石刻""十八房间""补天石""卧龙石""擎天柱"等为主要景观遗存，面积达2.5万平方米，是东莞唯一的红砂岩采石场遗址。其中，摩崖石刻位于燕窝村西边村小组西南部采石场石壁上，为清光绪十六年（1890年）东莞石龙富商孙奭赞颂燕岭古采石场遗址风光的题词和诗文："文卿大雅，身广体胖。结庐燕岭，万物静观。池鱼逐荔，花鸟啼红。千林明月，叠嶂清风。与人同兴，佳景时逢。高山仰止，书赠铭峰。咸钦燕岭大清光绪岁次庚寅闰二月谷旦子昌孙奭敬题并书。"据推测，燕岭古采石场自宋朝末年开始采掘，并依托东江水路运输，全市有30个镇街的明清古建筑墙基、柱础、石柱、门框、石雕、古井和巷道采用的红石都产于此地，现仍保存完好的西城门就大量使用红砂岩修筑。2002年7月，燕岭古采石场遗址被列入第四批广东省文物保护单位。

方氏宗祠

位于东莞市厚街镇河田村祠边三巷。该祠堂始建于明建文元年（1399年），清咸丰五年（1855年）重修，距今已有600多年历史，是东莞市最大的宗祠之一，被广东建筑誉为"宗祠建筑的上乘之作"。宗祠坐南向北，五开间五进合院式布局，故当地人也称之为"五幢祠堂"。宗祠面阔18.5米，进深66.6米，占地1232平方米，包括正门、牌楼、正堂、中堂、后堂。硬山顶，青砖墙体，红砂岩墙裙，抬梁与穿斗混合式梁架，首进花岗岩门额刻"方氏宗祠"四字，正脊陶塑有"咸丰辛酉岁"；第二进为四柱三间三楼石构牌楼。坊楼为琉璃瓦歇山顶，檐下施如意斗拱，高8米。二、三进檐墙上灰塑有精致的山水画，其余各进脊饰有山水、花鸟、人物陶塑，栩栩如生。宗祠内遗存有牌匾、楹联等珍贵文物。2008年11月，方氏宗祠被列入第五批广东省文物保护单位。

▲方氏宗祠

容庚故居

位于东莞市莞城街道运河畔北隅社区旨亭街8巷2、4、6号。该建筑为清代民居，三进深，每进皆为三间两廊布局，有两个天

▲容庚故居

第六章 运河文化

井相间，青砖墙、红砂岩门槛、砖木结构，总面积202.95平方米。容庚（1894—1983年），中国古文字学家，历任燕京大学襄教授，岭南大学、中山大学教授，曾主编《燕京学报》《岭南学报》。所著《金文编》《商周彝器通考》等，为古文字学、考古学的重要著作。2008年11月，容庚故居被列入第五批广东省文物保护单位。

榴花塔

位于东莞市东城街道峡口社区铜铃山。塔旁原有宋义士熊飞将军故里榴花村，故名榴花塔。榴花塔始建于明朝万历年间（1573—1620年），塔呈八面七层，高30余米，以红石为基，青砖灰砂砌筑，茶山袁昌祚、温塘袁应文为镇东江之水倡议集资兴建。温塘、增埗、茶山三乡鼎立，皆以寒溪、花溪为带而出峡口，汇合东江，似八卦形流向，水患频繁。因铜岭离峡口较近，受两溪及东江潮汐涨退影响，又是江河汇合处，踞高控远，纵览郡县，山川都围绕铜岭聚合，山明水秀，而峡口景色特别美丽，故择铜岭建塔镇之。塔址所在地建榴花公园，除榴花塔外，还有榴花抗日纪念亭、熊飞古墓等文物遗迹。2012年10月，榴花塔被列入第七批广东省文物保护单位。

▲榴花塔

迎恩门

位于东莞市莞城街道运河畔市桥社区西正路。明洪武十七年（1384年）由南海卫指挥常懿建成，又叫西城门，明、清两代均有重修和扩建。每逢皇帝圣旨下达东莞城时，县令要穿过此城门到迎恩街（现振华路）跪接圣旨，故西城门便叫迎恩门。原城墙与道家山、钵盂山、和阳（东）门、崇德（南）门、镇海（北）门三座城门楼相连，城外有壕沟，形成一个完整的防御体系。新中国成立后因筑路需要拆石城墙，现仅存迎恩门城楼。城楼为重檐歇山顶，面宽26米，进深14米，高16米。首层为红砂岩石建筑，是明洪武十七年建造，二层为1958年重修城楼建筑。2019年4月，迎恩门被列入第九批广东省文物保护单位。

▲迎恩门

第二节　民俗风情

灯彩（东莞千角灯）

千角灯是东莞市的传统民间工艺，被誉为"中华第一灯"。在东莞方言里，"角"和"个"同音，"灯"和"丁"同音，其意是取"千角千灯人丁兴旺""千花本同树，千角本同根"的谐意。千角灯做工非常考究，在赵家祠堂每10年扎作一次，每次制作需耗时10个月之久，其纸扎工艺并无图纸，也无样本留传，只由师傅口传身授。整

▲ 灯彩（东莞千角灯）

个灯分为灯顶、灯体、灯柱、灯带、灯尾五大部分。直径2.5米左右，灯身长5米左右，体积巨大，工艺精湛，堪称千古一灯。以前只悬挂于东莞莞城赵氏宗祠内。新中国成立后，千角灯1953年在东莞县物资交流会、1957年在广州市文化公园、1963年在东莞县展览馆、1965年在东莞可园展出，轰动一时。2005年，千角灯首次赴沈阳展出，获得中国民间工艺"山花奖"金奖以及"中华第一灯"荣誉称号。2006年，灯彩（东莞千角灯）获国务院批准被列入第一批国家级非物质文化遗产名录。

龙舟制作技艺

东莞制作龙舟有三百年以上的历史，中堂镇龙舟制作尤为闻名。中堂制作的龙舟基本特色为"大头龙"，即龙舟的前端安装大龙头，高高翘起，气宇轩昂。该型龙舟细长，形似柳叶，船长28.5米，28排划手共56人，全船连挑头、锣鼓手、掌舵共60人或61人，龙头大且威武，船身狭长，两头

▲ 龙舟制作

翘起，潇洒流畅。龙舟制作的工艺流程为：选底骨（龙骨）、起底、起水、打水平、转水、做大旁、做横挡、做坐板、安龙肠、加固中肠、上桐油灰、刨光、涂清漆、制作安装龙头、安装尾舵，制作时间为六七天。鼎盛时期，中堂拥有10余家龙舟制造厂（其中斗朗就有6家，马沥3家，东向2家）。中堂制作的龙舟，设计精心，尺寸准确，用料上乘，结实、

威武、流畅，工艺精湛，非常受民众喜爱。2008年，龙舟制作技艺获国务院批准被列入第二批国家级非物质文化遗产名录。

龙舟月（"赛龙舟"为国家级名称）

东莞人赛龙舟，不是一两天，而是一个月，故称龙舟月。龙舟月的主要活动是龙舟竞渡。从每年的农历五月初一开始，东莞就开始为期一个月的龙舟竞渡，东莞市水乡片及东江沿岸地区各镇（街），根据当地潮汐大小，定出本村龙舟景观的日子。设标的称竞渡，即比赛；不设标的叫趁景。陈伯陶版《东莞县志》记载："五月朔（初一），饮菖蒲雄黄酒，以辟不祥。食角黍，为龙舟竞渡。至五日，会者益众。以节物荐于家祠。自朔至望，竞渡最盛，龙舟长至十余丈。中为锦亭，画船云集，首尾相衔，乘潮

▲赛龙舟

下上。日暮管弦未歇，鼓镇内为巨观。"东莞龙舟月，是东莞影响面最广、参加人数最多的传统文化活动。2011年，龙舟月（赛龙舟）获国务院批准被列入第三批国家级非物质文化遗产名录。

传统香制作技艺（莞香制作技艺）

莞香，是以东莞市命名的沉香珍品，古时多为皇家专享。莞香制作技艺是莞香生成的核心技艺。清雍正年间（1723—1735年），因过量砍伐，莞香树所剩无几，制作技艺濒临绝迹。后香农根据文献及家传口述，恢复、发展莞香制作技艺。制香工序30余道，时间跨度最长达几十年。据所需名目不同，采用不同技法，经过人工作用于特定香树，再经长年孕育，最后依节气择时而采。2014年，传统香制作技艺获国务院批准被列入第四批国家级非物质文化遗产名录。

▲莞香

寮步香市

寮步香市，始于宋朝，繁荣于明代，萧索于清末。在明清时期，久负盛名的"莞香"集散于此，经广州、香港远销于东南亚、西亚等世界各地，故素有"香市"之称，被誉为广东四大名市之一。莞香于元、明、清时期就远销国内外，寮步码头是莞香外销的主要集散地。寮步依傍着源远流长的寒溪河，成为通往海上商埠的重要之地。每到腊月，各地商人纷至沓来，从香农手中购得莞香，在寮步码头用大小木船、艇仔装满香木成品，然后经过东江口，运往石排湾（今香港岛）码头，在石排湾码头上，商人们将莞香经过包装、加工后运往广州、苏杭、京师，远至南洋、日本、阿拉伯等地区。2014年，寮步香市获国务院批准被列入第四批国家级非物质文化遗产名录。

▲寮步香市

庙会"茶园游会"

茶园游会，即东岳庙会，会期为每年农历三月廿五至廿八日，是茶山镇重要的赛会活动，同时也是岭南地区保留最为完整、最具特色的东岳庙会，距今至少有500年历史。茶园游会实践区域主要为茶山镇

▲庙会"茶园游会"

内各村（社区），影响遍及东莞全市和其他珠江三角洲地区，并向粤港澳大湾区辐射。游会以摆会、游会、扮会、走菩萨、做木头公、做大戏、烧猪会等为基本内容，是含有民间信俗、出巡礼仪、游会活动、村社共庆、地方文化展示和娱乐等内容的民俗活动。当地民谚"茶园游会雨淋头，石岗游会晒出油，温塘庙会年年有，寮步好会无返头"道出了茶园游会期间的天气特征，也印证了游会在本土的影响力。2021年，庙会"茶园游会"获国务院批准被列入第五批国家级非物质文化遗产名录。

第六章 运河文化 215

莫家拳

据《广东省志·体育志》记载：清朝乾隆年间，由福建来广东的少林寺慧真禅师传给惠州府海丰县莫蔗咬，后传给惠州伙岗村的莫清骄、莫四季、莫定儒，经过他们切磋琢磨形成莫家拳，他们4人是莫家拳的第一代传人。东莞市莫家拳主要分布在桥头镇大洲村、石水口村、岭厦村的莫氏三村，代代相传，经久不衰。莫家拳的基本理论是"一脚胜三拳，手长尺七，脚长三尺，放长攻击，凌空飞踢。拳重百斤力，脚重千斤力"。莫家拳有二十多套拳，拳种有黑虎拳、豹拳、箭拳、串花拳。莫家拳的拳法特点是手法紧密，攻防结合，拳势勇猛，刚劲有力，步法灵活，长短配合。2021年，莫家拳获国务院批准被列入第五批国家级非物质文化遗产名录。

▲ 莫家拳

东坑卖身节

东坑卖身节是每年农历二月初二在东坑镇举行的民俗活动。相传明朝万历年间这一天，东坑镇的塘唇村一卢姓大户雇长工耕作，人们闻之前来受雇"卖身"，而其他大户亦前来挑选工人，逐渐形成规律，其间人来人往，商贸成行，逐渐形成集工商、农贸、文化、娱乐、民风民俗于一体的综合性民间传统文化节庆活动。1928年《民俗》第十五、十六期记载，各乡贫苦的人家，都带着儿子来这里找寻雇主，而各处的雇主，也就来这里找寻雇童了。如果大家讲得允肯，那雇童就跟雇主回家去做工，那些雇童除了赚得饭吃之外，完全没有工钱，只是到了年尾的时候，由雇主给他一套新衣服和一双鞋，就算报酬了，所以叫作"卖身"。2007年，东坑卖身节被列入广东省第二批省级非物质文化遗产名录。

▲ 东坑卖身节

横沥牛墟

横沥牛墟起源于明末清初，与三水西南、鹤山沙坪并称广东"三大牛墟"。横沥牛墟以耕牛交易量大、经营时间长而闻名远播，见证着横沥商贸的繁华。过去每逢农历以三、

六、九为尾数的日子，各地客商云集横沥，耕牛的交易主要是靠牛中来完成，亦称牛经纪人。过去买牛，大都是用作农耕劳作用的，因而一次牛的交易大致须经过摸寿、试步等考核，这种测牛的健康、性情及勤劳程度的工作全部由牛中来完成。牛中是看前腿、后腿和头五个部分判断。这种相牛的本事都是一代传一代，要学看牛的重量最少得3年才能出师。2012年，横沥牛墟被列入广东省第四批省级非物质文化遗产名录。

▲横沥牛墟

白沙油鸭制作技艺

油鸭即腊鸭，以虎门白沙所产的油鸭最出名，被称为东莞特产三宝之一。相传在明清时期，虎门白沙设立盐埠，官兵多为江浙人，善在溪边养鸭，而在江西南安退役者善腊鸭，此地水足粮丰为其提供条件，因此，糅合江浙养鸭经验与南安制作技巧，虎门创出别具一格之"白沙油鸭"。白沙油鸭于每年农历八月初一开始制作，注重选材，经过育肥、宰杀、开腔、腌制、定型、生晒、包装等过程，整个工艺要求严谨。白沙油鸭的鸭体扁平，外形桃圆，肋骨"八"字形，尾部半圆形，肥瘦分明，有狮子口、双龙珠、双挂钩、关刀形等形状，白边一指宽，皮色奶白，瘦肉酱色，咸淡适中，肥而不腻。2012年，白沙油鸭制作技艺被列入广东省第四批省级非物质文化遗产名录。

▲白沙油鸭

厚街腊肠制作技艺

厚街腊肠相传始创于南宋末年，百姓为了躲避战乱，纷纷逃入山中。当时厚街有

▲厚街腊肠

个姓王的村民，把大米和碎肉拌匀，灌入肠衣中，用小绳束成一节节的，然后晒干，厚街腊肠由此产生。《东莞县志·物产篇》中就有"腊风肠推厚街……销路皆两广"的记载。每年的秋冬时分是厚街腊肠的最佳制作时间。传统的厚街腊肠的制作，是将一定比例的肥肉、瘦肉、鸭肝、猪肝等切碎、稍剁后加配料，灌入肠衣中，悬挂暴晒，去掉水分而成干制品，属于广式腊肠的一种。一般工序有选料、混料、灌肠、打针眼、绑节、吊晾、烘晒7个主要环节。一般来说，腊肠采用天然生晒需要7天，采用红外线烘炉烘干则需4天。2012年，厚街腊肠制作技艺被列入广东省第四批省级非物质文化遗产名录。

厚街濑粉制作技艺

濑粉，是东莞人寿宴的传统食品，寓意长长久久，多福多寿。如今，濑粉已是东莞百姓日常生活食品。厚街濑粉，在东莞甚至广东名小吃中颇负盛名。濑粉的制作包括浸、舂、和、漏、烫、冷、梳等工序，并要讲究干湿度、温度、火候、动作手势等等，还有师傅、大工、小工之分，是一门独特而富有文化内涵的传统手工艺技能。地道的手制厚街濑粉深受全镇及邻近各镇酒店、食肆及群众的欢迎。2015年，厚街濑粉制作技艺被列入广东省第六批省级非物质文化遗产名录。

▲厚街濑粉

糖不甩

东莞传统风味小食糖不甩与元宵节汤圆相似，古已有之，尤以东坑糖不甩更为有名，其源于何时已无从考究。糖不甩经舂米、筛粉、揉粉、搓丸、水煮、过冷、熬糖、挂浆等传统工序制作而成。其中熬糖工

▲糖不甩

序尤为讲究，火候不到糖浆挂不上，过了则焦黑且品相不佳。糖不甩还跟男女姻缘相关。地处东莞埔田片一带的东坑、茶山、横沥各镇，从前男女婚姻全凭父母之命、媒妁之言，每当媒婆带后生仔到女家"相睇"（相亲）时，如果女方家长对未来女婿满意，同意这门亲事，便制作糖不甩招呼男方。2010年，糖不甩入选东莞市第二批市级非物质文化遗产名录。

寮步豆酱

豆酱以黄豆、食盐、烧酒、米酒等为原料，经发酵后精制而成，为固体状，色泽呈黄褐色至黑色，味咸甜香。它内含蛋白质、氨基酸、还原糖，质醇味香，营养丰富，是东莞百姓常用的烹调食品。东莞民间生产的豆酱，以寮步生产的豆酱最为盛名。寮步豆酱的生产是沿用着最传统、最天然的做酱工艺，靠天然的阳光去晒制豆酱。经过选豆、煮豆、制曲、混酱、日晒等工序来制成，其特点是保持了整粒黄豆的形态，颜色金黄至

▲寮步豆酱

红棕，光泽好、味道鲜，咸甜适口，香气浓郁。寮步豆酱保持了传统酿造豆酱的风味和特点，用于烹调，焖、煮、炒样样皆宜。2010年，寮步豆酱入选东莞市第二批市级非物质文化遗产名录。

荔枝柴烧鹅制作技艺

荔枝柴烧鹅制作技艺是东莞市大岭山镇的一项传统民间食品制作技艺，在当地传承多年，特别是在矮岭冚村的历史更加悠久，源远流长。明朝洪武七年（1374年），矮岭冚始祖叶基来（村族谱记载是五世祖）从宝安雾岗迁此立村。迁移初始，当地就有了用荔枝柴烧鹅的习俗并流传至今。经过多年的传承，大岭山荔枝柴烧鹅制作技艺形成了自己一套独特的制作流程和技艺，工序达几十道，主要技艺有选鹅、腌制、热炉、烧鹅等等。荔枝柴烧鹅制作技艺最大特征是采用荔枝柴明火烧制。大岭山历来盛产荔枝，这为荔枝柴烧鹅制作技艺提供了坚实的保障。荔枝柴木质结实，干燥耐燃，不含树胶，能给烧鹅带来淡淡的荔枝木香，同时用荔枝柴明火烧烤，整只鹅自动上色，烧鹅的色泽更好看，再加上传承上百年的独特配方，大岭山荔枝柴烧鹅更具风味。2019年，荔枝柴烧鹅制作技艺入选东莞市第五批市级非物质文化遗产名录。

▲荔枝柴烧鹅

第三节　文化场馆

东莞展览馆

位于东莞市中心广场鸿福路 97 号，占地面积 3.1 万平方米，建筑面积 2.6 万平方米，展示面积约 1 万平方米，是一座以展示东莞名城风采为目标，运用宏大的场景、翔实的资料、艺术的构思、高科技的手段，形象地再现东莞发展历程、发展成就和发展图景，浓缩东莞过去、现在、未来蓝图精华，集宣传、教育、咨询、娱乐功能于一体的综合性展览场馆。

▲东莞展览馆

东莞市博物馆

位于东莞市莞城街道新芬路 36 号科书博广场，占地面积 2700 平方米，建筑面积 10039 平方米，展览面积 3300 平方米。现有馆藏文物近 2 万件（套），其中珍贵文物 1083 件（套），类别丰富，特色鲜明。代表性藏品包括西汉木椁墓、南汉镇象塔（石经幢）、元代资福寺大铜钟、明代白釉贴花梅瓶、居廉居巢画作以及故宫调拨文物等。博物馆担负着文物收藏与研究、陈列展览和社会教育的职能，是重要的公共文化服务平台和窗口，东莞市属唯一的地方综合性博物馆，广东省爱国主义教育基地和国家二级博物馆。

▲东莞市博物馆

东莞市文化馆

位于东莞市万江街道鸿福西路 6 号，

▲东莞市文化馆

建筑面积 2.8 万平方米，分为"3+8"功能区域，可全方位满足市民多样文化需求。其中，主楼配备了大众美育馆、舞蹈排练室、创作室、曲艺室等 37 间功能室，能同时容纳 2000 多名群众参与培训。星剧场主打全市大型群众文化活动和文艺演出等功能项目，能同时容纳近 1000 名群众。东莞非遗展览馆面积 2274 平方米，设八大区域，立体展示东莞非遗项目，是广东省地级市规模最大的非物质文化遗产展示场所。东莞市文化馆主要承担着全民艺术普及和中华优秀传统文化传承弘扬的任务，是国家一级文化馆、广东省十佳文化馆，是全国数字文化馆首批试点单位之一。

玉兰大剧院

位于东莞市南城街道鸿福路 96 号，总建筑面积 40257 平方米，拥有一个 1600 座的大剧场和一个 400 座的多功能小剧场。大剧场配备设计合理的全机械化舞台，有供 250 名演员同时使用的化妆间，供 120 人四管制规模乐队演奏人员使用的乐池和乐队休息室；配备芭蕾舞、歌剧、合唱排练厅及室外景观休闲区；配套 800 个泊车位和一栋建筑面积 11000 平方米的附属楼，可同时满足 200 名演职人员和 170 名大剧院员工的食宿需求。玉兰大剧院定位为打造东莞文化新城的标志、高雅艺术的殿堂、市民艺术教育的园地、文化产业的龙头和社交旅游的首选之地，是东莞市标志性文化建筑，2013 年 10 月 12 日在山东济南"第十届艺术节剧院建设与综合运营高峰论坛"上荣膺"中国十大剧院"称号。

▲东莞玉兰大剧院

东莞篮球中心

位于东莞市寮步镇东部快速路与松山湖大道交汇处，占地约 26.7 万平方米，建筑面积约 6 万平方米，可容纳 1.6 万名观众和提供 1747 个车位。场馆按照国际篮联和

▲东莞篮球中心

中国 CBA 标准设计，以篮球比赛为主，兼顾网球、羽毛球、体操、武术、举重等赛事及演唱会等多种功能。场馆造型新颖独特，外形由钢结构和玻璃幕墙组成，酷似"篮网"造型，馆内橘红色混凝土墙似"篮球"，整体造型就像篮球入网那一瞬间的特照；屋面是一个马鞍型的"双曲面"，整个设计迸发出篮球运动独有的魅力和激情。

第四节 诗词碑赋

一、建设礼赞

开运河
◎张秀明

哪怕山岗连着山岗，
我们是愚公的子孙，
从它的心脏穿出一条蔚蓝的巨壕，
哪怕瓦砾堆成了废墟，
我们有宛如佛掌的圣手万万千，
像旋风扫落叶，卷得它不遗一片，
哪怕潜隐的石块比铁筋、钢骨还硬，
千万条火热的心，汇燃起熊熊的火焰。
像熔炉在冶炼，要它化成灰烬。
让地图上绘着由峡口指向上屯的一道蓝线。

躺在田野和山丘下，伸出长臂，
跟珠江握手，
让东江河骤怒的狂涛，
驯服地在它的怀抱里悠悠歌唱，
让珠江口富饶的江畔，
一年两季黄熟的庄稼跟夕阳的金光比辉，
让莞城的高楼、万家灯火，
倒在碧绿的波涟中轻盈荡漾，
让夏夜的情侣迎着晚风，
携手在堤堰上倾诉衷肠，
让十八万人民的生活从此换上新装，
子子孙孙福无疆。

（原载《东莞报》1958年1月11日第3版）

兰英与新民
◎木 鱼

喜鹊叫，报佳音。从朝到晚唱频频。兰英想起婚姻事，既喜又羞笑看灯。情哥新民人爽朗，笑容终日挂嘴唇。去年抗旱十日夜，坚持到底不避艰辛，今春社里评模范，光荣榜上有新民。兰英心比红花样，愿花常在英雄襟。爱情建立于生产，花阴常见有情人。社员都谈他两个，男勤女俭确相登。本来两人准备好，今年元旦结婚盟。

喜讯传遍，南北东西。开建运河筑大围。消息传来齐振奋，争把力量来发挥。新民喜对兰英讲："我已参加筑大围。工程浩大从未见，移山倒海够声威。天灾一去不复返，水洼涝地任牛犁。此去为期四个月，结婚事情要丢低。"谁料兰英还勉励，嘱郎落力修大围。

离别后，廿多天。翘首天空月又圆。兰英愈想心愈乐，前途幸福比花鲜。喜极难禁推窗望，月光如锦盖田园。豆麦迎风翻细浪，满山果木接云天。塘泥积得铺田野，荒涌又植水浮莲。每亩保证千斤产，社员个个信心坚。乐极修书寄工地，互相鼓励共向前。

灯盏亮，面放红光。兰英写信寄情郎。心上话儿千万重，只挑几句寄外乡。"哥在外乡修水利，兰英社内积肥忙。哥开运河又筑堡，要与龙王争地方。今天多挑一担土，明年多收一担粮。争取完成过春节，戴朵红花转还乡。婚期改在丰收后，双喜临门愿得偿。"兰英写罢抬头想，毛主席领导确有方。纲要条条都是宝，犹如灯塔放光芒。执起笔来加几句，嘱哥永要记心腔。永远跟着共产党，党的恩情比水长。

（原载《东莞报》1958年1月25日第3版）

工区上的青工颂
——为活跃在"东莞大围"工区上的青年男女而作

◎ 尹大钧

我们再不是以前的闺秀，
再不是少爷饭桶，
钢一样的臂弯、铁打的肩，
我们是新时代的劳动英雄！
不管天寒、地冻。

热血在沸腾、雄心在跳动，
满满的一箕，盈盈的一筐，
挑上了肩走啊走，
我们只望运河能早日完工。
新时代的英雄！
以我们的劳动，
叫人永远忘掉——
龟裂的天旱；
滚滚山洪。

（原载《东莞报》1958年1月29日第3版）

工地歌谣四首
（给水利工地民工）

◎ 联 围

（一）好主张

农业纲要放毫光，
共产党出的好主张！
治好水利为根本，
发展生产多打粮。

（二）夺红旗

大力锄泥莫要企，
担满跑快不迟疑！
早出晚归无落后，
定额超过夺红旗。

（三）攻下水利关

哥呀，担泥担得满，
妹的泥担亦不轻！
哥妹同心拼力干，
春前要攻下水利关。

(四)欢度快乐年

哥跑前头妹在后面跟!
为了增产哥妹心相连!
正如鲤鱼喝得春头水,
修好水利欢度快乐年。

(原载《东莞报》1958年2月15日第3版)

工地随笔
◎殷 勤

歌声起,笑颜开,
红旗插到工地来,
呼啦啦的迎风摆,
像一片红云飞过来。

千锹泥,万担土,
滴滴汗珠种幸福,
看他日东莞运河,
碧波送来万担谷。

(原载《东莞报》1958年2月15日第3版)

短诗三首
◎于匡川

(一)

昨天端着枪,
站在海边上,
今天挑着筐,
跑在工地上。

(二)

战士的肩膀,
铁打的一样,
挑起两筐土,
好像长翅膀。

(三)

大车运土忙,
鞭儿抽得响,
是谁赶的车?
我们的营长。

(原载《东莞报》1958年2月15日第3版)

向东莞大围的人们致敬
◎夏 蘅

锄锹响,
泥筐飞,
大禹承可学,
愚公更可追,
群众力量填充海,
泰山虽高亦可推。

你担,
我背,
劳动代价伟。

运河水,
波浪平,
两岸稻花香,
瘠地出黄金,

受益田亩十二万，
增谷二二四千斤，
致敬！
致敬！
永念开河人！！！

（原载《东莞报》1958年3月26日第3版）

寄语清明诗四首
——写东莞大围常平工地

◎ 谢昇平

清明时节雨纷纷，远离乡土倍思亲，
放下泥箕写信寄，登山莫等我一人。

清明时节雨纷纷，门前倚望你亲人，
春耕已到开河紧，积水未疏不见亲。

清明时节雨纷纷，开耕声势处处闻，
保证农田增产量，永念几万开河人。

清明时节雨纷纷，千兵万马苦战军，
突击顽石扫渠尾，为人为己立功勋。

（原载《东莞报》1958年4月5日第3版）

青年突击队之歌
——记东莞大围常平工地

◎ 谢昇平

突击队，不自夸，风不惧时雨不怕，
艰巨任务接到手，千斤顽石当泥沙。

突击队，人人夸，日夜加班无怪话，
苦干号召听过后，铁镐铁笔下开花。

突击队，不自夸，腿深泥涩人人怕，
撞着青年突击手，好多省快如飞马。

突击队，最后话，保证光荣红旗高挂，
坚决苦战二十日，不全胜，誓不回家！

（原载《东莞报》1958年4月20日第3版）

满江红
——为庆祝东莞大围通水典礼而作

◎ 刘劭深

东莞大围竣工了，历时四个月。
初通水，万众欢腾掌声热烈，
劳动人民的功高，共产党人的伟业。
叫顽石低头，河流改道记史页。
从此，十二万亩埔田涝灾根绝。
大生产、力争上游名前列，
沐雨苦战，八十万人心似铁。

（原载《东莞日报》1958年5月2日第3版）

欢庆东莞大围放水

◎ 民间艺人作

（诗白）千万健儿日夜忙，强将山地变河涌，排涝抗旱功劳大，灌溉万顷好田庄。

（滚花）念罢诗词，且把新歌唱。欣

逢五一劳动节，又兼大围放水在当场。大快人心，真令人满怀欢畅。

（中板）东莞大围，经过几月辛劳，已建成竣工。忆日前，数万大军，好比冲锋一样。挑泥爆石，日夜苦战，修成二十千米长。疏通河流，船只可畅通、远航。

（滚花）此后每年可增产稻谷二千多万斤，人民生活有保障。

（板眼）造福十八万人民，幸福生活得安享。排除涝患，杜绝那海波扬，从此乐业安居，都是多得恩人共产党。

（滚花）行行不觉，已到大会会场。

（跳花鼓）只见红旗招展，人流如海洋。

（白榄）参观人来来往往，千万万，着艳装，正好迎接大节日，个个笑眉扬。

（续唱）真是万人齐欢乐，喜气洋洋。

（滚花）啊！原来莞城大桥也已沟通，更为大围争光。说话之间，忽然人声似雷响。

（七字清中板）原来水闸已开放，犹如万马脱绳缰，清清流水淙淙响，千年梦想今朝偿。

（滚花）美景当前，真令人悠然神往。

（原载《东莞日报》1958年5月2日第3版）

安睡吧！孩子
◎傅佐良

江水吻着明月，高空悬着星群，春风抚弄着熟睡的花木，孩子吻着妈妈的胸脯。"轰轰轰"小窗子传来一片爆破声。"哇哇哇"爆破声惊醒了在妈妈怀里甜睡的孩子。安睡吧！孩子。永远再也听不到敌人的炮声，这是工人叔叔在建设东莞大围。安睡吧，孩子，明日妈妈带你到河里去划船；明日妈妈带你到大围旁边去玩耍。

（原载《东莞日报》1958年5月2日第3版）

不倦的老人
◎力　林

峡口工区一民工，他的名字叫刘吉。年虽五十志不老，勤劳朴素又踏实。工作劲头赛青年，担土锄泥争第一。每天担泥百多担，完成任务还超额。突击队员开夜工，情感激动了刘吉。他想自己虽然老，但是身体还使得。于是发动其他人，参加夜战身作则。日日夜夜都干齐，从未偷闲过片刻。有次夜工刚开完，已近三更的时刻。队里忽然有要事，派人回家取工物。刘吉自告奋勇说："这个任务由我来，保证取得工具回，明天工作无一失。"取得工具回来后，月已西沉天已白。刘吉本来很疲倦，红丝染红了眼睑。但他仍然不罢休，舞起锄头将泥掘。忘我劳动老英雄，真是铜皮与钢骨。

（原载《东莞日报》1958年5月2日第3版）

再见吧,亲爱的战友
◎周焕谦

再见吧!同志们,
我们来自各方,但我们只有一个志向——
要攻克水利关,消灭水旱患。

再见吧!同志们,
我们为了改造自然,来到东江的河畔;
不怕狂风暴雨,日夜苦干。

再见吧!战友们,
大围工程完工了,我们也要离别了,
但是分离的心情多么依恋!

再见吧!亲爱的战友们,
让我们在一起的时候走上那高高的堤围,向四周瞭望。

美丽的祖国啊,富饶的东莞!明天,我们要为您献出更大的力量。

(原载《东莞日报》1958年5月2日第3版)

喜事重重
——运河通水速写
◎李绍涵

万人合唱"社会主义好"。
歌声到处,引得运河流水奔驰,哗啦啦的响在一起。
这歌声的可贵,出自无数民工起茧的双手。

(原载《东莞日报》1958年5月3日第3版)

新开运河长又长
◎陈雪轩

新开运河长又长,运河开好多产粮。
歌唱生产大跃进,河水欢呼哗哗响。

新开运河长又长,千年奇迹不夸张。
运河好比大动脉,排洪灌溉福家乡。

新开运河长又长,千万人民齐逞强。
雨作晴天夜作昼,英雄气概世无双。

新开运河长又长,不愁水旱成灾殃。
是谁出的好主意,共产党的好主张。

(原载《东莞日报》1958年5月7日第3版)

推广鸡公车
◎张　焕

会唱山歌歌驳歌,会织绫罗梭对梭,
谁说担挑不辛苦,会找窍门闲得多。
先进事迹不虚夸,改良工具有揸拿,
大胆突破旧方法,实行推广鸡公车。
两人合作肩并肩,一人前面把绳牵,
肩挑难比推车好,一车能推四百斤。
大话最怕算细账,一人还比三人强,
新式农具要推广,鸡公车啼遍山乡。

(原载《东莞日报》1958年5月7日第3版)

运河的傍晚

◎ 黎植华

傍晚,运河的流水辉映着残阳送给它的锦袍;南风泛起了一层层晚霞倒影的金波,三五游艇划破河面的倒影,慢慢地驶向远方。艇上几个二十刚出头的小伙子,哈哈地笑个不停,笑声格外爽朗,带有感谢党的领导、感谢民工们的辛劳。

一群群在河中洗澡嬉戏的小孩,玩得水花四溅。他们中有的在水中一伸一缩,像个青蛙;有的一浮一沉,互相追逐,仿佛要告诉岸上所有的叔叔、阿姨:我们为建设美丽的祖国、幸福的东莞而锻炼身体哩。

忽然,"扑通"一声,河面浮现出几个身材魁梧的工人。他们那结实的肌肉,在桥上隐隐可见。他们游得真轻松,一时蛙泳,一时蝶泳,好像要让河水洗尽所有的疲劳,鼓足移山倒海干劲,无论如何也要在十五年内使我国工业赶上英国。他们每一个动作,都让人体会到工人阶级的伟大气魄,难怪岸上的中年人流露出骄傲,白发苍苍的老人感到自己年轻了一半。

随着水声的平息,游泳的工人、小孩的上岸,匆匆的流水又翻滚着金波涟漪。美丽的景象最能使人回忆:国民党统治时期,莞城镇灾难连年,洪水齐胸,不知多少人妻离子散,死亡水中。然而,反动派关心的不是人民的生命财产,而是更多的苛捐杂税。今天在共产党的领导下,千万民工,创造幸福的劳动双手,仅用四个月时间,就使得我县十二万亩埔田的历年水患,随着流水一去不复返了。

不知是南风多情,还是人们的精神得意,个个都精神焕发,心神舒畅,一阵阵"咿呀"的橹声送进大家的耳朵,顺着声音眺望,原来是两条大泥船满载着砖瓦,在运河中摆荡着驶来莞城。的确,运河给莞城居民提供了无限的方便,给农民带来了说不完的幸福。

毗连河边的博厦社,往年在天旱威胁时,往往要从一里多路外抽水入涌灌田,而现在,只要架起一部水车,就可以遍地皆有水,无田再望天了。

(原载《东莞日报》1958年5月8日第3版)

实现亩产万斤粮

◎ 李绍涵

运河水,长又长,两岸丰收谷米香。
七一频向党报喜,锣鼓喧天闹洋洋。

共产党,好主张,兴修水利改土壤。
每亩积肥千万担,庆幸今朝谷满场。

大丰收,齐歌唱,提前插好尾造秧。
深耕细作加油干,一造要比一造强。

敢创造,敢设想,破除迷信出主张。
拿出降龙伏虎劲,实现亩产万斤粮!

(原载《东莞日报》1958年7月8日第3版)

运　河
◎ 李灿榆

"运河"这个名字多么熟悉啊！不知是否自己会为她出过力而感到特别亲切呢，还是因这儿的文章丰富多彩！

东莞运河建成后，给两岸的人民带来幸福。现在成熟的稻谷在南风的吹拂下，涌起一阵阵的金黄色的波浪：打禾机的怒吼声震撼着整个田野，犁田的、割禾的、担谷的，快活地劳动着的人们的笑声，竞赛、挑战声混成一片，构成一幅丰收的图景。

记得去年的今天，仍是这片田野，四面白茫茫的一大片，洪水吞没了这里的农作物。当时为了抢救这无边的稻禾，社员们筑起一条数里长的新堤，堤上排列着几十部大水车，人们骑在水车上夜以继日地踏着、车着，可是总不能全面抢救洪水中的稻禾。回忆起往事，对比今天的丰收景象，更觉得运河的可爱，这个名字的亲切。

幸福的创造，运河的建筑，有自己的一份力量。这激动的心情能压得住吗？我在田中一面收割着那闪光的稻谷，一面回忆筑堤开河的过去，不自觉地将割得的一把稻穗凑近鼻子，贪婪地深深吸了一下，只觉得金黄的谷子特别香。这时我在大围苦战时那紧张的一幕，也鲜明地回旋在脑际，翻动着，浮泛游动着……

今年的丰收，给了我一个鲜明的启示：幸福的日子不是从天上掉下来的，而是要人去创造，去征服自然，去做大自然的主人，而不是像过去一样，做自然的奴隶。"运河"给我带来幻想，也带来力量，让我在党的领导下，在集体的大家庭里，插上翅膀朝着更美好的前程飞去。

（原载《东莞日报》1958年7月8日第3版）

红旗飘飘人赞美
◎ 温泽深

运河水，潺潺响，河水流出歌儿唱。
唱那伏虎男儿汉，唱那降龙女娇娘。
思想解放再解放，英雄气概不平凡。
上天敢把天宫闯，下海力敢挽狂澜。

孙悟空七十二变，不比现在众英贤。
技术革命打头阵，革新创造胜神仙。
孔明黄忠站一边，桂英甘罗不敢前。
英雄人物数今日，梁山好汉愧并肩。

开科取士要三年，当今天天出状元。
过去万般皆下品，将相今日出农村。
花香引得蝶满枝，红旗飘飘人赞美。
个个都把劳模爱，人人都把劳模追。

葵花朵朵向太阳，总路线呀定方向。
千谢万谢共产党，教育还胜亲爹娘。
牡丹还要绿叶衬，劳模荣誉属全民。
上游从此人人向，沙场战死不让人。

壮志凌云不等闲，尾造生产要再翻。
苦战一月定大局，誓破夏收夏种关。

要当革命促进派，群英会上共发誓。

谁乡谁社跃进快，年底再见比高低。

（原载《东莞日报》1958年7月12日第3版）

碧水民心河

◎ 庞先锋

东引运河，我们的碧水民心河。延绵102千米，全省最长的人工河；17座水闸，一座泵站，宏大规模；集雨1200平方千米，环抱大半个东莞，地域真辽阔！

碧水民心河，你宛如一条七色彩虹，轻盈飘洒，霞辉四射，你又恰似一条晶莹碧透的项链，心地如佛。

碧水民心河，你是东莞30万军民辛劳的双手开拓。你沐浴着改革开放的春风，一路凯歌，一路坎坷，保驾着东莞人民乘上这列全面小康的战车。

碧水民心河，你为莞邑大地赋予了无限的幸福和恩泽。滋润农田20万亩，捍卫土地18万亩，驱害兴利，引淡排浊。

当水乡遭遇旱灾干涸，是你引来清泉，稻田一造变两造，从此，劳动人民的好日子红红火火。

当台风暴雨来临，你启动千钧般的闸门，斩断了一个个肆虐的狂魔，千家万户不会受到洪涝的困惑。

当污水横流，咸潮上溯，你忍辱负重，气壮山河。拦截咸涌，排出污祸，创新了百姓们的和谐环境和清洁场所。

碧水民心河，我们有一支钢铁般的战士，我们有一支"以闸为家"的楷模，他们不惧狂风巨浪，不怕烈日如火。他们坚守岗位，默默无闻，耐得住夜夜与星星为伴的寂寞。他们"舍小家为大家"，就是图个百姓们的生活安乐祥和。

碧水民心河，我们新一代水利人，继往开来，朝气蓬勃，忠诚是你的灵魂，为民是你的心窝，科学是你的翅膀，务实是你的品格。

碧水民心河，前景光明，岁月蹉跎。新的规划蓝图，画卷赛银河。市府又投入44个亿，"截污、治堤、清淤、活源"，八字整治方针金光闪烁。5项应急工程即将开始，36个污水处理厂业已开锣。

看！明天的碧水民心河，一河两岸美如画，一脉清川荡碧波。船儿摇，鱼穿梭，清出芙蓉阁。彩蝶飞百鸟鸣，翠柳舞婆娑。春送爽，秋丰硕，妇孺齐欢乐。

碧水民心河，你是东引的旗帜，你是东引的品牌，你是东引的主题歌！

东引之歌

◎ 庞先锋

绵绵运河绕东莞，座座水闸坚如磐。

我们是神圣的护闸使者，我们是光荣的工程管理员。

防汛排洪排涝，保护东江水源。

解放思想，科学发展。
忠诚为民，务实肯干。

以闸为家，昼夜值班。
不畏艰难，不怕流汗。
风雨无阻，抗洪抢险。
狂风暴雨何所惧，烈日炎炎志更坚。
为了人民的利益，为了百姓的安全。

再苦
再累心里甜，
再苦
再累心里甜。

忆往昔峥嵘岁月
◎叶赖成

河源落湿石。
石龙大三尺。
东江黄沙①寒溪水，
一场暴雨白茫茫。
大搞水利号角响，
百万雄师鼓声壮。

突击队员打先锋，
工地红旗如火旺。
少妇背儿肩挑土，
汗水和雨洒三江。
莞邑儿女不怕苦，
敢叫山河换新装。

①黄沙：即黄沙河。

（原载《运河整治动态》2019年12月总第5期）

打油诗
◎邝耀水

战地红旗展，
干群斗志昂，
顶风霜披星戴月战天光，
铁锤高举恐龙化（石）。

钢钎打洞炮声隆，
铁笔木棍山河底，
肩挑车运推土泥，
石堤大坝何所惧，
战士高奏凯旋归。

二、运河歌咏

野马分鬃·石马河口

桥头西畔隐残霞，灯火通明十万家。
鸟自投林鱼读月，碧池春半见荷花。

白鹭横江·庆鹤湾

新来碧水与天清，万物因时自发生。
为趁雨前多得利，连翩白鹭向江横。

榴花映塔·寒溪峡口

榴花直插白云间，塔影夕阳山外山。
明月年年圆复缺，一江春水过前弯。

清流急湍·东江河畔

高楼处处向人招，此去繁华路不遥。
秋水白云何限意，和风吹度赤阑桥。

层楼挹翠·西城楼

千年莞邑起新楼，远近云山眼底收。
见说运河江水碧，一钩凉月半城秋。

飞龙驾日·鸿福天虹

双流交汇著宏篇，更欲名驹着一鞭。
鸿福桥通鸿福路，向人争拟说春天。

雄关锁雾·虎门银河

东风一夜绿江前，装点层楼入醉烟。
天外彩云帘外雨，寒声轻到紫栏边。

碧海掀潮·滨海湾

百里沿江凿运河，西流到海不扬波。
东官风物长如此，一路经行一路歌。

（作者：叶永新）

▲ 运河上的桥梁（2022年）

浪淘沙·东莞运河
◎叶永新

引水出桥头,石马西游。
平川一路向茅洲。

半载农工开广济,未雨绸缪。
澄碧去悠悠,岁月如讴。

春天故事唱无休。
自是洪涝从此别,利在千秋。

采桑子·大圳埔
◎叶永新

长堤雨后烟川好,玉枕玻璃。
杨柳丝丝。尽日红黄爱弄姿。

游蜂粉蝶翩翩舞,倒影斜晖。
撩拨情思。一点晴光白鹭飞。

点绛唇·峡口
◎叶永新

簌簌松声,谁掀抗日狂风雨。
寒溪弯处,往事西流去。

石碣桥边,接踵行舟旅,
长堤树,雨朝风暮,见尽江无阻。

虞美人·东江大桥
◎江海舲

一泓碧水横城郭,看尽花开落。
自从天堑卧长龙。

乐见英雄故里惜英雄。
榴花塔影斜阳醉,荔熟松苍翠。

小城幸福话儿多,
相约东江桥畔钓清波。

采桑子·西城楼
◎叶永新

民丰物埠东官好,十里洋场。
百里华章。碧水江流细细长。

西城楼外娟娟月,惯见沧桑。
惯见名扬。白玉兰开处处香。

减字木兰花·鸿福桥
◎苏些雩

高鸿厚福,泛彩流辉容一掬。
故土新城,势起双虹百业荣。

通衢有道,激发豪情诗可步。
车水马龙,矫矫凌波同不同?

减字木兰花·虎门银河
◎苏些雩

虎门雄起，己亥销烟休忘记。感悟祥和，盛世恒强一阕歌。

银河路段，漫步曦微偿所愿。笑说兜风，宝马奔驰自在中。

减字木兰花·磨碟出海口
◎苏些雩

凫飞浪涌，磨碟滔滔潮可弄。拂却尘埃，俯仰空漾何壮哉。

风云入抱，沐此朝晖今正好。天际桅樯，指日航程达五洋。

三、碑记

东莞寒溪水闸记

东莞青鹤湾之水，自寒溪以上，其地率低于江岸，东江水涨，田亩皆沦为泽国，被害面积八万一千余亩，为民患害久矣！民国十六年乡人请于广东治河处，审度地势，议建闸于寒溪以御之，惟以费巨莫由集而罢。二十年乡长邓朝宗等复申前请，仍以款绌不行。廿一年军长香公翰屏主中区绥靖事，轸念民瘼，锐意修举，复咨于农学院邓君植仪，以为建闸利大，不宜以费阻。先召各乡董会议由地方任筹工费五万元，复商于明伦堂县绅贷款四万元，广东治河委员会贷款八万元，议闸成由田壤陂池之受利者，递年摊还。于是有筹建寒溪水闸委员会之设。鸠工庀材，克日兴作。既而香公去职，委员范公德星来继，会工事过半而款不敷，因与县人李军长扬敬请于总司令陈公，商诸财政厅贷款五万元继之，阅事卅月而闸成，计费二十二万元。亘溪树防，屹若高墉，宣导以时，出土于水，复还民有。昔之横流，化为甘壤，秭黍稻粱之利，不可胜算。农民豫悦，讴歌垅畔，来庆功成。昏垫之虐，切于肌肤，而民惧非常，不克自谋。赖贤长官协力谋虑，夺水凶门，卒底于成。昔西门起邺，郑国行秦，皆顺水性。兹障洪流，用粒烝民，盖惠保之政所尤急也。爰纪工用，以谂来者，保奠厥绪，视兹刻石。董其役者：中区绥靖公署为张参谋长国元、叶参谋长敏予、李参谋长郁焜、陈参谋长仲英、黄处长维玉，广东治河委员会为黄科长谦益、陈主任白宣、柯总工程师维廉，东莞县政策为陈局长云峰，明伦堂委员为陈君达材、李君枚叔，乡代表为刘君日辉、邓君朝宗、叶君兆春等，例得备书。

（中华民国廿四年五月筹建寒溪水闸委员会立石 刘纪文书 端州梁俊生刻）

第七章
人物与荣誉

东引运河流域所在的东莞地区，建城历史悠久，经济文化发达，水利人才辈出，或筑陂开渠，或修堤建闸，或建言献策，为运河的诞生提供了不可或缺的基础和前提。在20世纪50至70年代那个缺资金、缺技术、缺物资的艰苦时期，数以几十万计的决策者、组织者和建设者，前赴后继投身运河开凿、扩建；一代又一代的东莞水利人，忠实履行一代人的使命，勇敢扛起一代人的担当，接续砥砺奋斗，默默奉献在运河建设管理一线，自运河始建至今涌现出大量先进集体和模范人物。他们敢为人先、勇于开拓、自力更生、艰苦奋斗、舍身忘我、无私奉献的精神品质是运河永恒的灵魂，是遗泽后世的宝贵精神财富。

第一节　人物传

张　如

张如

张如（1911—1999年），原名张广业，东莞莞城人。1925年入东莞中学读书，受进步思潮影响，向往革命。1935年1月加入中共外围组织——设在广州的中国青年同盟，同时组建东莞分盟，任书记。

1936年7月加入中国共产党，历任中共东莞支部委员会委员，中共东莞中心县委委员兼东（莞）宝（安）边区工委书记，中共香港市委委员、组织部部长，港九特派员等职。1943年奉调回内地，先后在中共领导下的珠江纵队、东江纵队工作。1948年奉派到中山、顺德从事农村武装工作。1949年5月回莞，任东莞县军管会秘书，参与筹备接管各项工作。同年11月奉派负责万顷沙接管工作，曾任广东省农林厅万顷沙农场副场长。1951年任东莞县土改委员会秘书。

1953年1月任东莞县人民政府建设科科长、水利科科长。1954年冬，主持完成怀德水库续建工程，规划实施一批蓄水工程。1955年任中共东莞县委常委、副县长，仍分管水利工作，并兼任县水利科科长。在县委、县人委主要领导支持下，全面开展水利普查，深入调查研究，多方征求意见、建议，主持制定全县水利建设规划，明确全县水利建设的重点，即：山乡丘陵地区建山塘水库圳陂，蓄水抗旱；沿江地带联围建闸防洪防潮；低洼埔田地区采取截（洪）、排（涝）、导（疏导内涝积水）等综合措施除治内涝；沿海地区联围建闸，上移引水口引淡拒咸。为根治寒溪河内涝，张如带领工程技术人员进行深入细致的调查研究,栉风沐雨,日夜兼程,走遍整个寒溪河流域。张如曾带领有关区、社领导六上神山,察看地形,了解情况,探求治水之策。在掌握大量第一手资料的基础上,吸收水利普查成果,张如提出整治寒溪河内涝的五项综合措施,其要点是:凿河排洪(涝),开凿东莞运河,由峡口至石鼓,长 19.5 千米;筑库滞洪,于寒溪河上游修筑同沙、松木山、黄牛埔 3 座中型水库,在大岭山区建小型水库 3 座;圈筑内围,在寒溪河下游低洼埔田地区修筑千亩以上内围 25 条;建站排涝,建设机电排站排除涝区积水;挖渠截洪。该方案分期分年度实施后,寒溪河内涝问题得到较好解决,170 余平方千米的寒溪河涝区变成 9600 余公顷良田。张如首倡并组织开凿给东莞人民带来福泽的东莞运河,被誉为"东莞运河之父"。因领导全县水利建设成绩卓著,中共东莞县委曾于 1958 年研究决定给予张如记大功一次奖励。

为解除沿海地区海(咸)潮威胁,张如于 1956 年带领一批技术干部指导建设四乡联围。经年余努力,先后建成漳澎、南丫、破流等水闸,使围内 1300 余公顷稻田由单季改为双季,单位面积产量大幅提高。

1959 年 6 月,东江发大水,张如在抗洪一线指挥。水位持续上涨,14 日,山洲围多处出险,向县防汛指挥部告急。张如根据东江上游雨情水情及洪水上涨趋势分析权衡,决定在积极抢险的同时,迅速组织群众撤离。全围 2000 余名群众安全转移,仅数小时之后,山洲围于 15 日 15 时失守,全堤漫顶 0.5 米。因判断正确、决策果断,避免了一次大的财产损失和人员伤亡。

1960 年春旱,沿海沙田、麻涌等公社 6600 余公顷农田因缺淡水影响春耕,县委经研究确定在老鼠涌、麻涌口等 11 处堵河蓄淡抗旱,由张如组织实施。张如在东莞糖厂建立指挥部,亲临堵河一线指挥,昼夜乘船至各堵河工地巡查督促,其敬业精神深深感动人们。

1960 年 9 月 12 日,新建成的同沙水库因库区突降特大暴雨,库内水位急骤上涨,超防限水位 1 米,主坝多处出险,坝脚管涌出险 10 余处。张如临危不乱,按照技术人员提议,指挥抢险队伍在管涌处以砂石作反滤镇压台,疏水导渗,迎水坡用黄泥作铺盖,同时破副坝溢洪,迅速降低水位,终使水库大坝转危为安。

张如注重人才的培养及使用,言传身教,严格要求,大胆使用,为全市水利建设事业培养了一批技术骨干和管理人才。1954 年,张如亲自主持选拔初中毕业生 36 名,并让他们在石龙集中培训,且在怀德水库、麻涌四乡联围等水利建设工程工地实习锻炼后,分派至各水利岗位工作。这 36 名初中毕业生逐步成为全县水利建设队伍中的骨干力量,其中多人走上领导岗位或成为技术骨干。

1966 年 8 月,张如调惠阳地区工作,历任水电局副局长、科技局副局长等职。1973 年 3 月退休。1987 年改为离职休养,享受副厅级待遇。1999 年 7 月 5 日病逝于东莞,享年 88 岁。

邝耀水

邝耀水

邝耀水（1919—2021年），东莞大朗人，1937年参加革命工作，1938年4月加入中国共产党。

抗日战争期间，先后任东莞抗日模范壮丁队战士、股长、联络员、科长等职。

解放战争时期，任东莞县支前司令部新一区支前委员会副主任，积极参与营救被俘入狱人员，动员组织青年参军，奉命策反国民党军投诚、起义等工作。

新中国成立后，先后任广东省支前司令部秘书处总务科长，东莞县军事管制委员会军事特派员，第一、第二届人民代表，东莞县人民政府工商科科长，贸易公司经理，水利科副科长，水电局副局长等职。从事水利工作期间，是张如的得力搭档和助手，带队勘察发现开凿运河的有利自然条件，全程亲历始建运河的前期筹划、报送资料、工地施工，为运河开凿解决碳素钢、雷管、炸药等难题。

20世纪60年代，被错定为"阶级异己分子"，受开除出队和留队察看两年处分。1970年，下放到塘厦当农民。1974年，被安排在塘厦出口站任一般干部。

1980年平反，恢复副局长待遇，但仍留在塘厦出口站工作。1986年12月离休。其间，曾任东莞市政协第五、六届常务委员会常委（处级）。邝耀水任职期间尽管遭到多种不公平待遇，但他从不计较个人得失，仍然忘我工作。离休后，他仍继续在塘厦出口站协助领导工作，一干又是十年。

1996年，塘厦老干部活动中心成立，邝耀水担任副主任，把活动中心办得有声有色。

2000年12月，塘厦镇成立关心下一代工作委员会，邝耀水出任关工委主任。他不计报酬，无私奉献，除节假日外，天天在老干部活动中心及关工委上班，还经常与关工委其他同事深入各中小学和村委会了解青少年思想状况，与学校一起加强青少年法治教育和思想品德教育，并取得良好效果，受到社会好评。个人获得"全国老有所为奉献奖""全国老有所为先进典型人物""广东省老有所为奉献奖""广东省老有所为先进个人""银星奖""优秀工作者""广东省优秀共产党员""东莞市先进党员""东莞市优秀老党员""东莞市关爱妇孺发展博爱人士"等荣誉，获颁"中国人民抗日战争胜利60周年"纪念章、"光荣在党50年"纪念章。

2021年11月22日，邝耀水因病医治无效去世，享年102岁。

林　若

林若（1924—2012年），广东潮安人。他在青少年时期就开始接受进步思想。在梅州东山中学读书期间，他孜孜追求革命真理，参加中共地下党领导的抗日救亡运动。1945年5月，加入中国共产党，同年7月，考入中山大学文学院，在校学习期间，团结、引导进步青年积极参加爱国学生运动。1947年1月，由于身份暴露，前往东江游击区工作，历任东江第二支队教导员、粤赣湘边纵队支队政治指导员、团政治处主任。

林　若

1950年3月后，历任中共广东省珠江地委政策研究室城市组组长，中山县土改工作队队长，东莞县五区土改工作队队长、区工委书记，东莞县委宣传部部长，县委副书记、书记。林若在莞工作15年，被称为"东莞的领路人""焦裕禄式的人"。2009年获东莞市委、市政府颁发的"60年东莞时代人物"，被誉为"厚德务实、勤奋严谨第一人"。任东莞县委书记期间，林若同志重视水利建设，顶住政策、资金、技术支持缺乏等多重压力，毅然果敢决断启动运河开凿工程，亲自决策、指挥这项伟大的工程建设。

1966年7月，任中共广东省湛江地委第一副书记。"文化大革命"期间曾受到冲击、迫害。1971年2月后，历任湛江地委常委，南方日报社党委副书记、革委会副主任，省委运动办副主任，中共广州市委书记（当时设有第一书记）。1977年7月，任中共湛江地委书记。1982年12月，任中共广东省委书记（当时设有第一书记）。1985年9月，任中共广东省委书记、广东省军区党委第一书记。1990年5月，兼任省人大常委会主任、党组书记。1991年1月至1996年12月，任省人大常委会主任、党组书记。1997年起担任广东省关心下一代工作委员会主任、广东省老区建设促进会理事长等职务。2004年9月离休。

林若是中共十二大、十三大、十四大、十五大、十六大、十七大代表，第十二届、十三届中央委员，第七届、八届全国人大代表。2012年10月因病于广州逝世，享年89岁。

袁卫民

袁卫民（1925—2019年），原名袁镇安，东莞东城人。1944年参加广东人民抗日游击队东江纵队，任东（莞）宝（安）路西行政督导处（县级政权）政工大队副中队长、中队长，于东莞的大岭山、寮步、大朗、宝太线，及宝安的公明、燕村、水贝、沙井等地开展民运工作。1945年春加入中国共产党。1946年春奉命撤到香港隐蔽。1947年初回到东莞恢复武装斗争，组建大岭山武工队，恢

袁卫民

复大岭山地区的工作。不久任惠东宝人民护乡团第三大队东莞队铁鹰队指导员。1948年4月任广东人民解放军江南支队第三团东莞大队教导员。1949年1月任中共大岭山区区委书记，同年6月任中共新二区区委书记兼区长，9月任中共东莞县委常委、东莞县人民政府副县长。中华人民共和国成立后，历任中共东莞县委常委、东莞县人民政府副县长、莞城镇委书记兼镇长、第六区区委副书记兼六区区长兼太平镇镇长、一区（附城区）区委书记、县委宣传部副部长、县委生产合作部部长等职。1956年至1960年3月，任中共东莞县委书记处书记（即县委副书记）兼县长兼政协主席。1957年1月至1961年4月任东莞县县长。任县长期间，亲自担任东莞大围工程指挥部总指挥，直接领导并参加1957年至1958年东莞运河的开凿工作。后调任佛山专署农业局局长。1960年9月任中共惠阳县委书记处书记（即县委副书记），后兼任县长。1965年任惠阳专署农业办公室副主任。"文化大革命"期间，受到林彪、"四人帮"的迫害。1970年恢复工作，任惠阳地区精神病院革命委员会主任。1973年至1979年8月任惠阳地区移民办公室主任、农业办公室副主任。1979年8月调任中共深圳市委办公室主任。1985年离休。2019年5月病逝于深圳，享年94岁。

王泰明

王泰明

王泰明（1927—1994年），东莞厚街人。1949年6月在厚街加入中共地下组织领导下的解放大同盟共青团，任支部书记、村长。1954年5月参加工作，当年加入中国共产党，历任厚街区土改工作队队员、组长，中共沙田区委员会委员，中共虎门区、沙田区委员会副书记，沙田人民公社社长等职。1965年任中共长安人民公社委员会委员。1969年调东莞县水电局工作。1980年任东莞市东引运河工程管理处主任。1988年离职休养。

王泰明在沙田、虎口、长安公社（区）任职期间，曾长期分管水利工作，参与规划并组织实施沙田鞋底沙、齐沙、福禄沙、横流、老鼠涌等多项防咸拒潮工程，并参与指挥完成潢新围复堤堵口、沙田镇开河引淡等多项抢险救灾和工程建设任务。到水电局工作后，创办市水利预制场，在极其艰苦的条件下，开展技术攻关，带领技术人员及水利职工为东莞、宝安、广州等地制作并浮运沉放建成水闸、涵洞、码头、泵房、桥墩近百座，为珠三角沿海地区水利建设作出积极贡献。1980年调东引运河工程管理处任职后，深入沿线各镇区调查研究，在全面掌握工程情况的基础上，提出并实行"勤灌勤排、蓄排结合、旱天多蓄、雨天抢排"等一套行之有效的管理方法，较充分地发挥工程效益，受到受益地区干部群众普遍好评。在做好工程管理各项工作的同时，积极开展多种经营，发动职工集资办厂、建码头、发展餐饮旅游业，取得较好的经济效益和社会效益，增加职工收入，工程面貌及职工精神面貌均发生明显变化。王泰明任职期间，东引运河工程管理处曾多次被评为国家、省、市水利系统先进单位，其本人也多次受到国家、省、市水利部门的表彰奖励。

离职休养后，王泰明曾参与组织实施威远围围垦工程、市燃料公司沙田码头油库建设工程，继续为水利事业贡献力量。1994年10月因病去世，享年67岁。

第二节　奖励和荣誉称号

表7-1　单位奖励和荣誉表

获奖时间	获奖单位	荣誉称号或奖励等级、项目	颁奖（授荣）单位
1988年10月	东江引水工程管理处	水利系统综合经营先进单位	水利部
1991年	东江引水工程管理处	全国水利管理先进单位	水利部
1991年11月	东江引水工程管理处	全国水利系统综合经营先进单位	水利部
1991年11月	东江引水工程管理处	东莞市模范集体	东莞市人民政府
1997年1月	东江引水工程管理处	文明单位	东莞市委、市政府
1998年2月	东江引水工程管理处	文明单位	广东省水利厅
1998年10月	东江引水工程管理处	水利工作二等奖	东莞市人民政府
1999年11月	东江引水工程管理处	水利工作先进单位二等奖	东莞市人民政府
2000年11月	东江引水工程管理处	水利工作先进单位	东莞市人民政府
2001年11月	东江引水工程管理处	省一级档案管理单位	广东省档案局
2003年3月	东江引水工程管理处	水利系统劳动竞赛先进集体	广东省水利厅
2003年	东江引水工程管理处	文明标兵	东莞市委、市政府
2015年1月	东莞市运河治理中心	2014年度水务工作先进单位	东莞市水务局
2016年11月	东莞市运河治理中心	中国水利工程优质（大禹）奖——东莞市挂影洲围石碣泵站扩建工程	中国水利工程协会
2017年12月	东莞市运河治理中心	省一级档案工作目标管理单位	广东省档案局

续上表

获奖时间	获奖单位	荣誉称号或奖励等级、项目	颁奖（授荣）单位
2018年1月	东莞市运河治理中心	2017年市直机关"共产党员先锋岗"优秀示范岗	中共东莞市直属机关工作委员会
2018年2月	东莞市运河治理中心	2017年度水务工程平安工地——东引运河下游石鼓水闸至虎门水闸河道清淤清障应急工程（四标）	东莞市水务局
2018年11月	东莞市运河治理中心	2018年度广东水利建设工程文明工地——东引运河下游石鼓水闸至虎门水闸河道清淤清障应急工程	广东省水利水电行业协会
2019年12月	东莞市运河治理中心	2019年度广东水利建设工程文明工地——石马河河口东江水源保护一期工程	广东省水利水电行业协会
2019年12月	东莞市运河治理中心	2019年度广东水利建设工程文明工地——东莞市运河综合整治石马河流域干流马滩水闸改扩建工程	广东省水利水电行业协会
2020年4月	东莞市运河治理中心	2019年度水务工作先进单位	东莞市水务局
2020年4月	东莞市运河治理中心	2019年市直机关规范化建设先进党支部	中共东莞市直属机关工作委员会
2020年7月	东莞市运河治理中心	广东省土木工程詹天佑故乡杯奖——东引运河下游石鼓水闸至虎门水闸河道清淤清障应急工程	广东省土木建筑学会
2020年12月	东莞市运河治理中心	广东优质水利工程奖三等奖——东引运河下游石鼓水闸至虎门水闸河道清淤清障应急工程	广东省水利水电行业协会
2021年2月	东莞市运河治理中心	2020年度全市档案工作先进单位	中共东莞市委办公室
2021年5月	东莞市运河治理中心	2021年度广东省建设工程优质奖——东莞市运河综合整治石马河流域干流马滩水闸改扩建工程	广东省建筑业协会
2022年7月	东莞市运河治理中心	广东省土木工程詹天佑故乡杯奖——石马河河口东江水源保护一期工程	广东省土木建筑学会

续上表

获奖时间	获奖单位	荣誉称号或奖励等级、项目	颁奖（授荣）单位
2022年11月	东莞市运河治理中心	2021—2022年度广东省优质水利工程奖一等奖——石马河河口东江水源保护一期工程	广东省水利水电行业协会
2023年1月	东莞市运河治理中心	2023年度水务工作先进事业单位	东莞市水务局

表7-2　个人奖励和荣誉表

姓名	性别	获奖名称	授予单位	获奖时间
黄满海	男	特等奖	东莞大围指挥部	1958年
刘吉	男	特等奖	东莞大围指挥部	1958年
黄锦涛	男	特等奖	东莞大围指挥部	1958年
韩尹春	男	特等模范	东莞大围指挥部	1958年
钟袁灼	男	特等奖	东莞大围指挥部	1958年
陈应根	男	一等奖	东莞大围指挥部	1958年
钱全树	男	特等奖	东莞大围指挥部	1958年
周金炳	男	特等奖	东莞大围指挥部	1958年
卢兰妹	女	一等奖	东莞大围指挥部	1958年
张秀琼	女	特等奖	东莞大围指挥部	1958年
邓耀滔	男	东莞运河城区段整治工程设计——东莞市科技进步二等奖	东莞市人民政府	1993年
邓耀滔	男	东莞运河城区段整治工程设计——东莞市农业科技成果二等奖	东莞市人民政府	1994年

续上表

姓名	性别	获奖名称	授予单位	获奖时间
陶 谨	男	计算机在峡口排水计算中的应用——东莞市农业科技成果三等奖	东莞市人民政府	1995年
李集坚	男	市农业科技成果四等奖	东莞市科委	1995年
		优秀青年科技工作者		1996年
		先进科技工作者	东莞市农委	1998年
		科技优秀组织工作者	东莞市科协	2001年
		广东省城乡水利防灾减灾工程建设先进工作者	广东省城乡水利防灾减灾工程建设领导小组	2006年
		广东省城乡水利防灾减灾工程建设先进个人	广东省人力资源和社会保障厅、广东省水利厅	2011年
		先进工作者	东莞市水务局	2015年
周应河	男	全国水利系统模范工人	水利部	1999年
刘伟全	男	全国水利系统先进工作者	水利部	2005年
庞先锋	男	在创新实践中探讨构建和谐水利基层单位——广东省水利厅一等奖	广东省水利厅	2006年
刘伟全 陶 谨 李集坚 钟容光	男	东莞市优秀科技建议一等奖	东莞市科学技术协会	2007年
黄观平	女	东莞市信息工作先进工作者	中共东莞市委办公室、市政府办公室	2018年
		"历史巨变——水利改革开放40周年"图文征集活动文章类三等奖	水利部宣传教育中心、水利部发展研究中心	2019年

续上表

姓名	性别	获奖名称	授予单位	获奖时间
赵伟良	男	2019年市政府硬任务个人嘉奖	东莞市人民政府	2020年
		东莞市2019年度截污管网建设先进工作者	东莞市水污染治理指挥部	2020年
		东莞市水污染治理攻坚工作表现突出个人	东莞市水污染治理指挥部	2021年
		2021年市政府硬任务个人嘉奖	东莞市人民政府	2021年
王日新	男	东莞市水污染治理攻坚工作表现突出个人	东莞市水污染治理指挥部	2021年
肖贤	男	东莞市水污染治理攻坚工作表现突出个人	东莞市水污染治理指挥部	2021年
宋海花	女	2020年度全市档案工作先进工作者	中共东莞市委办公室	2021年
黎月欢	女	2021年市政府硬任务个人嘉奖	东莞市人民政府	2021年

附 录

主要参考资料

《东莞县志》（民国版）
《东莞市志》（1995 版）
《东莞市志（1979—2000）》（2013 版）
《东莞水利志》（1990 年）
《东莞水利志》（续志 1988—1997）
《东莞市水利志》（1988—2004）
《东莞年鉴》（2001—2022 卷）
《东莞统计年鉴》（2022）
《东莞历代地图选》（2006）
《东莞市气象志》（2006）
《东莞公路志》（2007）
《东莞市交通志》（2010）
《东莞航道志》（2019）
《东莞市沙田镇志》（2003）
《东莞市桥头镇志》（2006）
《东莞市东坑镇志》（2008）
《东莞市常平镇志》（2009）
《东莞市长安镇志》（2009）
《东莞市茶山镇志》（2010）
《东莞市横沥镇志》（2010）
《东莞市虎门镇志》（2010）
《东莞市大朗镇志》（2010）
《东莞市石排镇志》（2010）
《东莞市寮步镇志》（2010）
《东莞市莞城志》（2011）
《东莞市大岭山镇志》（2011）
《东莞市东城区志》（2012）
《东莞市厚街镇志》（2015）
《东莞市南城区志》（2015）

《东莞市企石镇志》（2016）

《东莞市黄江镇志》（2016）

《东莞县 1956—1962 年农业建设七年规划（初步草案）》（1956）

《东莞县五八年水利规划》（1958）

《关于报送 1966 年度水利工程规划的报告》（1966）

《东莞市污水处理工程建设规划》（2003—2020）

《东莞市运河综合整治工作实施方案》（2007）

《东莞市东引运河、寒溪水流域综合整治规划》（2011）

《河海之利——东莞古代水利文化遗产》（谌小灵、刘文锁主编）

《东莞人——讲出自己的故事》（李炜主编）

《萍踪忆语》（邝耀水著）

《东莞报》（1957 年 1 月至 1958 年 4 月）

《东莞日报》（1958 年 5 月至 1958 年 12 月）

《东莞大围防洪排涝工程施工总结报告（草稿）》（1958）

《东莞县寒溪水流域整治工程总结（初稿）》（1964）

《东莞县沙田引淡工程总结》（1966）

《艰苦奋斗 闯过水利关 突破千万县——广东省东莞县十五年来治水总结》（1966）

《运河整治动态》（2015—2020 共 7 期）

《东莞市防汛防旱防风工作手册》（2018）

《东莞市运河治理中心管理制度汇编》（2019）

《东莞市环境质量状况公报》（2000—2002）

《东莞市环境质量报告书》（2003）

《东莞市环境状况公报》（2004—2019）

《东莞市生态环境状况公报》（2020—2021）

《东莞市水污染防治行动计划实施方案》（2016）

《东莞市打好污染防治攻坚战三年行动计划（2018—2020）》

《东莞市河涌水环境综合治理攻坚战三年行动计划（2019—2021）》

《东莞市第三次全国文物普查成果图册》

《东莞市非物质文化遗产名录体系》（东莞市文化馆非遗展厅）

相关文献

迅速组织力量突破水利关

县党代会（指1957年召开的中共东莞县第一届代表大会第二次会议）提出，我们要在明年基本消灭旱灾和今后几年基本消灭水灾。这是一个宏伟的口号，也是全县农民的奋斗目标，我们必须以最大的劲头、最快的速度来实现它。

要认真搞好农业生产，不从根本上解决水利问题是不成的。很明显，我县1953年夏季，洪水暴发，溃堤成灾，全县损失稻谷四十二万担；1956年头尾两造受旱，损失稻谷二十七万担；今年又遭受历史上最大的洪水侵袭，损失稻谷七十二万担。这些事实说明了不过好水利关，农业生产始终是不稳定的。因此，县委提出从现在起，在全县范围内开展群众性的兴修小型水利突击月，作为贯彻县党代会精神的第一步具体行动；号召每一个乡、社没有过好水利关的都必须以最大的劲头、最快的速度过水利关；同时要求所有基层党委都要学会办水利，成为水利党委，这是完全正确的。

目前全县各地群众性的兴修水利已初步掀起高潮，如塘坑乡进行了全面规划，在原来已经基本消灭旱患的基础上，仍继续增筑水塘、挖深渠道、加高堤堡根绝旱患，这是值得我们学习的。但目前在兴修水利问题上存在的主要问题是右倾保守思想。这种右倾保守思想突出地表现在"慢慢来""重大型轻小型"，认为小型水利作用不大或者已经搞得差不多，而不积极发动群众、依靠群众，迅速开展大规模的以小型为主的兴修水利运动。要知道，一年之计在于冬，现在冬天天气好，劳动力较充足，群众热情高涨，如果不抓紧这些有利条件组织有千百万群众参加的兴修水利运动，过好水利关，这将是一个极其严重的错误。其结果将会延长自己地区的水旱灾害，阻碍农业生产的发展，甚至要使争取明年农业大跃进和实现远景规划成为空谈。

搞好水利建设，按目前条件应以小型为主，结合发展沿河流域大、中型水利工程。几年来小型水利在农业生产上成绩是显著的。小型水利花工少、花钱少、收效快，并不是作用不大，也不是已经搞得差不多。因此，应克服右倾保守思想，进行全面规划，发动群众，依靠群众的力量，迅速地全面地掀起兴修群众性的小型水利运动。

（来源：《东莞报》1957年12月28日社论）

袁卫民同志在庆祝"五一"国际劳动节暨东莞大围竣工通水典礼大会上的讲话

(节选)

1958年国际劳动节到来了。今天我县各阶层人士和全世界工人阶级与劳动人民都兴高采烈地庆祝这个伟大的节日。

今年的国际劳动节和往年的劳动节大不相同。今年的国际劳动节是在一个崭新的局势下来临的,又是在我县东莞大围胜利竣工、通水时召开的,因此说今天在这里庆祝这一伟大的节日是有着重大意义的。今天一方面庆祝"五一"国际劳动节,同时也是庆祝东莞大围竣工通水典礼的大会。今年的"五一"国际劳动节可以说是一个喜事重重的节日,我们应以兴高采烈的心情来庆祝这一伟大的节日。第一件大喜事是……第二件大喜事是……

第三件大喜事,是东莞大围胜利完工。东莞大围是东莞县有史以来规模最大的水利工程,也是东莞县劳动人民历史上伟大的创举,东莞大围工程规模的巨大,是前所未有的,大围有三百万土方,其中包括二十多万方的石头,全长达十九千米。从这一事实可以看到广大劳动人民英勇奋斗的精神,表明了我县劳动人民具有让河流改道,要高山低头,要岩石低头的英雄气魄。大围工程的建成,将使我县十多万人口的地区能够避免水患,并使我县十二万亩稻田,避免或减轻了水涝灾害的侵袭。我在这里代表中国共产党东莞县委员会和东莞县人民委员会,向建筑大围的全体民工、全体工作干部和支援大围的各阶层人民致以崇高的敬礼和祝贺。

东莞大围的建成,是今天庆祝"五一"节的第三件大喜事。所以我们说,今年的"五一"节是喜事重重的节日,是值得我们兴高采烈庆祝的伟大的节日。

同志们,我们虽然取得伟大的胜利,但是我们建设社会主义的任务还在后头。在庆祝这个伟大的节日时,我们要继续鼓足干劲,力争上游,多快好省地建设我们国家和建设社会主义的新东莞。

(来源:《东莞日报》1958年5月2日第4版、5月3日第4版)

社会主义时期的东莞水利建设

社会主义建设时期,东莞是个农业大县,中共东莞县委带领东莞全县人民艰苦奋斗,长期坚持进行水利建设,取得了辉煌成就,大大促进了农业生产,成为东莞社会主义建设时期的一个亮点。

一、地理位置与自然状况

东莞位于广东省的中南部,地处东江下游南岸,珠江入海口东侧,北濒东江,西临狮子洋。东莞地形复杂,境内既有低山、丘陵、平原,又有纵横密布的水网河汊。东莞地处南亚热带,气候温和,雨量充沛,在汛期(4—9月)雨量特别集中,雨量分别呈"双峰型":主峰出现在5—6月,称"龙舟水";次峰出现在8—9月,称"白露水"。夏秋两季常受台风侵袭并带来暴雨暴潮。

东莞地势东南高、西北低。大体分为五个片:东南部为山乡片,西北部为水乡片,西南部为沿海片,东北部地势低洼为埔田片[1],中部为丘陵片。1955年以前,每当石龙排灌站(北站)洪水位达五米左右,大多数堤围漫顶、溃决,受洪水威胁面积43万亩;埔田片洪涝为患,易涝面积23万亩;沿海受咸潮威胁2.1万亩,早造常常不能依时开耕,夏秋两季常受台风海潮袭击;山乡、丘陵易旱面积20万亩,尽管土地肥沃,雨量充沛,但缺乏调节控制,水旱灾害频仍,产量低薄。遇到大旱时,山溪断流,水井无水,东江流量小,咸潮上涌,沿江沿海地区亦受旱受咸,旱灾面积最多达82万亩。全县受水旱灾害威胁的面积约为总耕地面积118万亩的四分之三[2]。

由于地理和气候环境影响,水旱灾害威胁着人民生命财产的安全。为了生存和发展,东莞人民与水旱灾害进行了长期不懈的斗争。早在宋代开始,东莞人民就筑陂开渠,修堤建闸,围滩围渚,堤外筑堤,后来又建筑山塘水库,大小工程数以百计,但效果不大。至新中国成立前夕,有防洪堤围护卫面积30万亩,防涝工程受益2.1万亩,防旱工程在小旱情况下可解决12万亩[3]。当时修筑的土堤低矮单薄,结构简陋,防御标准低,水旱灾害远远得不到根治。尽管代代相继苦斗,新中国成立前的东莞土地却经常受洪、涝、旱、咸、潮五患肆虐,农业生产处于极不稳定的状态,人民生活贫困。因此,只有解决水利的问题,保证农田灌溉用水,农业生产才有保障。

二、大规模的水利建设

新中国成立后,东莞十分重视兴修水利工程,因地制宜进行水利建设。社会主义时期东莞水利建设分为三个阶段。

第一阶段:1950年至1957年。这一阶段,东莞在恢复经济,贯彻党在过渡时期总路线总任务过程中，确立"发展农业生产为主"的方针，组织和发动农民大力兴修水利。

1950年5月，东莞县成立防汛指挥部，负责全县的防洪防汛工作，有计划地开展水利工程建设，巩固农业发展基础。

1950—1952年，东莞水利建设的重点是建堤堵口、加固堤围，兴建了一批防洪防旱重点工程。首先恢复怀德水库工程施工，至1950年7月，怀德水库建成蓄水。1951年1月兴建福燕洲围，捍卫农田58300亩，这是省当年五大重点水利工程之一[4]。

1953年夏，东江发大水，沿江堤围多处溃决。县委组织群众堵口复堤，恢复生产。至年底，修复6大缺口，修复支堤300多处缺口，工程费用达到12亿元以上[5]。兴建沙溪水库，南坑、乌石坑等山塘工程，至1954年上半年，全县共投放90余亿元兴修水利，采用"民办公助"的形式兴修小型水利2200余宗，其中上半年修理250多宗[6]。1953年冬至1954年春，全县组织29600多名民工加固堤围，投入72亿元，保卫29万多亩农田[7]。

1956年6月，县委制订《东莞县1956—1962年农业建设七年规划（初步草案）》，制定水利规划，提出这阶段水利建设的一大目标、三大任务。目标是：两年内全县范围基本消灭水旱灾，至1962年基本消灭。1956年至1958年三大具体任务为：计划兴建沙田、虎门两区的抗咸引淡工程，峡口水闸，山塘水库、机械排灌，挖平塘、挖水井，并将圆洲、福燕洲、挂影洲、山洲等围排灌系统进行整理，提高排灌效能；计划将7条主要堤围（福燕洲、挂影洲、圆洲、京西鳌、山洲、黄洲、五八围）加高培厚，提高防洪能力；在严重地区（双岗至鲛沙以南）联围建水闸，兴筑道滘联围工程，并发动群众圈小围，做到基本上解决咸潮的威胁[8]。根据这一规划，东莞组织群众因地制宜进行水利建设。对沿江沿海地区实行联围，兴建大堤，抗御洪潮，拒咸引淡；对山乡丘陵地区实行建库蓄水，开渠引水，机电提水，防治旱患；埔田片实行截、排、导兼施，整治涝患。1957年，实施全面、系统、综合、治理的水利规划，继续加强农业水利建设，兴修大小水利工程1420宗，其中培修堤围36条，兴修山塘、水库、涵闸、坡圳等1384宗，捍卫了34万亩耕地，增加灌溉面积29万亩[9]。

东莞寒溪河流域是东莞境内地势低洼地区，是东莞最大的涝区。因积水为患，农业生产条件十分恶劣。为解决寒溪排涝，对寒溪涝区进行综合治理。1957年冬起，县委决定发动群众开凿东莞运河，结合修筑东莞大围工程，解决寒溪河流域积涝问题。1957年12月，东莞大围工程指挥部成立，袁卫民任指挥，从各单位抽调干部100多人，作为指挥部工作人员。全县组织1.3万名民工上阵，驻莞解放军出动官兵1000多人，支援大围工程建设。工程历时四个半月，共完成土方321万立方米，工程费630万元，投工380万工日。东莞运河工程于1958年4月底完成，5月1日通水。东莞运河从峡口起经莞城至厚街石鼓出东江南支流，全长19.5千米，底宽20米，当寒溪内涝达峡口内水位5米时，运河过水流量为190立方米/秒。东莞运河的修建在防咸排涝方面作用显著，为灌溉两岸农田发挥了巨大作用。

至1957年底，全县建成沙溪、大钟岭等5座小（一）型水库和百足地等20座小（二）型水库，把原福隆、铁燕、独洲三条围联成福燕洲围；新建五八围机械排灌站、良机机械灌溉站、麻涌四乡联围，新建高埗、卢村水闸，使挂影洲围成为一个完整闭合围，有效地捍卫农田。同时，这一阶段开始充实水利工程技术力量，组织开展水利普查，完成对洪、涝、风、旱灾害进行全面综合治理的水利建设规划，为大规模水利建设奠定了基础。

第二阶段：1958年至1965年。这一阶段，县委在社会主义大跃进、人民公社化运动中，充分调动人民群众积极性，在全县大规模兴修水利。

1958年是东莞贯彻执行国家第二个五年计划的头一年，东莞坚决贯彻执行党中央关于"鼓足干劲，力争上游，多快好省"的建设社会主义的总路线，全县人民精神振奋，斗志昂扬，掀起了农田基本建设高潮。9月20日，成立县水利工程总指挥部，由县长袁卫民任总指挥，分管水利的副县长张如主持实施全面规划和施工安排，着手全面整治寒溪涝区，在寒溪水上游兴建同沙、松木山、黄牛埔3座中型水库，在涝区圈筑内围18条，继续开挖东莞运河结合修筑东莞大围；全面培修加固江堤、兴建石龙围，在沿海联成近5万亩沙田围。从1957年冬到1958年冬，虾公岩、横岗、茅輋、同沙、松木山、黄牛埔、契爷石等20多座小（一）型水库工程相继动工，全面兴起兴修水利行动高潮，持续时间一年多，最高潮时每日出动25万多人。为加强水利建设的领导，1958年9月，县委从县级机关抽调300人成立水利工程总指挥部，由当地抽调领导、骨干充实指挥部力量，全县50%以上的劳动力都上工地进行水利建设。这批骨干工程的完成，初步解决了全县农业生产防旱、防咸、排涝问题。

1959年6月，由于东江上游地区连降暴雨，河水暴涨，东江流域发生有历史记录以来最大洪水，东莞埔田地区大面积水灾，全县受灾面积47.53万亩，受灾人口37.9万人，总损失3054.68万元[10]。在县委领导下，东莞人民与洪水进行英勇的斗争。早期建设的水利工程，如挂影洲围、东莞大围、石龙联围、桥头围、石美大洲围等发挥重要作用，保护了10多万亩水稻，减少了人民群众生命财产损失。灾后，县领导采纳县防汛指挥部提出的意见，作出沿江修建大堤的决策，决定把东莞沿江主要堤围防洪能力提高至超过1959年洪水位1～1.5米，堤面宽6米，堤围内外除险加固。

大水灾之后，县委对兴修水利的重要性有了更深刻的认识。1959年11月22日至25日，县委召开干部扩大会议，决定掀起一个以冬季农田水利建设为中心的水利建设大高潮，过好水利关。县委提出：今冬明春兴修重点水利工程68个，中小水利工程47个，完成土方2500万立方米。同年11月底，重新成立县水利工程总指挥部，县委第一书记林若任总指挥，县委书记张焕熙、张清新、陈残云、黄保义以及副县长袁卫民、张如任副总指挥。总指挥部下设后勤部、工程指挥部、政治部、保卫部[11]。由此掀起延续两年半的兴修水利的大高潮。从1959年至1961年初，东莞这两年来投入水利建设的劳动力达2398万工日，完成土方5243万立方米，石方57万立方米。完成或基本完成横岗水库、松木山水库、同沙水库等大型水库，沙田引淡第一期工程，东（莞）、增（城）、博（罗）的电动排灌站也在兴建之中。建成受益万亩以上的中型工程10宗，五千亩以上工程7宗，千亩以下工程8687宗，大小山塘水库星罗棋布，蓄水量近3亿立方米，受益田亩从17万亩跃增至40万亩，相当于1958年前的两倍半。修建防洪堤围321.8千米，捍卫良田50万亩。在兴修水利行动高潮中，数十万群众在水利工地安营扎寨，风餐露宿，几乎是用锄头、粪箕建成一座座水库，筑起一道道大堤。

1964年2月，东莞建设广东省东江—深圳供水工程（以下简称东深工程）东莞段。东深工程线路全长83千米，总指挥部下设四个工区，其中东莞段境内64千米。东莞段有三个工区，分别为凤岗工区，主管雁田水库、上埔、沙岭和竹塘四个枢纽工程；塘马工区，主管塘厦和马滩两个枢纽工程；桥头工区，主管桥头、司马、旗岭三个枢纽工程。1965年2月，东深工程完工，在东莞塘厦举行竣工庆祝大会。3月1日正式开始供水，除向港九地区每年供水外，还灌溉东莞、宝安两地沿线农田16.85万亩，排涝6000亩[12]。东深工程对沿线东莞人民及其农田灌溉发挥显著效益。

这阶段，东莞县委带领群众大修水利，克服大跃进、人民公社化运动"左"倾错误的影响和全国三年严重经济困难，直到1964年，东莞基本消灭水旱灾，攻克水利关。全县建成10万立方米以上的蓄水工程190宗，有效库容2亿立方米；引水工程3宗，流量6立方米/秒；防洪江堤31条，全长达345千米，海堤22条，长达188千米；兴修电动排灌站638座。大规模的水利建设，使全县旱涝保收的稻田达68万亩，占全县稻田72%[13]。

第三阶段：1966年至1976年。1966年5月，正当我国克服了国民经济的严重困难，完成经济调整任务，开始执行发展国民经济第三个五年计划的时候，"文化大革命"发生了。这一阶段的水利建设，是在开展"农业学大寨"运动中结合农田水利建设，排除林彪、"四人帮"干扰进行的。

"文化大革命"初期，由于内乱，工农业生产受到严重影响，东莞水利建设处于停滞不前的状态。直至全国农业学大寨运动高潮的兴起，东莞积极响应中央的号召，把以兴修水利，建设电动排灌为中心的农田建设作为学大寨运动主要内容，大办农业，推动了东莞水利事业的开展。"文化大革命"中后期，东莞人民群众顶住"四人帮"的干扰，继续兴修水利，贯彻以小型为主、配套为主、社队自办为主的方针。全县完成大小水利工程2300多宗，完成土石方5383万立方米，重点抓海堤建设、扩建东莞运河、同沙水库配套工程等水利设施工程[14]。

东莞濒临南海，有着长达115.94（含内航道）千米的海岸线，境内受洪水、暴潮威胁面积占全市耕地的一半。东莞县委有计划地组织群众进行联围筑闸，加固堤围，把海堤建设作为商品粮基地的主要内容来抓，在资金方面贯彻民办公助，以群众自筹为主，国家给予投资补助。国家、县地方财政投资不断加大，1971—1972年投资37万元，1974—1975年投资87万元[15]。这一阶段，为了防咸引淡，新修建1000亩以上的海堤有虎门围、鲛沙联围、蒲鱼沙围，堤共长 40.4 千米，捍卫耕地面积 34.7 万亩，人口 6 万人[16]。对沙田围、四乡联围、长安围、南北面围等进行培修、加固，完善配套设施，扩大灌溉面积，提高海堤建设标准。

1970 年 1 月，为了缓解海水咸潮的危害，县委组织 15 万民工续建东莞运河二期工程，建石鼓口水闸，并把运河与沙田引淡渠沟通。这是东莞较大的骨干水利工程。参加建设的民工最多时达 30 万人，完成土方 394 万立方米，沙石方 12 万立方米，总工程费用 131.94 万元[17]。运河二期主体工程 10 月建成通水，全程 102 千米，受益有沿河 14 个镇（区）17 万亩农田，解决了受咸潮影响的沿海居民部分饮水和工业用水[18]问题。1975 年 11 月，东莞运河第三期扩建工程动工，共出动民工 4 万多人。河底由原来的 20 米扩宽至 35 米，各级流量增加约 90%，加速排涝。在开凿运河结合新筑东莞大围时，自上而下兴建了峡口、樟村、北门、莞城、海口庙、新基、周溪 7 座水闸。新建桥梁 14 座，船闸 1 座，建成一条能排、能引、能航运的综合性运河。1976 年 1 月 9 日，运河三期扩建工程竣工通水。

1971 年 12 月至 1974 年冬，分别启动同沙水库第三期、第四期配套工程，新建泄洪闸 1 座，4 孔总净宽 15 米，最大可泄洪流量 360 立方米/秒，并在泄洪闸侧建寮步灌溉拱涵 1 座，设计流量 6.31 立方米/秒。1972 年冬和 1974 年冬，分别修建附城渠和寮步高渠。渠长共长 32.9 千米，支渠长 37.7 千米，渠道建筑物 379 座，灌溉面积扩大至 5.5 万亩。提高水库正常蓄水位 19 米，增加库容量 1983 万立方米[19]。

这阶段，东莞县委冲破林彪、"四人帮"的"唯生产力论""资本主义"等极左思想，带领人民群众进行大规模的水利建设。至 1976 年底，全县修建水库 413 座，库容量 2.3 亿多立方米，使 70% 的农田实现了旱涝保收。其中中型水库 7 座，小（1）型水库 31 座，小（2）型水库 77 座，总库容 34881 万立方米。灌溉库容 22156 万立方米，灌溉面积 16.86 万亩[20]。建成了电动排灌站 2500 多座，装机容量 5.5 万多千瓦，输电线路 1344 千米，基本上实现了水利电气化[21]。

三、东莞水利建设的显著成效

社会主义建设时期，东莞县委和县政府领导全县人民进行大规模的水利建设，兴建、续建、扩建了一大批水利工程、排涝工程、引水工程和灌溉工程，并对塘、水库、堤围等各种水利设施进行维修配套，水利建设取得显著成效。

（一）抵御了自然灾害，保障了人民群众生命财产安全

新中国成立初期，东莞全县水利基础条件薄弱，县委领导全县人民对旧有水利工程进行修复加固，充分发挥其效益。同时，统筹安排，修建了怀德水库、福燕洲等一批较为重要的水利工程。并对江堤、内外坡不断加固，全县江堤设防标准全面提高，较好地起到防洪除险的作用。1958 年东莞大围建成后，保证东莞运河在洪水期间正常排水，解决了新中国成立前莞城常受水浸的境况，使东莞的政治文化中心莞城镇免除洪水威胁。这个时期建成的挂影洲围、石龙联围、桥头围、石美大洲围，抵御 1959 年 6 月东江地区出现的历史上

最大的水灾，保护了 10 多万亩水稻，减少了人民群众生命财产的损失。

为了抵御自然灾害，东莞人民修筑东江引水运河工程，对寒溪涝区进行综合治理，疏通河道，效益显著。东江引水工程发挥较好的工程效益，灌溉农田 17 万亩，取代虎门三级电灌站，每年节约用电 300 多万千瓦时。其次，工程寒溪涝区在潮区的排水口增多两处，对 14.5 万亩农田排水有利，对沿海 1.05 万亩排涝有所改善。另外，东引工程也起到防咸拒潮，改良土壤的作用，较好地解决沙田、虎门、长安等镇及省沙角电厂工业用水、食用淡水和农业用水问题。经过数年的建设，全县基本上渡过了"水利关"，初步解决了防洪、防旱、防咸等问题。

1950 年至 1976 年，建成大大小小数以万计的江堤和海堤，防御沿江洪水泛滥和沿海咸潮，捍卫 1000 亩以上农田的约有 50 条（其中东江堤 10 条，石马河堤 2 条，三角洲堤围 22 条，海堤 16 条），堤围总长约 632.5 千米，修建水闸 228 座，涵洞 1367 座，捍卫耕地约 53 万亩，人口 56 万人[22]。

（二）改善了农业生产条件，促进了国民经济的持续健康发展

东莞地处珠江三角洲，田地肥沃而广阔，农业生产在全县国民经济中占较大比重，农业人口占全县人口 80% 以上。全县耕地面积 120 万亩，受洪水暴潮威胁的面积占全市耕地的一半。东莞投入大量的人力、物力，大搞农田基本建设，不断增加灌溉面积、增加旱涝保收农田、整治排灌系统、改造低产田。1955—1960 年共堵河 88 处，堵口总长度 7001 米，建闸 89 座，使 5 万亩挣稿[23]改为翻耕，1964 年稻谷亩产提高到 800 市斤，成为东莞一大粮仓[24]。堤围的修建起到堵支强干、防咸引淡的作用，较好地发挥灌溉效益。由于生产条件的改变，抗御自然灾害能力不断增强，沿海片区的农业生产有较大的发展，工农业总产值也有较大的增幅。

水利设施的建成和效益的发挥，为全县的工农业生产的发展提供可靠保障，改变了山区望天耕田，"清明谷雨难下谷，立夏小满水断流"的局面，使农业生产取得了大丰收。昔日茫茫一片的寒溪埔田，变成年年丰收的良畴；原来春旱受咸只能莳单造的沿海沙田，变为一年种三熟的粮仓，稻田旱、涝保收大大提高，部分农田改双季间作为双季连作。全县粮食平均亩产从 1949 年的 385 斤[25]提高到 1976 年的 1118 斤，1976 年全县粮食总产达 99975 万斤[26]，农业总产值从 1949 年的 5400 万元提高到 1976 年的 29764 万元[27]，工农业总产值达 58523 万元[28]。全县的蓄水、提水工程成千上万，大大改善了生产条件，促进了全县经济的发展和人民群众生活水平的提高。

（三）社会主义时期的水利建设为东莞改革开放做出了历史贡献

东莞受地理、地域因素影响，每到冬春少雨或枯水季节，东南部山区、中部丘陵地区容易受干旱影响，沿海及东江下游近海地区容易受咸潮威胁。社会主义时期的水利工程建成至今，仍起到重要的作用。

改革开放时期，东莞出现了几次大的旱灾和洪灾。1990 年 1—11 月，降雨量 1598.9 毫

米，全市出现秋旱，受旱水稻面积40万亩，经济作物24万亩。1991年发生春旱，全市42座小（一）型水库蓄水量3519万立方米，只有常年库容量的20%，全市早季受旱面积37.9万亩，晚季受旱面积20万亩。2002年和2004年，各镇出现不同程度的干旱影响，但由于科学调度，充分利用各项水利工程的灌溉效益，因此，未造成严重灾害。1978年至今，东莞市因受台风及暴雨暴潮影响，造成局部洪涝灾害并受到较大损失的共10次，由于有了坚固、系统的水利设施，以及高标准的水利防御工程，因而取得抗灾胜利。加上东江上游东莞境外的新丰江、枫树坝、白盆珠三大水库建成并发挥调洪效益，使东江洪水逐步得到控制。因此，东莞境内尽管多次遇强降雨形成局部的洪水及内涝，但未造成重大灾害及损失。

社会主义建设时期，东莞高度重视农田水利建设，一方面着手对江、河进行治理，从根本上解决农田水利问题，另一方面大力兴修中小型的农田水利工程，建设效果显著。农田水利建设在发展农业生产条件，保障农业和农村经济持续稳定增长，提高农民生活水平，保护生态环境等方面发挥了作用。东莞水利建设的实践经验为改革开放以后的农村改革和农业发展提供了宝贵的经验，对推进生态文明建设具有重要的借鉴意义。

（来源：东莞党史网党史研究栏目，2018年7月10日；作者：蔡瑞芬，中共东莞市委党史研究室）

【参考文献】

[1] 埔田：指寒溪流域的低洼易涝面积。

[2] 东莞市水利局编：《东莞水利志》，1989年9月版，第47页。

[3] 东莞市地方编纂委员会编：《东莞市志》，1995年8月版，第182页。

[4] 东莞市水利局编：《东莞水利志》，1989年9月版，第4页。

[5]《东莞县人民政府四年来施政工作报告——王寿山在1954年6月22日在东莞县第一届人民代表大会第一次会议上的讲话》。载《东莞历届人民政府工作报告选编》（1954—2007），2008年8月。此币为旧币，1955年3月1日起，中国人民银行发行新人民币，以新币1元等于1万元旧币的折合比率收回旧人民币。旧币12亿元等于新币12万元。

[6]《东莞县人民政府四年来施政工作报告——王寿山在1954年6月22日在东莞县第一届人民代表大会第一次会议上的讲话》。载《东莞历届人民政府工作报告选编》（1954—2007），2008年8月。此币为旧币，1955年3月1日起，中国人民银行发行新人民币，以新币1元等于1万元旧币的折合比率收回旧人民币。旧币90余亿元等于新币90余万元。

[7]《东莞县人民政府四年来施政工作报告——王寿山在1954年6月22日在东莞县第一届人民代表大会第一次会议上的讲话》。载《东莞历届人民政府工作报告选编》（1954—2007），2008年8月。此币为旧币，1955年3月1日起，中国人民银行发行新人民币，以新币1元等于1万元旧币的折合比率收回旧人民币。旧币72亿元等于新币72万元。

[8] 中共东莞市委党史研究室、东莞市档案馆编：《中国共产党东莞历次代表大会文献选编》（1956—2007），2007年5月版，第48—49页。

[9] 中共东莞市委党史研究室、东莞市档案馆编：《东莞历届人民政府工作报告选编》（1954—2007），2008年8月第1版，第39—40页。

[10] 中共东莞县委员会：《关于水灾情况和生产救灾工作的报告》，1959年7月3日。

[11]《县成立水利工程总指挥部》，《东莞日报》，1959年12月1日。

[12] 中共东莞市委党史研究室：《中国共产党东莞历史》第二卷（1949—1978），2016年8月第1版，第266页。

[13] 中共东莞市委党史研究室：《中国共产党东莞历史》第二卷（1949—1978），2016年8月第1版，第212页。由于1965年有关水利数据缺失，因此统计到1964年。

[14] 中共东莞市委党史研究室：《中国共产党东莞历史》第二卷（1949—1978），2016年8月第1版，第351页。

[15] 东莞市水利局编：《东莞水利志》，1989年9月版，第81页。

[16] 东莞市水利局编：《东莞水利志》，1989年9月版，第90页。

[17] 东莞市水利局编：《东莞水利志》，1989年9月版，第126页。

[18] 东莞市水利局编：《东莞水利志》，1989年9月版，第6页。

[19] 东莞市地方志编纂委员会编：《东莞市志》，1995年9月版，第201页。

[20] 东莞市水利局编：《东莞水利志》，1989年9月版，第116—124页。

[21] 中共东莞市委党史研究室：《中国共产党东莞历史》第二卷（1949—1978），2016年8月第1版，第369—370页。

[22] 东莞市水利局编：《东莞水利志》，1989年9月版，第78—80页，第90—91页。

[23] 指不正规的双季稻，春种后十天到半个月在行间再插晚造秧，夏收后留下晚稻继续生长。

[24] 东莞市水利局编：《东莞水利志》，1989年9月版，第81页。

[25] 东莞市水利局编：《东莞水利志》，1989年9月版，第1页。

[26] 中共东莞县委：《扎扎实实学大寨 农田建设迈新步》，1977年11月8日。东莞市档案馆馆藏资料，档案号：003-A12.027-11-9。

[27] 东莞市水利局编：《东莞水利志》，1989年9月版，第293页。

[28] 东莞市水利局编：《东莞水利志》，1989年9月版，第352页。

重要文件（告）辑存

东莞县人民委员会文件
关于寒溪地区不得再增设新围的通知

（66）东人委字第 129 号

常平、寮步、东坑、茶山、横沥人民公社管理委员会：

　　寒溪地区经过五八年以来的整治，开挖了东莞运河和各公社圈筑了堤围，加建了电动排灌站，改变了自然面貌，使这一地区的农田实现了水利化，从而提高了人民的生活水平，改变了人的精神面貌。但是，近来有些公社要求扩大耕地面积，向围外再圈新围，这样就会缩小寒溪地区现有的容水面积，提高洪水位，影响原有堤围及人民生命财产的安全。按照县委决定，凡寒溪地区，不能向外再增筑新围，同时原有围内的电动排灌站，不能任意增大装机，以免加重负荷，影响全面生产计划用电，装机不足应以积极改水的办法解决。以上通知，希研究贯彻执行。

东莞县人民委员会
一九六六年八月二十二日

东莞县革命委员会文件
关于寒溪地区防洪排涝整治的意见

东革〔72〕63号

各公社革委会，寒溪片大队：

　　寒溪地区原是内涝渍水区。解放前，部分是十年九不收的农田，部分是牧牛之地。解放后，在毛主席革命路线指引下，在"农业学大寨"的推动下，经过广大群众的努力，进行了整治。采取上游筑水库，调洪蓄洪；下游拦河泄水、筑堤围、建电站。经过十多年的整治，已筑堤围三十九条（其中重点堤围十八条），建电站八十六宗，装机六千七百七十二千瓦，使一十三万六千亩农田收成有了保证。

（此处与治水无关部分有少量删节）广大人民群众觉悟大大提高，生产积极性空前高涨。为了多打粮，多作贡献，在寒溪河内和大圳埔、南畲塱围内继续围小围。这种积极性是好的，但这种积极性有碍全局，影响寒溪地区的整治。为了从全局观点出发，确保十八条重点堤围的八万四千多人民生命财产的安全，以及十三万多亩农田得到旱涝保收，除了改水、改机、增机、疏通渠道提高工程效益外，对寒溪地区防洪排涝整治还提出以下规定：

一、原有十八条重点堤围要加高培厚，要求堤顶标高要达到六点以上，堤面宽度要达到三公尺，以提高抗洪能力。

二、为了确保大围、小围平时能全面增产，较大洪水大围能够保丰收，因此，除十八条重点堤围和原已超过四点五的旧小基围外，近几年来新圈的小围，堤顶标高最高保持在四点五（以峡口水位），凡超出此范围的一律要降低，达到一般洪水位大小围双丰收，较大洪水小堤自动漫顶泄洪，确保大围安全。

三、为了河道畅通，加速排泄，寒溪的河道，河底宽要保持一百五十公尺以上，黄沙河道要保持在一百公尺以上，仁和水河道保持在八十公尺以上。凡是围垦或新建桥梁以及砖瓦窑堆积乱石，缩小河床影响流水的，应予加宽和清理。今后凡在河床做建筑物，应不少于原河床宽度。

四、从全局出发，以利统一根治大圳埔、南畲塱内涝渍水，确保旱涝保收，从现在起，不准在围内筑小围和私自增加排涝设备。寒溪和黄沙河道不准新筑小围，如确需要，应经县批准。

五、为确保排渠流水畅通，禁止在河、渠内安放障碍物和筑壆装鱼；东莞运河同样禁止在河内做建筑物和堆放废物影响流水。如有此种情况，应无条件清除。

以上规定，望坚决执行。

东莞县革命委员会
一九七二年十一月二十六日

东莞市人民政府文件
关于整治东引运河污染的通告

为了整治市区环境污染，改善运河水质，创造优美的城市环境，保障人民身体健康，市人民政府决定对东引运河进行综合治理。现将有关事项通告如下：

一、严禁向东引运河倾倒垃圾等杂物。

二、凡向东引运河水体排放污染物的单位或个体工商户，必须向市环保局申报登记，配备污染物的排放处理设施；其排放污染物必须达到国家规定的标准。严禁擅自排放污染物。

三、禁止向东引运河水体排放或倾倒油类、酸液、碱液等有毒有害废液，禁止在水体中清洗装贮过油类或有毒有害物品的车厢、船舶和容器。

四、严禁向东引运河水体直接排放未经消毒处理的含病原体废水。

五、严禁将各种油污直接或间接排入运河。所有加油站和汽车、摩托车修理、清洗场所，以及酒店等饮食场所，必须设置并完善环保设施，对所有油污进行回收处理。

六、实行属地管理。运河沿岸各镇区政府第一把手领导为第一责任人，对本地运河段的治理负总责。要组织力量，加强管理，切实把污染整治好。对在运河两岸倒余泥垃圾和焚烧垃圾，以及向运河排放工业污水和油污的行为，进行彻底追查，并依法予以处罚。

七、加强检查督促。由市环保部门对各类污染单位进行经常性的定期不定期检查，发现有焚烧垃圾和在运河两岸倒余泥垃圾、向运河排放工业废水和油污的，追究当地责任人的责任，并对污染单位和个人依法从重处罚。对造成运河水体严重污染的单位将限期治理；逾期未完成治理任务的，将责令其停业或予以关闭。

八、加强舆论监督。电视、报刊等新闻媒体，要对污染运河的单位和个人进行公开曝光，并积极进行环保宣传，提高群众和企业的环保意识，共同保护环境，把运河治理好。要发动群众举报污染，凡是群众举报并经查属实的，对举报群众进行奖励。举报电话设在环保局，电话号码2468621、2458840。

九、本通告自发布之日起施行。

东莞市人民政府
一九九九年九月二十九日

东莞市人民政府文件
关于颁布《东莞市东引运河水质污染防治办法》的通知

东府〔1999〕92号

各镇人民政府（区办事处）、城区政府筹备组、市府直属各单位：

现将《东莞市东引运河水质污染防治办法》发给你们，请认真贯彻执行。

东莞市人民政府
一九九九年十月六日

东莞市东引运河水质污染防治办法

为防治东引运河水质污染，保障人体健康，促进经济发展，根据《中华人民共和国水污染防治办法》和《广东省珠江三角洲水质保护条例》等法律、法规的有关规定和东引运河水质的实际，制定本办法。

第一条　本办法适用于东引运河及其集雨区内的地表水体和地下水体的水质保护。

本办法所称东引运河河段是指从东莞市桥头镇建塘口至长安镇磨碟口102千米的全程水域。本办法所称的集雨区是指东引运河正常运行水位的纵深200米区域。

凡东引运河水域及其集雨区内的单位和个人必须遵守本办法。

第二条　市环境保护行政主管部门（以下简称市环境保护部门）是对东引运河水质保护实施统一监督管理的主管机关，负责本办法的组织实施并监督、检查、协调相关部门的水污染防治工作，组织处理重大的水污染事故。

市水利部门负责查处违反水法规行政案件和审查开发利用东引运河水资源的工程设施方案，协同市环境保护部门做好东引运河水源污染管理工作。

航道和港务监督机关负责对船舶污染实施监督管理。

沿河各镇区环卫部门组织专业打捞队负责清理、打捞运河两岸的固体废弃物和水面悬浮物。

市工商行政管理部门协同市环境保护部门对东引运河沿线集雨区的饮食业、汽车修配厂、摩托车修理店（场）、洗车场、加油站等进行清理和整顿工作。

市公安、市政、规划、城监、国土、环卫、交通等管理部门根据各自职责，协助市环境保护部门对东引运河水质保护实施监督管理。

以上各有关职能部门在东引运河水质保护工作中应接受市环境保护部门的监督和指导，对不履行法定职责的，由市环境保护部门报市人民政府处理。

第三条 东引运河沿岸各镇人民政府（区办事处）应根据水质保护目标，制定当地经济发展规划，调整产业结构布局，控制运河沿岸工业区的发展规模，加强对辖区内实施水质保护措施的监督检查。沿岸各镇人民政府（区办事处）主要负责人对实现水质保护目标负主要责任，并将水质保护目标的实施作为政绩考核的内容之一。

对保护东引运河水质作出重大贡献的单位和个人，市政府将予以奖励。

第四条 市水利部门应做好东引运河的河道清淤和疏通工作。

第五条 凡向东引运河水体排放水污染物的单位和个体工商户，应向市环境保护部门申报登记拥有的污染物排放设施、防治设施和正常作业条件下排放污染物的种类、数量和浓度等，如实填写《排污申报登记表》。市环境保护部门对《排污申请登记表》申报的情况核实后，根据总量控制指标要求，发给排污许可证，实行总量控制。

禁止私设排水管道或用偷排等手法向东引运河水体排放污染物。

第六条 禁止在东引运河集雨区域内新开饮食业。

原经批准经营饮食业者，必须自本办法实施之日起60日内自建污水处理设施及其他污染物防治设施，并报市环境保护部门验收合格后，方可继续开业。

经营饮食业者，必须确保其水污染物处理设施正常运行，使废水排放符合国家和地方排放标准。

第七条 禁止在运河两岸占道（包括人行道）经营饮食及摊档。

第八条 禁止在东引运河集雨区内经营洗车业务。已经营洗车业务的，必须在本办法颁布之日起30日内停止经营并自行拆除洗车台。

第九条 禁止在东引运河集雨区内新开汽车修理厂、加油站、摩托车修理店（场）。原已批准经营的汽车修理厂、加油站，应在本办法颁布之日起60日内，自行设置隔油设施及其他污染物防治措施，并报市环境保护部门验收合格后，方可继续营业。

第十条 东引运河沿岸各镇区（包括集雨区外）原已批准经营的摩托车修理店（场），应在本办法颁布之日起，自设器具收集残油、废油，由当地环卫部门定期上门收集，并收取油污处理费，所收集的残油废弃物由市环境保护部门负责处理。严禁将残油废弃物直接倒入下水道。

第十一条 禁止任何单位和个人在东引运河水体中清洗装贮过油类或有毒污染物的容器。

第十二条 禁止船舶的残油、废油、垃圾排入水体。

第十三条 禁止向东引运河水体排放和倾倒残油、废油、油性混合物、垃圾、粪便、工业废渣及其他废弃物。

第十四条　禁止砍伐破坏东引运河集雨区内的植被、水源林、护岸林等一切破坏水环境生态平衡的行为。

第十五条　东引运河集雨区内的医疗卫生单位应将医疗废弃物进行无害化处理。没有处理能力的医疗卫生单位，由环保部门协调，将医疗废弃物交有处理能力的单位处理。

医疗废水必须经消毒处理达到标准后才能向水体排放。

第十六条　禁止在东引运河两岸纵深100米范围内新建、扩建建筑物和码头。

禁止在东引运河水面围养禽畜以及在河边（岸）设置禽畜饲养点以及种养水浮物。

第十七条　违反本办法，有下列行为之一的，市环境保护部门或者其他依照法律、法规行使水污染监督管理权的行政管理部门可责令其改正，并根据情节轻重给予处罚：

（一）违反本办法第五条规定，未申领排污许可证，但排放水污染物未超过国家规定的排放标准的，由市环境保护部门给予警告，责令其限期办理排污许可证，可并处300元以上5000元以下的罚款；不按排污许可证规定的标准排放的，处5000元以上100000元以下罚款。情节严重的可以吊销排污许可证。

（二）违反本办法第六条第一款和第九条第一款规定，经营饮食业和汽车修理业、加油站的，由市环境保护部门责令停业，并可处5000元以上20000元以下罚款。

（三）违反本办法第六条第二款和第九条第二款规定，污水处理设施及其污染物防治设施未经验收合格擅自开业的，由市环境保护部门责令其停业，并根据国家有关水污染防治的法律、法规规定的罚款额度处罚。

（四）违反本办法第六条第三款规定，擅自拆除或闲置各种防治污染设施的，由市环境保护部门责令限期整顿改正，并处20000元以下罚款。

（五）违反本办法第七条规定的，由当地城管部门依法予以取缔，并可处以罚款。

（六）违反本办法第八条规定，逾期不拆除的，由市环境保护部门会同城监、公安、工商管理部门强制拆除。

（七）违反本办法第十条规定的，由市环境保护部门处以5000元以上20000元以下罚款。

（八）违反本办法第十一条规定的，由市环境保护部门责令改正，并可处以2000元以上50000元以下罚款。

（九）违反本办法第十二条和第十三条规定，排放、倾倒污染物、废弃物的，由市环境保护部门责令其自行清理，并可处以5000元以上100000元以下罚款。

（十）违反本办法第十四条规定的，由市林业行政主管部门依法给予处罚。

（十一）违反本办法第十六条规定的，由市水行政主管部门责令其限期拆除或搬迁。

第十八条　东引运河集雨区内的所有废品收购点（场），自本办法颁布之日起30日内自行拆除或搬迁；逾期不拆除或不搬迁的，由市环境保护部门会同当地公安、工商管理部门强制拆除并提请市工商部门吊销营业执照;对无照经营者,坚决予以取缔。

第十九条 违反本办法,造成水污染危害者,有责任排除危害,并对直接受到损失的单位或者个人赔偿损失;造成重大水污染事故,构成犯罪的,依法追究刑事责任。

第二十条 本办法由东莞市环境保护局负责解释。

第二十一条 本办法颁布前本市制定的有关规定与本办法有抵触的,以本办法为准。本办法自颁布之日起实施。

东莞市人民政府办公室文件
关于印发《东莞市运河综合整治工作实施方案》的通知

东府办〔2007〕132号

各镇人民政府(街道办事处),市府直属各单位:

《东莞市运河综合整治工作实施方案》业经市政府同意,先印发给你们,请认真贯彻执行。

东莞市人民政府办公室
二〇〇七年十二月二十五日

东莞市运河综合整治工作实施方案

为贯彻落实市委、市政府关于加快运河综合整治工作的决定,根据"截污、清淤、活源、治堤"的总体思路,按照2009年6月底前基本完成运河综合整治的目标要求,结合工作实际,制定本实施方案。

一、整治目标

市委、市政府决定,用1年半左右的时间,全面实施并完成运河综合整治工作。为此,必须在2009年6月底前,实现以下几项具体目标:

（一）全面完成污水净化工程（包括污水处理工程和利用生、植物措施净化水体等）。通过完成污水处理厂及配套截污主干管网工程、截污支次管网工程、水体修复工程、快速除黑除臭工程、污泥处理工程、湍水处理厂工程、医疗固废处理厂工程、水质监控工程等工程建设，使运河入河排污总量得到控制，水质近期实现不黑不臭，远期达到Ⅳ类水质的目标。

（二）全面完成河堤建设及河道沿线景观综合整治工程。通过河堤建设，使各堤防达到设计防洪标准；通过实施河道沿线景观综合整治工程，使整治的河道实现水清、岸绿、景美，成为自然景观与人文景观相协调的河道生态景观区。

（三）全面完成内河涌整治工程。实施加堤、扩河、疏浚、清障、兴建排涝泵站等综合工程措施，完善防洪排涝工程体系，使东引运河城区段达到百年一遇防洪标准，东引运河非城区段、寒溪河、石马河及镇街中心区主要河涌达到五十年一遇的防洪标准，各流域达到二十年一遇24小时暴雨一天排干的排涝标准，有效提高防灾减灾能力，保障城市安全。

（四）全面完成运河沿线各项面源整治工程。全面清理运河沿线1千米范围内的填埋场垃圾、填埋场内的渗滤液处理、垃圾清运后填埋场复绿、运河水面垃圾清理、运河河堤垃圾清理以及做好运河水面日常保洁工作。

（五）全面完成生态园治水工程。以南畲塱排渠、大圳埔排渠为整治工作重点，贯穿区内水体，水质提升，全面改善水系环境，营造特色水系景观。

二、整治内容

（一）整治范围：具体包括东莞市石马河流域、东引运河及寒溪水流域；挂影洲中心涌；东莞生态园统筹范围内水系（包括南畲塱排渠）；各镇街内河涌。

（二）整治计划：

1. 污水净化工作

（1）2008年6月底前，完成截污支次管网、水体生态修复、污泥处理厂、湍水处理厂的规划、设计工作，完成快速消除水体黑臭石排中心排涌工程试验，同步开展该技术在运河（莞城段）应用的可研等前期工作；

（2）2008年12月底前，建成36项污水处理厂及配套截污主干管工程和快速消除水体黑臭运河（莞城段）工程，建成医疗废物处理厂，同步开展截污支次管网工程、小海河桥头段和清溪镇茅輋渠水体生态修复示范工程、污泥处理厂、湍水处理厂的建设；

（3）2009年6月底前，建成南畲塱截污次支管网工程、小海河桥头段和清溪镇茅輋河生态修复工程、污泥处理厂一期工程、湍水处理厂，完成水质监控工程的可研等前期工作。

2. 河堤建设及河道沿线景观综合整治工作

（1）2008年4月底前完成施工图设计工作；

（2）2008年8月上旬工程正式动工；

（3）2009年5月汛期前完工。

3.内河涌综合整治工作

（1）2008年6月底前，完成石马河流域、东引运河及寒溪水流域、挂影洲中心涌流域综合整治（水利部分）规划和可研工作；

（2）2009年6月底前，完成东江取水泵站—泰岗圩（横沥镇）加压泵站及配套工程建设；

（3）2009年6月底前，完成东莞运河及寒溪水流域、石马河流域、挂影洲中心涌等主要重点河涌综合整治。

4.面源整治工作

（1）2008年2月至4月，评估核准运河沿线面源整治相关数据及整治经费；整治经费经市政府审定后，进行运河沿线面源整治工程招标谈判前期工作；

（2）2008年4月至6月，开展运河沿线面源整治工程招标谈判工作，确定运河沿线面源垃圾清理承运企业；

（3）2008年6月至2009年3月，依照市政府批准的运河沿线面源整治方案落实整治工作；

（4）2009年3月，对属地运河面源整治情况进行自检；

（5）2009年4月，全面检查验收各镇街运河沿线面源整治工作。

5.东莞生态园治水工作

重点开展南畬塱排渠、大圳埔排渠的河道清淤、扩渠，堤防工程建设，相关排涝泵站设施工程，岸线生态景观绿化工程，下沙、南畬塱、大圳埔景观与生态净化湿地工程等五个方面的主要工作。

三、职责分工

（一）水污染治理方面：由市环保局负责指导各镇街开展污水处理厂及配套截污主干管网工程和截污支次管网工程以及小海河桥头段和清溪茅輋渠水体修复示范工程建设；完成石马河流域、东引运河流域以及寒溪水流域主干河道的水体生态修复工程、水质监控工程、快速消除水体黑臭石排中心排涌试验工程和运河（莞城段）应用工程等建设；完成污泥处理工程、潲水处理厂工程、医疗固废处理厂工程的选址和BOT招标工作；由各镇街负责组织实施辖区内截污支次管网工程和内河涌水体修复工程相关的所有工作。

（二）河堤建设及河道沿线景观综合整治方面：河堤及景观建设的总体方案、施工图设计由市城建规划局负责，其中河堤建设工程的方案和施工图设计由市水利局具体负责，市城建规划局做好设计的论证、审核把关工作；运河沿线路面及景观的方案和施工图设计由市城建规划局负责，市水利局作为技术咨询单位予以协助。待整个规划完成后，由市城建工程管理局负责组织实施。

（三）内河涌整治方面：由市水利局负责全市所有集雨面积大于 10 平方千米的内河涌整治规划设计；由各属地镇街负责小于 10 平方千米的内河涌整治规划设计。

石马河、东引运河及寒溪水流域、挂影洲中心涌主干流整治由市水利局负责组织实施；其余支流由各镇街负责组织实施。

（四）面源整治方面：由市城市管理局牵头负责具体落实，并建立、完善运河水上环卫保洁长效机制。

（五）东莞生态园治水方面：由东莞生态园管委会负责落实生态园范围内的南畲朗排渠、大圳埔排渠综合整治的规划、相关工程设计以及工程实施等工作，其中涉及水利工程方面由市水利局负责组织完成工程设计后，交由东莞生态园负责实施。

（六）其余方面：由各有关职能部门、镇街积极协助予以配合，如市建设局要在工程建设管理和招投标等方面给予大力支持和积极配合等。

四、资金安排

（一）污水净化工程筹资方式。石马河流域、东引运河流域以及寒溪水流域主干河道的水体生态修复工程、快速消除水体黑臭石排中心排涌试验工程和东引运河（莞城段）应用工程、水质监控工程所需资金由市财政负担；各镇街的截污支次管网工程建设资金，由污水处理费收入统筹解决，除资本金外，其余工程建设资金通过银行贷款解决并统一由污水处理费收入偿还，市镇按照 5：5 比例分担。

（二）河堤建设及河道沿线景观综合整治筹资方式。石马河流域、东引运河及寒溪水流域等主干河道和东莞生态园的河堤建设及河道沿线景观综合整治资金由市财政负担。

（三）河涌清淤工程筹资方式。石马河流域、东引运河及寒溪水流域、挂影洲中心涌等主干河道和东莞生态园的河涌清淤工程的资金由市财政负担；各镇街内河涌清淤工程的资金，参照截污主干管网建设工程的做法，由污水处理费收入统筹解决，除资本金外，其余工程建设资金通过银行贷款解决并统一由污水处理费收入偿还，市镇按照 5：5 比例分担。

（四）面源整治筹资方式。开征固体垃圾处理费，面源整治所需的资金由收取的固体垃圾处理费收入中列支。石马河流域、东引运河流域、寒溪水流域等主干河道河面及两旁和东莞生态园的垃圾清运费用由市财政负担。考虑到开征固体垃圾处理费需要一段时间，在未开征收费之前，先由市财政垫支。

（五）征地拆迁补偿资金筹资方式。参照港口大道、东部快速路、西部干道的征地拆迁补偿做法，运河综合整治涉及的房屋和厂房等建筑物的拆迁补偿，属东莞生态园范围内的，由市财政负担；属石马河流域、东引运河及寒溪水流域、挂影洲中心涌等主干河道范围的，统一由市财政按每平方米 500 元标准拨付，由沿线镇街包干负责。涉及的土地由沿线镇街无偿提供，征地补偿款由各镇街自行解决。

五、组织机构

（一）市成立东莞市运河整治工作领导组。由市长任组长，市委秘书长、若干相关副市长任副组长，负责统一领导、协调运河综合整治过程中的有关工作。

领导组下设办公室，具体负责日常有关工作。由牵头副市长兼任办公室主任，由市人民政府秘书长、副秘书长以及市环保局、市水利局、市城市管理局、市城建工程管理局的主要负责人等8位同志兼任办公室副主任。

（二）要求各有关职能部门及沿线各镇街按照各自职能分工及职责要求，成立专门机构并派专人负责落实相关具体工作。其中：

1. 市环保局成立污水净化工程建设专项工作小组，由局长任组长，具体负责污水净化有关工作。

2. 市水利局成立运河综合整治清淤、活源专项工作小组，由局长任组长，具体负责运河综合整治清淤、活源有关工作。

3. 市城建工程管理局成立东引运河河堤工程建设指挥部，由局长任总指挥，具体负责东引运河河堤工程建设有关工作。

4. 市城市管理局成立运河沿线面源整治专项工作小组，由局长任组长，具体负责运河沿线面源整治有关工作。

5. 东莞生态园管委会成立生态园水系综合整治专项工作小组，由市人民政府副秘书长任组长，具体负责生态园内水系整治的有关工作。

6. 沿线各镇街相应成立内河涌综合整治专项工作小组，由镇（街）镇长（办事处主任）任组长，具体负责辖区内河涌整治的有关工作。

中共东莞市委办公室文件
中共东莞市委办公室 东莞市人民政府办公室关于印发《东莞市打好污染防治攻坚战三年行动计划（2018—2020年）》的通知

东办字〔2018〕65号

各镇（街道）党委、人民政府（办事处），市直各单位，中央和省驻莞单位：

《东莞市打好污染防治攻坚战三年行动计划（2018—2020年）》已经市委、市政府领导同志同意，现印发给你们，请结合实际认真贯彻落实。

中共东莞市委办公室

东莞市人民政府办公室

2018年12月11日

东莞市打好污染防治攻坚战三年行动计划（2018—2020年）

（节选治水部分）

为深入学习贯彻习近平总书记重要讲话精神和习近平生态文明思想，落实中央《关于全面加强生态环境保护坚决打好污染防治攻坚战的意见》和省委《广东省打好污染防治攻坚战三年行动计划（2018—2020年）》要求，牢固树立和积极践行绿水青山就是金山银山的理念，坚决打赢污染防治攻坚战，促进全市生态环境质量加快改善，大力推进生态文明建设，实现经济高质量发展和生态环境高水平保护，现结合我市实际，制定本计划。

一、总体要求

1. 指导思想。以习近平新时代中国特色社会主义思想为指导，全面贯彻党的十九大和十九届二中、三中全会精神，深入贯彻习近平总书记重要讲话精神，统筹推进"五位一体"总体布局和协调推进"四个全面"战略布局，坚决打赢水污染治理攻坚战、蓝天保卫战、净土防御战、固体废物污染防治、农业农村污染治理等标志性战役，加快补齐环保基础设施短板，大幅压减主要污染物排放总量，推进形成绿色生产生活方式，加快实现环境质量根本性改善，进一步推进高质量发展，更好地满足人民群众日益增长的优美生态环境需要。

2.总体目标。到2020年，完成省下达的总量减排任务，主要污染物排放总量大幅减少，生态环境质量出现拐点并持续改善，实现环境质量状况、绿色发展水平、环境治理能力有力提升，为2022年环境质量实现根本性改善、2035年基本实现社会主义现代化，建成美丽东莞奠定坚实基础。

水环境质量方面。2020年，饮用水水源安全得到全面保障，全市优良水体比例明显提升，考核断面优良水体比例达到57.1%；水环境功能区劣Ⅴ类水体和城市建成区黑臭水体基本消除，重污染河流水质明显好转。

三、打赢水污染治理攻坚战

6.全力保障考核断面水质工作目标：到2020年，7个国考省考断面水质总体提升，考核断面优良水体比例达到57.1%。其中，石龙北河、石龙南河断面达Ⅱ类，沙田泗盛、角尾村断面达Ⅲ类，东引运河樟村断面达Ⅳ类，石马河旗岭、茅洲河共和村断面达Ⅴ类。工作重点：积极实施"散乱污"企业环境污染专项整治、河道管理范围内违章建筑清理专项行动、河道两岸餐饮行业环境污染整治专项行动、农贸市场（三鸟批发市场）环境污染治理专项行动、屠宰场水污染治理整改专项行动、洗车行业环境污染整治专项行动、东江河面保洁专项行动、沙田泗盛断面周边船舶污染管控专项行动八大源头治污专项行动，形成工作长效机制。加快补齐截污管网短板，推进污水处理设施建设，加快污水处理设施提标改造，因地制宜建设分散式污水处理设施。重点开展正本清源工程，加快推进管网沿线排污单位接入，提升污水收集处理率；大力推进住宅区、居民区雨污分流管网改造，完善全市排水系统布局，确保"雨水入河、污水入厂"，解决雨期污水溢流进入河道问题。

牵头单位：市环境保护局

参加单位：市发展和改革局、市经济和信息化局、市财政局、市住房和城乡建设局、市水务局、市农业局、市工商行政管理局、市城市综合管理局、市水务集团

7.全面实施截污通水工程工作目标：到2020年底，全市建成配套污水管网5500千米；截污主干管网全面通水运营，已建成的截污次支管网通水运营率达90%以上。工作重点：全力推进截污次支管网建设，2018年—2020年三年新建成截污次支管网达3000千米。加快推进截污次支管网验收通水工作，到2020年底累计完成不少于3000千米截污次支管网通水，切实发挥截污治水效益。完成250千米老旧污水管道改造，确保管网与污水处理设施连通截污。

牵头单位：市污水治理设施建设工程现场指挥部、市环境保护局

参加单位：市住房和城乡建设局、市城乡规划局、市水务集团

8. 全面加快污水处理设施建设工作目标：到 2019 年，基本完成全市污水处理设施建设。到 2020 年底，城市建成区污水处理率达到 95% 以上，各镇污水处理率力争达到 90%。工作重点：加快提升污水处理能力，力争到 2018 年底，全市新、扩建生活污水处理设施 6 座，新增处理规模 32 万吨 / 日，完成提标改造生活污水处理设施项目 35 个，出水标准不低于城市污水排放标准（GB 18918-2002）一级标准的 A 标准及广东省地方标准《水污染物排放限值》（DB44/26-2001）的较严值，其中重点流域要提高排放标准。推进分散式污水处理设施建设，力争到 2018 年底建成分散式污水处理设施 42 座。

牵头单位：市环境保护局、市水务集团

参加单位：市发展和改革局、市财政局、市国土资源局、市住房和城乡建设局、市城乡规划局

9. 基本消除黑臭水体工作目标：到 2020 年，全市城市建成区基本消除黑臭水体。工作重点：按照"截污、清淤、活源、生态修复"的思路，严控污水直排入河，整治黑臭水体入河排污口，全面清理沿岸垃圾和水面漂浮物，因地制宜实施生态修复工程，全面推进 22 条黑臭水体整治。2018 年底前，完成 10 条黑臭水体消除黑臭整治工作；2019 年，按照"全河段、全流域、全天候、生态修复"的治理思路，抓紧解决 10 条黑臭水体雨期污水溢流造成水质容易反弹的问题，并完成其余 12 条黑臭水体整治，消除黑臭；2020 年底前，建立健全长效机制，确保整治成效。对群众举报的黑臭水体，发现一条整治一条，列入整治台账，抓紧整治。

牵头单位：市环境保护局、市水务局

参加单位：市发展和改革局、市财政局、市城市综合管理局、市水务集团

10. 深化重点流域综合整治工作目标：到 2020 年，石马河旗岭断面水质达 V 类，茅洲河共和村断面水质达 V 类。工作重点：积极实施"两河"流域水体达标方案，全力推进"两河"污染综合整治工作。石马河流域：实施石马河流域污染综合整治工程，全面加强流域上下游、左右岸、支干流治污统筹，全力推进石马河污染综合整治。2018 年完成 2 座（6 万吨 / 日）污水处理厂扩建工程、11 座污水处理厂提标改造工程、15 座分散式污水处理设施建设、1 座垃圾填埋场存量垃圾分筛、6 座垃圾填埋场综合整治；2019 年累计建成 1222.69 千米截污管网，基本完成治污基础设施建设；2020 年，全面完成沿线污水截流，基本实现无污水直排入河，累计完成 63 条内河涌综合整治工程，进一步提升旗岭断面水质。茅洲河流域：2018 年底前，基本补齐截污管网短板，完成界河段和长青渠等 9 条支流综合整治，完成乌沙垃圾填埋场整治；2019 年上半年，全面完成截污管网验收通水和入河排污口整治，基本实现无污水直排入河；2020 年累计建成 168.96 千米截污管网，实现雨污分流。

牵头单位：市环境保护局

参加单位：市水务局、市财政局、市农业局、市城市综合管理局、市水务集团

11. 全面加强河涌污染整治工作目标：到 2020 年，完成不少于 260 条内河涌综合整治并消除黑臭，争取全面消除劣Ⅴ类。工作重点：2018 年底前，完成不少于 100 条内河涌整治，其中 44 条重污染河涌整治示范项目力争达到Ⅴ类；到 2020 年底，再完成不少于 160 条内河涌综合整治，并建立河面保洁长效机制，确保完成整治后的河涌全面稳定消除黑臭现象，争取全面消除劣Ⅴ类，并确保河岸无垃圾、河面无漂浮物。

  牵头单位：市水务局、市环境保护局、市城市综合管理局

  参加单位：市发展和改革局、市财政局、市水务集团

12. 全面加强入河排污口整治工作目标：到 2020 年，完成入河排污口整治，并实施入河排污口动态管理，建立完善入河排污口管理系统。工作重点：加强入河排污口设置审核，依法申报办理新建、改建入河排污口。按照"规范一批、整治一批、清理一批"的原则，对合法设置的入河排污口，公开相关信息，加强社会监督；对非法设置或经过整治后仍无法达标排放的入河排污口，依法依规予以清理取缔。开展城市建成区污水"零直排区"建设，到 2020 年实现旱季生活污水无直排。

  牵头单位：市水务局

  参加单位：市财政局、市环境保护局、市住房和城乡建设局、市城市综合管理局

13. 实施水环境扩容提质工作目标：增加水环境容量，保障水环境质量。工作重点：采取闸坝联合调度、生态补水等措施，合理安排下泄水量和泄流时段，保障主要河流生态流量。加强生态公益林建设、保护和管理，实施湿地生态恢复，2020 年底前，全市湿地面积不低于 30250 公顷。通过"守、退、补"方式加快推进江河湖库、城市建成区河涌两岸生态缓冲带建设。守住生态缓冲带区域，除公共设施外严格控制项目建设，清退已进入生态缓冲带区域的项目，对无法清退的项目，制定补救措施。加快绿色生态水网建设，全面推进水环境系统共治，每年开展两次主要河流集中清漂行动。因地制宜积极推进与村级排污设施相配套的乡村小型湿地建设，对出水进行深度处理。

  牵头单位：市水务局、市林业局、市环境保护局、市城市综合管理局

  参加单位：市发展和改革局、市财政局

14. 加强近岸海域环境保护工作目标：到 2020 年，我市近岸海域水质稳中趋好，入海河流水质有所改善，基本消除劣Ⅴ类水体。工作重点：严格加强海岸工程项目环评审批，完善陆源入海排污项目名录，强化日常监管和监测工作，掌握污染物排放状况，每半年至少对陆源入海排污项目监测一次。全面加强入海排污口整治，清理非法和设置不合理的入海排污口，对合理合法的入海排污口实行清单式管理，规范新改扩建项目入海排污口设置，强化动态监管，落实主体责任。加强船舶和港口码头污染治理，推进港口、码头、装卸站及船舶修造厂的设施建设，依法依规强制报废超过使用年限的船舶，2018 年后投入使用的沿海船舶执行新的环保标准。大力整治入海河流，对水质为

劣Ⅴ类或不达标的入海河流开展"一河一策"整治，按期消除劣Ⅴ类或达到水质目标。实施氮、磷等主要污染物入海总量控制，到2020年，建立并实施重点海域排污总量控制制度。

牵头单位：市海洋与渔业局、市环境保护局、市交通运输局、东莞海事局

参加单位：市经济和信息化局、市财政局、市水务局、市农业局、市城市综合管理局、市质量技术监督局、滨海湾新区管委会、沿海各镇（街道）

15.强化饮用水源保护工作目标：全力确保饮用水水源安全，到2020年，城市集中式饮用水水源和镇级集中式饮用水水源水质全部达到或优于Ⅲ类，完成饮用水水源保护区内环境违法问题清理整治。工作重点：严格按照国家和省的相关技术规范，结合饮用水水源地实际情况，依法依规进行划定或调整饮用水水源保护区。2018年9月底前，推进饮用水水源保护区规范化建设，在边界设立明确地理界标、隔离网和警示标志建设；2018年11月底前，完成城市水源地环境违法违规问题专项整治；2019年11月底前，完成饮用水水源一级保护区违法建设项目和建筑清理整治。建立健全饮用水水源保护区日常巡查长效机制，杜绝已整改问题死灰复燃，实现精准管理。加强饮用水水源、出厂水、管网水和末梢水的全过程管理，定期检测、评估集中式饮用水水源、供水单位供水和用户水龙头水质状况，向社会公开所有镇（街道）和城市饮用水安全状况。

牵头单位：市环境保护局、市水务局

参加单位：市财政局、市农业局、市卫生和计划生育局、市城市综合管理局、市水务集团

东莞市污染防治攻坚战指挥部令
关于开展东莞市樟村国考断面水质达标攻坚行动的命令

2019年第3号

各相关园区管委会、镇人民政府（街道办事处），各相关单位：

为深入贯彻习近平总书记视察广东重要讲话精神，坚决落实广东省污染防治攻坚战指挥部《关于开展全面攻坚劣Ⅴ类国考断面行动的命令》的要求，为确保樟村断面在2019年底前达Ⅴ类水质标准并保持稳定，决定即日起开展东莞市樟村国考断面水质达标攻坚行动。主要要求如下：

一、全面实施治污攻坚，压实工作责任

各相关单位要以樟村断面水质达到Ⅳ类为目标，按照 2019 年攻重点（年底前水质达Ⅴ类）、2020 年补缺漏（力争年底前水质达Ⅳ类）、2021 年强巩固（水质稳定保持Ⅳ类）的步骤，全面实施挂图作战和任务清单管理，加快实施水质达标攻坚行动。

（一）2019 年重点攻坚任务

1. 强化管控措施

（1）全面清理"散乱污"企业。2019 年 9 月底前，全面完成流域内"散乱污"企业清理整治，重点清理整治涉水"散乱污"企业，并落实长效监管，严防死灰复燃。[牵头单位：市生态环境局，责任单位：各相关园区管委会、镇人民政府（街道办事处）]

（2）强化重点工业企业管控。以流域 515 家重污染涉水企业为重点，严格监督重污染涉水企业按照排污许可证达标排污，严厉打击企业偷排偷放、超标超量排放及零星废水非法转移处置等行为。[牵头单位：市生态环境局，责任单位：各相关园区管委会、镇人民政府（街道办事处）]

（3）落实"河长制"监督管理。督促各园区、镇（街道）落实河涌两岸 6 米岸线拆违以及垃圾清理、河道垃圾保洁等整治措施。[牵头单位：市河长办、市水务局、市城管局，配合单位：市自然资源局，责任单位：各相关园区管委会、镇人民政府（街道办事处）]

（4）防治畜禽养殖污染。各园区、镇（街道）要继续抓好畜禽养殖业污染防治，严防反弹回潮。横沥镇要加强限养区规模化养殖场的监管力度，严控污染物排放。[牵头单位：市生态环境局，配合单位：市农业农村局，责任单位：各相关园区管委会、镇人民政府（街道办事处）]

2. 加快完成工程措施

（1）入河排污口整治。以水质达标为目的，2019 年 10 月底前，全面完成 546 个规模以上入河排污口，以及 78 条重点整治河涌上的 3283 个规模以下入河排污口，总计 3829 个重点入河排污口（占所有 5713 个入河排污口污水排放量的 90% 以上）的整治工作。各相关园区、镇（街道）要落实常态化巡查管理，对发现缺漏或整治效果差的入河排污口，进一步加大整治力度。[牵头单位：市现场指挥部、市生态环境局，责任单位：各相关园区管委会、镇人民政府（街道办事处）]

（2）河涌水质达标整治。以力争达到Ⅴ类水质为目标，2019 年底前，实施 78 条重点河涌污染治理。[牵头单位：市水务局、市生态环境局，责任单位：各相关园区管委会、镇人民政府（街道办事处）]

（3）加快补充截污管网及雨污分流工程。以水质达标为目的，2019 年 6 月底前，摸清所有与流域相关联的现有地下管网系统现状，2019 年底前完成补充截污管网工程；按照轻重缓急原则推进雨污分流建设，2019 年底前完成与流域相关联的排水大户（排污量较大的住宅小区、公共建筑、工业区等）的雨污分流工程。[牵头单位：市现场指挥部，责任单位：各相关园区管委会、镇人民政府（街道办事处）]

（4）人工湿地建设工程。推进南畲塱大圳埔湿地工程、寮步河西溪河河口湿地项目。[牵头单位：松山湖管委会，责任单位：各相关园区管委会、镇人民政府（街道办事处）]

（5）污水处理厂提标改造工程。目前，流域 12 家污水处理厂正在实施提标改造工程，其中 9 家出水要求执行一级 A 标准及广东省地方标准《水污染物排放限值》（DB 44/26-2001）的较严值，2 家出水要求执行《淡水河、石马河流域水污染物排放标准》，1 家（寮步竹园污水处理厂）出水要求执行"准Ⅳ类"标准。以上工程按市下达的时间节点完成后，以出水水质达"准Ⅳ类"标准为目标启动深度提标工程。[责任单位：市水务集团，配合单位：市生态环境局、市发改局、市财政局、各相关园区管委会、镇人民政府（街道办事处）]

（6）樟村断面水质降氮除磷项目。2019 年 3 月底前，综合比选樟村水质净化厂厂内降氮除磷技改和上游河道硝化处理工艺技术，2019 年 10 月底前，完成樟村断面水质降氮除磷项目。由市水务集团负责实施，若需财政投入的，按要求报市政府审定后安排。（责任单位：市水务集团，配合单位：市发改局、市财政局）

（7）优化流域生态补水措施。在满足防洪要求的基础上，进一步优化流域生态补水措施，挖潜樟村泵站补水工程，有效稳定改善樟村断面水质。[牵头单位：市水务局，责任单位：各相关园区管委会、镇人民政府（街道办事处）]

（8）加快垃圾填埋场整治。2019 年底前，完成常平桥沥门村、企石飞鹅岭、黄江珠坑、大朗镇中心区、寮步临堆点、寮步刘屋巷、茶山增埗大田、大岭山旧飞鹅、东城牛山等 9 座垃圾填埋场的覆土覆膜、雨污分流、沼气导排、渗滤液收集和处理等封场整治工作，确保无渗滤液排放入河或渗滤液经处理后达标排放。[牵头单位：市城管局，责任单位：各相关园区管委会、镇人民政府（街道办事处）]

3. 采用河道生态修复技术加快改善断面上游河道水质

以落实管控措施及工程措施为基础，2019 年 6 月底前，论证引进河道生态修复技术加快改善水质的可行性，进一步保障水质达标，若需财政投入的，按要求报市政府审定后安排。（牵头单位：市生态环境局、市水务局，配合单位：市发改局、市财政局）

（二）2020 年补缺漏任务

各园区、镇（街道）于 2019 年 7 月底前制定 2020 年补缺漏整治方案上报市现场指挥部，2019 年 9 月底前开始实施。2020 年底前，基本完成全流域所有入河排污口、受污染河涌的综合整治，建立规范的入河排污口管理体系，基本完善截污管网系统，管网充分发挥效益，落实所有污染涉水企业管控，力争水质达Ⅳ类标准。[牵头单位：市现场指挥部、

市生态环境局，责任单位：各相关园区管委会、镇人民政府（街道办事处）]

（三）2021年强巩固任务

全面完善流域水污染治理工程措施，基本完善流域管网雨污分流系统，进一步强化入河排污口和涉水工业企业管控。建立常态化生态水质管理机制，确保2021年水质稳定保持Ⅳ类。［牵头单位：市现场指挥部、市生态环境局，责任单位：各相关园区管委会、镇人民政府（街道办事处）]

二、紧盯重点攻坚措施，强化组织落实

（一）强化具体实施方式

2019年4月底前，各攻坚任务牵头单位及各相关园区管委会、镇人民政府（街道办事处）制定2019年重点攻坚任务具体工作方案上报市现场指挥部，并加快实施。其中，2019年重点入河排污口整治、补充截污管网工程和排水大户（排污量较大的住宅小区、公共建筑、工业区等）雨污分流工程等重点攻坚工程项目，由市生态环境局会同市现场指挥部牵头编制项目建议书，统一明确具体工程任务及投资估算。［牵头单位：市现场指挥部、市生态环境局，责任单位：各相关园区管委会、镇人民政府（街道办事处）]

（二）简化工作流程

凡涉及2019年重点攻坚任务的整治工程，必要时按应急工程开展。（牵头单位：市水务局、市生态环境局、市城管局，配合单位：市发改局、市财政局）

（三）落实应急处理措施

如部分整治工程确实由于客观原因未能按时完成整治的，必须及时落实一体化处理设备、建造调蓄池等应急处理措施，全力减少污水直接排入河涌。［责任单位：各相关园区管委会、镇人民政府（街道办事处）]

三、瞄准攻坚工作重点，实施挂图作战

（一）划定1+6个重点控制片区

根据樟村断面控制流域水系、重点管控企业分布、入河排污口分布和废污水排放量的特点，将樟村断面上游整个流域划分为东莞运河干流片区、寒溪水片区、黄沙河片区、仁和水片区、海仔河片区、寮步河片区、南畲塱排渠—大圳埔排渠片区等1+6个重点控制片区，311个控制单元，以流域—控制区—控制单元的三级分区体系实施全面整治。［牵头单位：市现场指挥部，配合单位：市生态环境局、市水务局、市河长办，责任单位：各相关园区管委会、镇人民政府（街道办事处）]

（二）坚持"一张图"干到底

围绕水质最终达Ⅳ类目标，绘制"东莞市樟村国考断面水质达标攻坚作战总图"，并以311个控制单元制定"整治任务清单"，全面落实任务清单管理和挂图作战。［牵头单位：市现场指挥部，配合单位：市生态环境局、市水务局，责任单位：各相关园区管委会、

镇人民政府（街道办事处）]

(三) 严格把握时间节点

各相关园区、镇（街道）要以水质达标为目标，严格按照时间节点完成各项整治任务。
[牵头单位：市生态环境局，责任单位：各相关园区管委会、镇人民政府（街道办事处）]

四、全面压实工作责任，强化政治担当

(一) 压实属地主体责任

松山湖高新区、东城街道、企石镇、石排镇、茶山镇、东坑镇、横沥镇、寮步镇、黄江镇、大岭山镇、大朗镇、常平镇、桥头镇等13个园区、镇（街道）作为水质达标的责任主体，要切实增强守土有责的决心和责任心，进一步强化研判分析和科学技术支撑，逐条逐项清晰明确每个控制单元水质达标的整治措施并严格落实。各相关园区、镇（街道）党委和政府主要负责同志作为本辖区断面达标和攻坚行动工作第一责任人，包干主要考核断面所在河流及与其相关联的污染最严重、整治难度最大的支流。[牵头单位：市生态环境局，责任单位：各相关园区管委会、镇人民政府（街道办事处）]

(二) 实施水质动态监管

在原有25个市级考核断面的基础上，在东莞运河干流各段，主要一、二级支流各段，以及7大重点控制流域汇入东莞运河和跨镇河涌的镇界处加密布设水质控制断面，合计68个。通过每月开展检测工作，评估达标攻坚工作进展成效，及时预警落后的工作任务，强化工作督导，倒逼责任落实。（牵头单位：市生态环境局，配合单位：市水务局）

(三) 严格监督考核问责

东莞市樟村国考断面水质达标攻坚行动纳入各相关园区、镇（街道）领导班子考核范围。对考核断面提前达标的进行正向激励，结果作为领导班子和领导干部综合考核评价、奖惩任免的重要依据；对考核断面未按时达标或任务严重滞后的，严肃追责问责。[牵头单位：市考评办，配合单位：市生态环境局、市水务局，责任单位：各相关园区管委会、镇人民政府（街道办事处）]

附件（略）

东莞市污染防治攻坚战指挥部第一总指挥：梁维东
东莞市污染防治攻坚战指挥部总指挥：肖亚非
2019年4月19日

东莞市水务局文件
关于印发东莞市东引运河生态流量（水量）保障实施方案的通知

东水务〔2021〕28号

各有关单位：

为贯彻落实《广东省水利厅关于完善做好生态流量试点有关工作的通知》（粤水资源函〔2020〕224号）、《广东省水利厅关于做好河湖生态流量确定和保障工作的通知》（粤水资源函〔2020〕1016号）的有关精神，我局制定了《东莞市东引运河生态流量（水量）保障实施方案》，经市政府同意，现印发给你们，请在工作中遵照执行。

东莞市水务局

2021年2月3日

东莞市东引运河生态流量（水量）保障实施方案

东引运河作为东江干流重要的一级支流，承担东莞市大部分镇街、园区的防洪排涝等重要任务，连通众多支流，是东莞水系的重要组成部分，全长102.6千米，集雨面积1108.8平方千米。

为切实加强东引运河生态流量保障工作，维护河流生态系统健康，提升河流生态环境质量，推进生态文明建设，依据《中华人民共和国水法》和有关政策法规，制定本方案。

一、生态保护对象

生态流量是维系河湖生态功能，控制水资源开发强度的重要指标。生态流量确定应以保障河湖生态保护对象用水需求为出发点。根据东引运河生态功能，东引运河干流水生态保护对象以维持河流基本形态、基本生态廊道、基本自净能力等为主。

二、生态流量保障原则

（一）尊重自然水文变化规律的原则；

（二）统筹生活、生态、生产用水的原则；

（三）坚持生态保护优先的原则；

（四）满足可实现可操作性的原则。

三、主要断面生态流量保障目标

综合流域上下游协调、河流生态保护用水需求，结合东引运河水资源及其开发利用、水量调度管理等情况，确定峡口、樟村2个生态流量保障主要控制断面，其中樟村断面为考核断面，峡口断面为管理断面。

根据同沙站作为代表站，收集1963年至2018年（共56年）降雨资料，松木山、横岗站为参证站，采用该水文资料计算径流成果，采用Qp法、近10年最枯月平均流量（水位）法、Tennant法计算生态流量，确定各断面的生态流量管控目标，详见表1。

表1　东引运河主要控制断面生态流量与调度管控目标

序号	断面名称	基本生态流量（立方米/秒）	水生态保护对象
1	峡口（管理断面）	1.04	维持河流基本形态、基本生态廊道、基本自净能力
2	樟村（考核断面）	1.06	

四、生态流量管控措施

（一）日常调度规则

为规范东引运河干流水闸、水库调度，本次拟在总结现状水闸运行调度经验的基础上，在保障东引运河干流防洪排涝安全的前提下，保障东引运河峡口（管理断面）、樟村（考核断面）等控制断面的生态流量，以东引运河流域污水厂尾水和石马河调污工程为主要水源，保障河道断面基本生态流量。

1. 水闸保障要求

东引运河沿线水闸基本保持现状调度，即沿线排水闸门关闭，节制闸门打开，河道基流通过虎门闸排入太平水道，根据潮位变化情况，利用低潮位排水，日开闸时间约10—12小时；沿线排水闸门仅在东引运河水位达到控制水位且大于外江水位时才开启。

2. 东引运河流域污水厂尾水

污水厂出水水量相对稳定，无调度要求，按现状补水至支流或直接补水至干流，满足东引运河生态流量需求。

3. 石马河调污工程调度

当24小时降雨强度＜70毫米且1小时降雨量＜10毫米时，石马河河口节制闸维持常闭，通过调污工程调水入东引运河。当降雨量大于上述标准时，按防洪调度要求进行调度。

4.水库保障要求

东引运河上述保障措施已满足河道生态流量需要,水库富余水量可作为东引运河应急补水水源。

5.主要取水户控制要求

各水库主要取水户须严格执行各取水许可管理等有关规定:日取水量不超过取水许可核定的日最大取水规模,年取水量不超过取水许可核定的最大取水规模。

(二)应急调度方案

当东引运河流域内发生特枯来水或连续枯水年等情况时,应合理统筹三生用水(生活、生产、生态),全力保障河道生态流量;当出现极端干旱缺水情况时,应优先保障居民生活用水;汛期生态流量调度应服从防洪调度。

由市水务局组织实施应急调度,市运河治理中心、水库管理处按照规定的权限和职责,及时采取水库应急泄流、加强水文监测等措施,保障考核断面最小下泄流量控制目标。

五、生态流量监测预警方案

(一)监测方案

水文(流量)站水情测报按要求开展生态流量控制断面水位、流量监测,根据现有的水文监测设施,并修复水政流量站,加快建设峡口流量站等水文在线监测设施,将数据直接交换接入东莞市三防采集信息系统,实现监测信息自动报送,确保报送质量以及预警应急突发事件指令下达的时效性。

樟村断面采用水政流量站进行实时监测,峡口断面采用峡口流量站进行实时监测,水库水文监测设施对水库的入库流量、出库流量、水库水位、水库蓄水量等进行实时监测。水文断面测站应加强对监测数据的校核,提高数据质量和精度。确保各站信息通道的正常运行,加强报汛报旱质量管理,认真落实水情测报应急措施,保障水情测报质量和时效。

(二)预警方案

生态流量预警设置蓝色预警、橙色预警与红色预警。

东莞市水务局负责生态流量预警,市运河治理中心进行配合,根据主要控制断面的3天实测平均流量进行预警判断、定级。

当触发生态流量预警时,市水务局根据预报来水情况、主要水库调节蓄水情况、经济社会用水等因素,在水量调度方案的基础上制定实时调度指令并下达执行。相关管理单位及企业根据市水务局的调度指令,组织开展水量调度,确保生态流量满足保证率要求。

六、责任主体及考核要求

(一)责任主体

市水务局负责制定生态流量保障实施方案,下达年度水量调度计划,负责调度的监督管理工作。市运河治理中心、各水库管理单位、东引运河沿线镇街(园区)负责组织落实,保障控制断面生态流量达到管控要求。水闸、水库、污水处理厂、取水户等企业单位按调度指令执行生态流量调度。

（二）考核要求

1. 考核断面

确定樟村断面作为东引运河生态流量保障考核断面。

2. 考核评价办法

生态流量采用日均流量，按年度进行考核。考核指标为日保证程度，日保证程度为日均流量大于、等于生态流量的天数占全年总天数（一年365天计）的比值。当日保证程度≥90%，等级为"合格"；当日保证程度＜90%，等级为"不合格"。

七、保障措施

（一）加强领导，落实责任

切实强化组织领导，加强组织协调和调度管理，明确任务分工，确保东引运河考核断面生态流量达标，逐步建立健全东引运河生态流量长效保障机制。

（二）统一调度，强化监管

相关管理单位及企业要做好调度组织实施及管理，严格执行调度指令。市水务局要加强对主要控制断面生态流量达标情况的监督检查，定期组织开展现场监督检查。

（三）科技支撑，技术保障

进一步推进东引运河信息化建设，加强实时监控及水文监测预报，提高测验和预报精读，为做好东引运河生态流量保障工作提供技术支撑。

（四）评估跟踪，制度保障

市水务局负责组织开展年度东引运河生态流量保障评估工作，完善流域水资源统一调度机制，建立生态流量调度管理制度、监测报送和预警发布制度。

媒体专访和报道

一、人物专访

天字码头,雷管当枕头

——邝耀水 2012 年专访

受访人:邝耀水,原东莞水利局副局长,95 岁
采访人:文淑贤、廖锐
采访地点:莞城市民广场
采访时间:2012 年 7 月 18 日上午
受访者语言:广州话

家道中落,参加革命

采访人:您是一个老革命,有没有保留一些关于自己的文史资料呢?

邝耀水:我原来写了很多日记,但是"文化大革命"的时候被抄家,什么都没了。我在东莞的时间比较长,在东莞参加革命,抗日战争时也在东莞,后来70多年都在"惠东宝",包括东莞、宝安、惠阳,当然有个别时期因为工作关系不在这块地方,例如日本人投降以后,我被组织派到香港,跟随中共广东区委书记尹林平。我一直都是搞情报工作。建党90周年的时候,东莞档案局党史办曾经写过四本书作为献礼,其中有一篇就是讲述我个人的。

我在东莞县大朗镇出生,就在大岭山脚下。我的家庭是书香门第,曾祖父是前清的八品芝麻官。后来因为他自己好读书,就在莞城租一间房子,让他的子孙都在莞城读书,直到我父亲那一代。我父亲在东莞中学毕业之后,到东京早稻田大学留学。1917、1918年的时候,由于他接受了一些革命思想的熏陶,就回来参加五四运动。1919年,他奔走于东莞、广州、北京,当年9月就中途病逝了,导致家庭破落,我也成了遗腹子。我母亲是华侨女,外祖父全家都在智利。她不会耕田,又守寡。那时候我还有一个大哥,仅两岁。当时我祖父的几个儿子都去世了,家里只剩一个26岁的寡妇,一个两岁的孩子,一个遗腹子,他认为

书香门第无望了，心灰意冷，就把二三十亩田地典当给别人，自己拿了那笔钱到罗浮山修道。那我家怎么办呢？我母亲生性比较刚烈，把那些耕地租回来，请两个工人（来劳作），但即便这样，一年中还是有一两个月的口粮供应不了。我们只能靠我外婆、靠华侨亲属来接济。因为这种情况，我小时候只在乡下读了三年私塾。

采访人：那时读私塾要交多少学费？

邝耀水：那时只需一斗米而已，不用多少钱。没有钱读书之后，恰巧远房亲戚从智利回来，跟我母亲说："孩子不读书不行啊，你无论如何都要让他认识几个字，不然将来怎么熬呢？"我13岁就离开老家，去远房亲戚那里的厨房打杂。有一所学校同意我去那里寄宿，刚好有位老师叫钟寿祈，他是共产党员，也是东莞中学的学生会主席，但后来他和东莞县委的蔡日新一起被捕，被运到广州南石头监狱。最后蔡日新被绑着几块大石头沉到水里（淹死）。当时东莞出了个军长叫李扬敬，钟寿祈的母亲就求李扬敬把他救出来，所以钟寿祈没死，但他母亲帮他写悔过书。后来他意志消沉，就跑去大朗教书。1937年，我小学毕业后，钟寿祈把我介绍到铁路办，我就去铁路当工人，认识了站长。乌涌车站离石排比较近，现在小站已经没有了，因为当时被日本人炸了。我当了一年工人之后就被吸收入党。1938年，东莞办了军事革命班，钟寿祈叫我回来参加革命，从此我就跟着王作尧、张如这些活动分子走上革命道路。

开运河，找军区要炸药

采访人：您当时在莞城挖运河的前因后果是什么？

邝耀水：为什么要建运河呢？这是我测量一年的结果。只要有人住的村子我都走过，其他东莞干部没人比我走得多。我们发现内涝严重，所以就想挖运河。挖到厚街，厚街潮退就可以放水，潮涨就关上水闸，高度相差大概五米。做规划的时候我就提出"上筑、下围、中间圈"，把田圈围、排水，上面筑山塘水库，滞留洪水，等水退了才开闸。当时的地委书记听到这个规划之后很坚决地说要马上动工，于是县委就决定开始工作。

我找来工程师，拿一根铁棒，测量一下多深的地方有石头，有多少泥土要挖走——大概有20万石方，百分之六七十的淤泥。我上报水利厅，那里的工程师说："你的数据中没有历年雨量。最大暴雨量呢？潮水多大呢？"厅长说他不敢批。我们只好自己做，自己负责。当时我们的步骤分为规划、设计、测量、施工。开始施工的时候问题很多。

原来的泥塘里面只有很少泥，都是石头，最初测量的20万石方变成200万石方，下面都是红粉石。一个炸药放下去，只能炸到十厘米的石头，也不裂开，要用铁桩自己打。县长比较年轻，就拿着铁桩，副县长年纪大，就拿锤子打。县长一大早就打石头，民工也打，两万人一起干活。自己做的炸药不够用，最后剩下的十多万立方土地都是喷水的，黑药没有用。县委让我去找相关领导，向他要1000个雷管、500公斤黄色炸药，做水下爆破，让他和军区商量。相关领导就在清远的军区仓库调了1000个雷管。

那时没有汽车，我就骑一辆自行车，把两箱雷管运到广州天字码头。那里的人问我是什么，我说是西药，把它放在我的床上当枕头。要是我一不小心，整条船的人都会没命的。

上岸后县长问我是用什么运的，我说用船，他说"你真大胆，这么冒险，早知道我就派专车去接你"。我说太赶了，没办法。最后规定要五一劳动节开通，但雷管很快就没有了，只能到香港找鱼雷。虽然我回来几十年，但跟那边还是有联系的，他们批给我一个通行证到沙头角，给了5000港币，我找水警在渔民区找到200公斤黄色炸药。五一节的时候还差点炸到县长，因为炸药威力太大了。

莞城治水，六年没有回家过年

采访人：1959年莞城是不是发大水？

邝耀水：最早是1953年。

采访人：那最严重是什么时候呢？

邝耀水：1953、1955、1957、1959这四年。东莞虽然土地肥沃，但灾害也多，受到五种灾害——水、旱、咸、涝、潮。我入城之后管水利，东莞95万亩农田，受旱的20万亩，受洪的30万亩，内涝积水的15万亩……新中国成立前就很困难，特别是我们石龙前面有一条洲，叫黄家山，1947年的时候一两千人无家可归。石龙有句俗话"四周野仔"——到处去做别人的儿子，相当惨。当时我还在香港发动人回来救灾。东莞堤围矮小，山乡水利不修，每年四五月青黄不接的时候，就要锄野草来充饥，很困难。所以虽然有土地，但贫富差距相当大。

后来1953年6月东莞发大水，县政府刚整理好这些东西，开始征粮，开始正常生活，一场大水又打乱了这一切。石龙那边被洪水冲断一条铁轨，广州铁路七天没有行车，造成国际性的影响。当时中南局书记坐飞机来看，一片汪洋，东莞淹了20万亩田，倒了1200多间房子，死了12人。新中国刚成立就发生这样的事情，如果6月不能堵上缺口，东江水进来，20万亩农田不能耕作，至少影响20万人，人民生活怎么办？那时我们80万人口，95万亩田，有20万亩被淹，影响很大，莞城也都完全被淹了。

县委分工一人负责一个缺口，限定十天内要弄好，就把我调了出去，从工商科科长调到防汛指挥部。筑堤要沙包和草席包，要打桩，要木头，要泥机，要船运，要粮食，因为我之前管过这些东西，大概县委的意思是把我调过去当指挥。刚筑好了，第二年又发大水，第三年更大。堤坝筑得矮小，很容易就有洪水，之后又天旱，十多万亩田不能耕。从新中国成立到1957年，干部只有三类工作——防洪抢险、生产救灾、征收公粮，其他基本不能进行。我们的公粮占全省四分之一，因为土地肥沃，产量高。

后来县委觉得一定要解决水利问题，又调我去管水利。那时林若当书记，他认为一定要解决水利问题，第一要造林防止山洪，筑堤围；第二要筑好山塘水库，解决内涝灾害。当时林若最得力的助手张如是水利科科长，他很实干，而我是副科长。张如在新中国成立后当县委常委，专抓农林水。1953年在积水一带加了堤围，加固防洪。但是内涝积水，从石龙一直到大朗，16万亩农田一片汪洋，十年九不收，只能种单作。夏至之后试一作粗粮，例如红谷（红米），产量很低，一亩产只有200斤，到了冬至就收割。后来我当了十年水电局副局长，我家在塘厦，六年没有回去过年。县委规定我要管好，出问题我负责。我们每年的年二十八总结，年二十九放假，年初五来上班。平时也有一万人做水利，每天几万人上班，连续筑堤筑了五年。

内涝没解决，我就拿着抗日战争时收缴到的地图，打算组织一个测量队，没人就到水电厅找人。水电厅说："没办法了，你自己训练吧，考不到大学的高中生，数学好的，就征集来训练。"我们当时只有几个技术人员，一个一级工程师，一个监工，一个出纳，一个尺工。

当时我召集了30个学生，自己做班主任，带技术人员在石龙开训练班。现在那些局长和工程师都叫我校长。培养了三个月，让工程师教他们，实地训练，到工地干活，如果广州有工作，也会派他们去。所以20多年来东莞的水利基础设施很好，没有一件报废。我的方法就是"山上山下"：下去调查，这个山形可不可以建水库，可不可以灌溉，效益有没有那么多，然后做出规划。当时县委财政收入400万元，大约给我们200万元。我们民办公助，水库需要的工资、材料10万元，除了自己出劳动力，这10万元是政府给你的，做工程，模板、钢筋、水泥都是政府出，剩下的都要给回政府。因为材料循环利用，所以100万元的工程，我们可以做到140万元。因此东莞1957年的旱涝保收已经达到70万亩，就是说有八成。

（原载南方日报出版社《东莞人——讲出自己的故事》）

140天的开运河奇迹
——黎浩权 2012 年专访

受访人：黎浩权，曾任东莞大围工程指挥部办公室主任，88 岁
采访人：吴海敏、骆倩怡
采访地点：莞城市民广场
采访时间：2012 年 8 月 10 日
受访者语言：广州话

响应号召返回大陆

黎浩权： 我是从香港回来的，响应毛主席"知识青年参加祖国建设"的号召回来的。我当时二十几岁。

采访人： 除了毛主席号召，还有没有什么其他原因？

黎浩权： 都没什么原因啊！觉得确实……

采访人： 就是热爱祖国对吧。有没有后悔？

黎浩权： 没有！没有后悔。

先不说我个人，先讲为什么要建运河。老实说，东莞地大物博，但是新中国成立前呢，可以说是水旱灾害频发。张如呢，是老革命。本来土改的时候，他是土委会秘书，一土改之后就被分配去建设科。因为新中国成立初期建设科是烂摊子来的，要找一个强的干部去。我当时就在军委会的那间供应处。

采访人： 回内地之前您在香港是正在读书还是……

黎浩权： 我在香港没读书了。我的姨丈在香港是大老板。我看了毛泽东的那些书，确实觉得资本家对青年的影响不大，觉得祖国确实是……对青年的影响大。

采访人： 那跟您同一批回来的有多少人？

黎浩权： 哦，和我同一批回来的有二十几人。

采访人： 您对您的人生有什么感受？

黎浩权： 讲人生啊，我的人生真的很奇怪。我是从香港回来的，所以很复杂。现在有香港护照就威风，去哪里都行。我在海外认识好多人，澳大利亚、德国、加拿大都有。我在东莞这么多年没什么亲戚，到今天也是这样。去年美国国务院移民局寄了一封信过来让我移民到美国，按照指定的程序搞签证就行了。我都八十几岁了，体检要去领事馆指定的

医院，那个日本医生说："阿伯你是不是有肺结核？要留下来养病。"我说几十年前有。后来给了一百块钱就走了。我女儿在美国搞定了全部程序，所以后来我女儿骂了我一顿，说用了几千元，要请律师要干什么……哈哈。我全家人都在那边，我自己一个人住这边，有个保姆看着。

还有一件事情他们不知道的，很传奇。就是我在做科长的1958、1959那两年，国民党的策反很厉害，因为我很多亲戚在外边，所以寄了很多印刷传单给我。我拿了之后交给人事科，来证明我的清白。1960年，我30岁，谈恋爱了，领导突然间将我拉去同沙。我又能写又能开玩笑，很活泼的，一直以来很受单位同事的尊重。上级居然要将我下放到同沙劳动，我就打报告说正在恋爱准备结婚。那时候结婚是要单位批的，单位领导不敢批，因为我处在特务审查中嘛，谁敢批。民政局也不批，最后就报到林若那里。所以我结婚是林若亲手批的，绝无仅有，因祸得福啊。我爱人，她当时是农民，林若一批之后，马上当了职工。我儿媳妇都知道这件事，原来她的家婆是这么来的。

采访人：那之后您有没有被冲击？

黎浩权：凡是运动都有份，肯定会的了。

采访人：1979年您应该有很多机会出去吧，为什么不走？

黎浩权：不想去了。我有四个儿女，一个去了美国，还有三个准备去。他们夫妻和（我的）孙子一个星期才休息一天半天，我去的话，他们服侍我就累死他们，但要我去服侍他们，又没力气，去到那里我又不会说（英文）。虽然有很多亲戚在，但如果儿女休息时又劳烦他们开车，他们就连休息时间都没有，太累了，所以我就不想去了。我现在还有个保姆嘛。我还有两个姐姐，一个九十二，一个九十。

采访人：她们当年没回内地吗？

黎浩权：她们都在香港，我们等到改革开放后才敢见面。当年她们反对我回来，她们对共产党没什么认识，而我对国家这方面有认识嘛。我也为国民党干过事，国民党很腐败，但现在有批人也很腐败。当年修运河就是群众拥护的，领导说这条运河一定要成功，但当年省不批准，所以邝耀水就去省里搞。我和他很"老友"，是回来才认识的，现在我八十八，他九十二了（实为九十五）。

没有张如，就没有东莞的运河

黎浩权：可以这么讲，如果没有张如，就没有东莞的运河，真的。

采访人：为什么这样说呢？

黎浩权：要讲东莞的水利呢，确实是要先谈东莞的张如。特别是讲到这条运河，说出来你们都不相信。这次我特意把相片、资料带过来了。东莞为什么要建这条运河？是一段故事来的。

当时和我同一批回来的那二十几个人,都不太被人信任,那段时间人们对有点国外关系的人有些不信任。但张如对我很信任,叫了我去当时的建设科。当时林若讲过"东莞不搞水利没有前途"。我以前跟过林若,写的那些稿都是经林若批的。林若就任之后觉得东莞的确是水旱频繁,不解决水利是没有办法发展的。东莞的水利第一要防洪,弄得好堤围就防得住洪水。当时内陆积水就一大片。一是洪水,一是内涝。防洪就一条线,抓好堤围就没问题了。莞城十四五万亩的农田啊,一下雨就被浸,你说损失多大?所以当时的县委和水利部门的有识之士就觉得必须要解决这个问题。那么就想到疏导洪水咯。最先考虑的是从黄沙河排出去,经过长安,排到大海。但是,一过大岭山大塘,又有一个莲花山,要开十几二十千米的隧道,没什么可能。自从张如做了水利科科长以后,他就慢慢去查勘这些水到底怎样排去东江。所以从1956年开始,就派出很多人去查勘到底怎样可以解决这个内涝问题。弄出一个基本规划之后就报给了省水利厅,但省水利厅不批。为什么不批呢?因为国家当时水利的方针是以小型为主,但是这个工程呢,搞一条运河,几百万的土方,要建十几座水闸、十几座桥梁,这是大工程来的。说实话,全省人员开的运河谁开过?不批啊。当时副县长张如就报给地区,当时的地委马书记认为东莞这个方案好,可以做。但是省里不批,理由就说资料不够齐。当时的群众很支持,真的是相信共产党。

采访人:拆屋都支持?

黎浩权:拆屋都支持。所以我刚刚说,你们真的理解不了这条运河,整条运河从1957年12月13日开工,到1958年5月1日正式通水,工程正式完成,你猜猜在这140多天里面完成了哪些工作呢?完成321万个土方,将90万土方移了去筑东莞大堤,就是现在东江大道那条;爆了26万土方石头,运河底下有很多石头;建了四道水闸——峡口水闸、樟村水闸、莞城水闸、石鼓水闸;建了两座桥,其中一座东莞市水利桥,当时叫作莞城大桥。140天,每天动员16000个民众。1957年11月,十几天里成立了一个东莞大围工程指挥部,这个指挥部成立之后县长做总指挥,副县长做实际工作,我就跟副县长张如。这个指挥部真的可以被称作"作战指挥部",有七个部门,调了200多个人来组织这个指挥部。它有指挥中心,就是办公室,办公室里面有资料组、通信组。当时的电话不是现在这样的,是搅机的,如果你说那个电话是总机,马上就架一条20千米的总线。设立了八个工区……十几天时间喔!11月成立指挥部,12月13日运河正式开工,就是13天时间。当时省里不批,地方就自己做,很多物资省里不给你,全部都要自己弄,连炸药也要自己造。所以这个指挥部,有一个资料组、一个通信组、一个爆破组……

采访人:为什么你们办公室还有个爆破组?

黎浩权:当时缺乏物资,我们就组织一个爆破组专门去搜索国民党、日本仔(留下的)堡垒,专门炸堡垒,拿它的钢筋,当时指挥部真的是作战指挥部来的,财务物资组、宣传组、公安保卫组、卫生医疗组,真的很庞大,你现在一个机关也没有它那么庞大,哈哈哈。

所以挖运河那个时候，领导们真是日夜工作，包括我在内，天天都睡很少时间。140天，不够五个月啊，完成那么多工程！你现在想都想不到的！当时真的是日日夜夜。

采访人：那您当时是负责做什么工作？

黎浩权：我就是办公室总负责。

采访人：就是样样事情都要负责？

黎浩权：什么都要负责的。我跟张如的嘛，我和他两个人在指挥部一起睡，连过春节都是在指挥部睡的啊！有什么假期啊？根本没有的！140天要完成这么多工程，你想想怎么做吧。每天管16000人，不是16人啊！

采访人：那时用什么来传达信息？

黎浩权：不就是两条电话专线咯！我就是专门管这些的。他们没有一个有参加过的，所以叫我来。现在水务局有个叫邝耀水的人，他当时负责财务物资，我是负责办公室，负责制炸药。

采访人：炸药当时是怎么制的？

黎浩权：哈哈哈，一般人我都不讲的。张如很信任我们，当时派了两个人，毕竟没有那么多炸药，就找了我，还有另外一个姓胡的，叫胡祖耀。当时我们去广州化工厂实习一轮，回来汇报，哇，要那么多机器，自己没那么多条件，就去华南工学院，找了个教授，提出来，我们那个时候还要速成的。（那个教授说）要速成啊，那我介绍一个方法给你：用化学肥料。先去香港买硝酸铵钙，是意大利的化肥，再用硝酸铵钙解决那个铵，就剩下了硝酸钙。为了解决铵，最后就买了一两百吨化肥回来。最开始不行，为什么不行呢？我负责制炸药，属于爆破组，谁知初时造黑药，制成了，是专门去农村收购泥砖，找回来之后抽其中的硝酸，就是硝酸钾。初时在公安局拿了很多子弹壳，必须自制雷管，又找电灯的钨丝。每天很细致地干活，黑药是可以，但爆炸力不够，水下的石头不能爆。TNT制成了，就是黄色炸药、安全炸药，不会自己响的，在什么情况下爆，零点几秒发中，几千度热才能分解？这件事其他人都不知道的。我职务很大但是没有职称，哈哈。

采访人：这样才厉害啊。挖运河过程中，除了对张如印象深之外，对其他人印象深吗？

黎浩权：姚启荣，峡口水闸的工程师。东莞的水利原来只有一个技术员，我也不是搞技术的，邝耀水来了，就说没有技术人员是不行的，报到省里，省里就派了六个工程师来，这六个人都是有分工的。姚启荣是专业水利的技术员，最高级别的；卢广铿，也是工程技术员；王志文、姚国强就是测量技术员；罗国基是监工；还有徐殷发，负责锥探工作。运河为什么要在那时候探？那时候没有机械，考锥插进去探什么石头，探到哪里看有什么泥什么石层，没得取巧的。讲起来我觉得是奇迹，140天哦。

政府声望高，群众都支持

采访人：有没有人被拆迁，还自己帮忙的？

黎浩权：没，一般来说拆迁地方比较少，但运河有一段是转弯的。为什么不直通呢？原因就是未拆迁之前，那里叫水头街，当时税务局的位置在现在的桥中心，对面是工会。未拆迁之前水头街是由镇里面处理，其中有一块菜地，（因为菜地主人）不同意，但已经施工了，就找工程师商量，最后只好绕过，本来是直去的。

采访人：等于说增加工作量了。

黎浩权：是啊，但是当时群众是不会被强迫的。好容易商量的。他有一块地，地上面在种菜，菜就是他的主要收入，其他的是屋，处理就可以了。

采访人：那时已经公私合营了吧？

黎浩权：合营了。

采访人：整段运河只有那里不同意吗？

黎浩权：是啊。就在这里，本来直望可以见到北门桥的，有一点点，二十几度的，转一转就知。姚启荣就知道，他是工程师，那条线就是他画的。钟钦明也知，他当时是做测量的。

采访人：在挖运河的过程中，有没有发生一些很惊险的事情？

黎浩权：这个爆破好像死过人，工区会马上处理。

采访人：挖运河的时候，对群众的饮用水有没有影响？

黎浩权：没有。之前人民群众饮井水，开运河后就喝运河水，那水好清的。七几年还可以饮的，改革开放后就开始变差。五几年是没有自来水的，七几年才有。讲到为什么要选这条路，好像说测量过后，峡口水闸的水位和石鼓的水位比一般的低，流速很顺畅，所以运河未开之前主要靠东江水来衡量，开了之后流不出水不行的啊。经过试验，开完之后，一放水就顺畅。在这里可以说一句，工程是做了，但很粗糙，运河就是一条渠，两边是泥坡。那时度量衡还是用公尺的，所以写稿用公尺，不用米的。最初的时候，底是 20 米，还没有扩大。1958 年 5 月 1 日通水，一下雨就可以排水。这个运河可以说是奇迹，奇在每日有 15000 到 16000 人上堤，调动人员是艰巨的。

采访人：那时那么多人修运河，有没有影响生产？

黎浩权：主要是劳动力，这方面真的没有调查过。但是从我们的角度来看，农民是支持这个工程的，但是领导有反对。首先因为中央的政策，加上东莞运河的资料不够完整，设计不够完整。1956 年开始勘测，这么短的时间，资料怎么找齐？但是张如认为，不搞不行，林若就找到地委书记马麟，马麟支持，但地委是行政系统，属于省，省又不批，但不做不行，农民都支持。

采访人：这么说来，当时的政府声望很高。

黎浩权： 高。

采访人： 运河投入使用后，效果怎么样呢？

黎浩权： 当年就受益，一通水那年的产量就提高一倍，所以为什么群众那么支持修运河，拆屋都没有人反对，都是支持。

（原载南方日报出版社《东莞人——讲出自己的故事》）

为建运河，测量了东莞每一亩土地
——钟钦明 2012 年专访

受访人：钟钦明，原东莞水利局科长，76 岁
采访人：林诗雯、黄维欢、丁文俊
采访地点：莞城市民广场
采访时间：2012 年 8 月 9 日
受访者语言：东莞话

做一个工程就测一个地方

采访人： 您在水利局工作多久了呢？

钟钦明： 从 1954 年到退休都在那里。以前还不叫水利局，刚解放的时候，组织比较简单，叫建设科，之后变成水利科，后来变成水电局，变了很多次，现在又变成水务局。

采访人： 你在 1954 年开始测量工作，那是否在 1954 年的时候就已经有挖运河的计划了？

钟钦明： 那时还没有。那时整个县的一个调查得出结论，就是要解决问题必须挖运河，把水排走。建设科的人分片去调查积水应该怎样解决。当时我们的领导是张如，他是副县长，专抓水利。他对这些工作很熟悉，每一片土地都很熟悉，总的由他来指挥，几届领导都放手让他做，全权掌握，他一件一件地解决。所以我在水利局几十年，今天做这片，明天做那片，踏遍东莞山河。

采访人： 50 年代那时候莞城有很多水灾吗？

钟钦明： 东莞很大，一共差不多 120 万亩土地，当中百分之二十是旱地，水田百分之八十。新中国成立初期没有水利设施，全部都是自然的，下大雨时水就一路往低洼处流，大旱的时候就没有水。那时的土地生产量很低，每亩只有几百斤，有些甚至绝收，十年九

不收。低洼的地方水浸，只有到了八月十五才插秧，插很低产的秧。所以必须要解决水利问题，因为要解决粮食问题必须先解决水利问题。当时就轰轰烈烈地开始了大范围的水利工作。几乎整个县都动员起来了。特别是东莞运河，1957年冬天开始挖凿。当时的东莞运河很短，只有19.5千米。主要是从附城的峡口到篁村这一段没有河，就要疏通来排寒溪的水，排常平、东坑、横沥、石排、茶山、附城这几个镇的水。过去的水源呢，在埔田区，集水的面积一共有108万亩土地，这些水都向下流，就到了常平、东坑、横沥、石排、寮步这些地方，淹没了14万亩左右的土地。有雨就浸，没水就旱。水从石龙峡口跑出去，如果东江水大，又倒灌进来。出是自由，进是自由，不受控制，一年四季都是一片茫茫，大面积的土地不能利用。所以开这个运河，把上游的水赶到下游流走。另外，把峡口的出水口堵住，把东江的进水口堵住，不让倒灌，让它从篁村出去，这样就解决了寒溪这个问题。另外又筑了堤围，建了电站来排水，土地亩产量从300多斤升到了1500斤，以前十年九不收，现在年年收三造。这单纯是讲寒溪和运河这两个地方，其他地方还有很多也筑水闸，搞水电站。东莞这个寒溪范围很大，人口比较多，包括常平、横沥、东坑、石排、茶山、寮步、附城这几个镇，运河筑好就解决问题了。后来还是不满足，沙田的咸水一涨，就影响生产。那些水质不好、水咸的，连煮饭都煮不熟，所以又把东莞运河扩建。往运河上游一直挖到桥头，运河下游再延长挖到长安，1970年就将两段扩建的运河做好，总共102千米。运河使东江优质水源一路源源不断地向下游走，到了长安出大海。这个运河跨了14个镇，占了东莞32个镇差不多一半，所以这个河很重要，称为"东引运河"，分几期做的。运河刚做好的时候，水还是很清的，一直到1985年，东莞运河的水还可以吃，水乡的水也可以，水质也好。现在就不同了，变成了另一个时代。

采访人： 1970年后好像又扩建了吧？

钟钦明： 1957年的时候做的运河，做的中间这一段。到了1966年又把旧的底扩大了，之后1970年就是上端下端一起扩，这个我也经手了。

采访人： 那你清楚决策的过程吗？

钟钦明： 这个不清楚了。这个过程也不是一天就做好的，经过几次的调查，考察水源，如何筑，如何排，效益如何，经过六次的详细研究。

采访人： 这六次研究您有参与吗？

钟钦明： 我几乎每次都去了。我曾和别人说，东莞每一亩土地，都有我的脚印。可以说，几乎每一片土地我都去过，就为了测量。当时没有空中测量，需要人力用水平仪、经纬仪、平板仪去测量。测量范围很窄，几十米需要放一个点，所有土地都需要测量，所有土地我都走过，用了几年的时间，河流、山川都走。

采访人： 您当时去测量，有没有什么特别难忘的经历呢？

钟钦明： 这些很多。当时测量到处都有困难，工作很艰苦，在水乡没有路，要测量就要把尺子竖在河对面,然后游泳过河。有些河水很急,出过几件事故的。还有在中间晕倒游不回来的,很容易命都丢了。例如东莞的麻涌地区,根本就没有路,一条都没有,都是堤围,不会走的话,走几步摔一下。我还记得我们的副县长到那里去检查工作,地很滑,经常摔,摔得满身泥,一天摔上百次跤。测量不是一下子做完的,从1954年开始,一直到70年代,做一个工程就测一个地方。东莞分为水乡片、丘陵片、沿海片、山乡片,一片一片测量,所有工作都很艰难。尤其是埔田片,像常平那种地方,常常水浸,仪器只能看见上头,人只能下水去测量。另外,每天被水泡着,虽然那时没有风湿,但对身体还是有一定的影响。那时年轻还经受得起,现在就不行了,一天都不行,更别说一个月都在水里走来走去。还有爬山,例如樟木头那个大水库,爬上去就爬不下来了,就算爬下来人都不能动了,要睡一觉才行。当时没有干粮,肚子饿,山上也没有水。所以遇到山有困难,遇到水也有困难。一路都是走路的,没有车,甚至从石龙到樟木头都是走路的。

危险艰难,用命在拼

采访人:你们那时开运河、建水库有没有苏联的专家帮忙?

钟钦明:没,全部自己来。

采访人:那工程设计都是你们自己来的吗?是不是你们建设科做的?

钟钦明:全部都是建设科自己做的。当时人比较少,我们分为五个片,两个同志或者一个同志包一片,要负责勘查、测量、设计、施工,全部都是自己做。五个人就可以包了整个东莞的工程了。所以日日不停,奔奔跑跑,跟现在不同。

采访人:能不能具体说一些险情?

钟钦明:有一次从水库步行到大朗开会,十多千米,需要早上七点多到达,只能走夜路。北风天很冷,月亮很光,我一个人背着行李袋走,中途突然听到有几声枪响。当时我在那里定住了,大概离我不到50米远的地方,我看到有火光,转头看见有人就被打死在桥下。后来听说是有人自杀,如果当时枪响我走过去就没命了。又有一次,去到一个地方参加设计施工,那是一个很小的乡,还有土匪抢劫的,在工地没有地方住,乡政府就安排我住在一个供销社对面。当时最大的商店就是供销社,只有那里有物资,我就住在它对面,我晚上从工地回来睡觉,它刚好被抢劫,差了几分钟,如果碰上就没命了,很危险的。

采访人:您如果早几分钟回去,就看见供销社被抢了?

钟钦明:是的,全部被土匪抢光了,看见就没命了。

采访人:新中国成立几年了,还有土匪啊?

钟钦明:有,流动的、恶霸勾结的都有,不过少。有些还没有被抓到,特别是初期就更多了。

采访人:您真的是用命在拼啊。

钟钦明： 做测量工作是有很多危险的。像在麻涌挖水闸，挖了个基础，要倒沙土，打桩，里面放线，结果泥一下子就塌了，夷为平地，人倒在地上被推到高处，如果压在下面就没有了。挖水沟做工程，沟合上了，山崩下来了，放水闸被水卷到水底的也有，每样东西都要亲自去做。我做过几次堵河，水很急，连人都被压倒。

采访人： 当时那么艰苦，那都穿什么鞋子呢？

钟钦明： 自己做的拖鞋，拿一块胶穿两个洞。

采访人： 会随身带多少衣服呢？

钟钦明： 极少。我们用尼龙袋、尿素袋来做裤子，装东西的麻包来做衣服。衣服都很简单的。每个人的衣服都是缝缝补补的。带一两套衣服，戴草帽。一张被单，用了八年，去哪里都带着，没有棉被什么的，很简单。

采访人： 那时有没有配自行车？

钟钦明： 1957年之后就配了自行车，给那些做主要工作的人配架自行车。有了自行车一天随随便便就100多千米，背个行李，给个水壶，去到哪里就吃到哪里、走到哪里。就是这样。

采访人： 那时食物怎样携带？

钟钦明： 不带，我没食物的，去到地方，只有张粮票。下面有个水管所，有个人民公社，人民公社里面有饭堂，去那里吃饭。报个到，给他张粮票，他就给你些饭吃，是这样的。

采访人： 吃什么菜呢？

钟钦明： 很少的，经常吃白饭、一瓶腐乳，酱油都没有。我还记得在清溪的茅輋水库，一个中型水库，去搞扩建，就是四两白饭、两块腐乳，这样就是一餐饭了。

采访人： 饭堂一餐多少钱？

仲钦明： 几分钱而已。九分钱，最贵就一毛三，饭价一路上升啊，最早时就九分钱，然后一毛二、一毛三、一毛半、一毛八、两毛多，现在加到几块、十几块了。当时十八块工资还用不完的。

采访人： 那时喝的水怎么解决呢？

钟钦明： 没有随身带水喝的，喝生水，我去到水库还喝山沟水，我们经常喝田涌水，那些湖的田涌水都喝过了，家常便饭。

采访人： 那有没有试过前不着村、后不着店，又找不到水，又没东西吃的情况？

钟钦明： 东莞没有。我们去到哪里工作，就想着那个点是哪里，在哪里吃饭，自己心中有数的。因为有时去那些农村的地方，农村有个组织，就是乡府一个小小的饭堂。我去到叫他开饭就可以的了，专门做给我们吃的。有时到群众家里吃，去农村农户家里吃，也很经常。

东莞各个镇的人都来挖运河

采访人：挖运河的时候有很多民众过来帮忙吗？

钟钦明：全部都是民众。

采访人：那会不会影响农业生产或工业生产？

钟钦明：不会，因为1954年那时东莞没有工业的，出街都没东西买，买个饼吃都难找。

采访人：所以莞城挖运河就是受益的莞城农民、居民过来挖的吗？

钟钦明：莞城一部分人，很多地方的人都来挖，篁村的、大朗的、常平的、东坑的、横沥的、寮步的都有人到。

采访人：都是受益的吗？

钟钦明：受益的。根据乡区的受益大小，受益多的就多些工作量，受益少的就少些工作量，是这样分的。小工作量当然人少点，工作量大的就多些人。组织的那些人是分很多小组的，有些劳动的，有些宣传的，有些后勤的，有些搞器材的，样样都有。

采访人：那时开运河会不会有些人不理解、不赞成？

钟钦明：没。当时做这个工作呢，先调查好，它有什么作用，它能带来什么效果，将情况讲清楚。好像你那里水浸的将来没水浸啦，没水供田的将来有水供田啦，你没水吃的将来有水吃啦，都说得清清楚楚。和那些干部研究好之后，干部回来落实人员，都分配来的。因为那些人来做事有工分的，做得好，工分就多些，做得差就少些。工分呢，好像天天赚十分。以十分为单位，十分可以换多少钱啊，是可以领到那个收益的。

采访人：当时爆破会有意外吗？

钟钦明：有的，炸瞎、炸伤脚、炸伤手的有，特别是在运河这段。

采访人：后面有补助给他们吗？

钟钦明：生产队会吧，以前没有那么多补助的，只讲贡献，尽了力量，没讲回报的。

采访人：开运河难免要占一些人的地、鱼塘啊。你们有没有补回些东西给他们？

钟钦明：很少，极少。受益的区少出些钱咯，都不会补。有些地方有，有些地方没。有些地方由公社负责给，这些人移出来就给些地方你住。政府帮助运输、提供材料，因为那时建房没材料的，帮你解决些材料，就是优惠了。房拆了之后，你损失了很多，你这个地方将来就负担少些。那些群众很满意的，不会有什么反对。

采访人：挖完运河，您就去做松木山水库和黄牛埔了吗？

钟钦明：做好运河就去松木山，松木山做好之后就去黄牛埔，黄牛埔做好又去另外一个地方，一个接一个。

采访人：中间没停？

钟钦明：没停的。

采访人：松木山水库好像很重要吧？

钟钦明： 东莞现在的松山湖，就是用松木山水库的那个基础来做的。东莞有七大水库。松木山蓄水量是东莞最大的，如果按面积就排第二，第一是同沙。

采访人： 那松木山水库和运河这边没关系吗？

钟钦明： 有关系，关系很大。

采访人： 有什么关系？

钟钦明： 运河排水，松木山水库蓄水。如果在运河上面蓄水，不让水流下来，运河就减少压力，水浸就少了，所以在运河上面筑了很多水库的。以前水库少就不行，水会涌高，涌得太高，来不及排。现在大大小小几十个水库在上面，一个水库接一个水库形成一个水库网。如果大家都流水下来，水位就高，很大关系的。

采访人： 松木山水库是60年代那时建的吗？

钟钦明： 1958年五一动工。

采访人： 建了多久？

钟钦明： 做了一年多，做到1959年末就结束了。

采访人： 那当时也动用了很多人力物力吧？

钟钦明： 好像那时最多6000人在水库做事。

采访人： 当时东莞才多少人口？

钟钦明： 当时东莞人口70万左右。

采访人： 那运河那边有多少人去？

钟钦明： 平常8000人左右。分几个工区，一个镇为一个工区，寮步的就是寮步工区，莞城的就是莞城工区，茶山的就是茶山工区，一个工区包一段，按受益的范围去分。完成了就撤退，完成迟就做慢些，任务多的就多些人，任务少的就少些人，工区自己安排，由生产队抽些人出来，不会有多大影响的。把那些犁耙、插秧的技术工留在家里，做水库都是年轻人来的。

采访人： 我听说有些孕妇要去，带着小朋友都要去这样。

钟钦明： 没。做水利工程不让孕妇去的。

采访人： 挖运河那时呢？

钟钦明： 也没。如果有，发现了会叫她回去的。

采访人： 那会不会有些人是自己很有热情？

钟钦明： 怀孕几个月你不知道，她就去咯。如果怀孕看到肚子，当然就叫她回去。那时人们互相关心、互相帮助，感情很好的。

（原载南方日报出版社《东莞人——讲出自己的故事》）

二、媒体报道

以"愚公移山"的精神修水利
东莞大围防洪排涝工程即将兴建

——由峡口至三屯挖一条二十千米的运河，由峡口至莞城筑一条防洪大堤，
建筑水闸五座，公路桥两座

渴望多年的东莞大围防洪排涝工程，计划在今冬明春兴建。该工程建成后可使石龙、寮步、大朗、常平、企石等区的一十二万多亩积水稻田，得到不同程度的受益，估计可增产粮食二十五万担；而且保护了樟村、堑头及莞城免受洪水的威胁；同时在洪水期间，辖内积水可长期排出，船只航运由莞城至寮步、常平可畅通无阻。

该工程系一个联合工程。计划筑水闸五座；由峡口经柏洲边、樟村、板桥、堑头、莞城、篁村至周平挖运河二十千米，到三屯出口；由峡口至莞城加筑防洪大堤，并附筑千米桥两座。主要防洪闸建筑在峡口，闸宽一六点五公尺。运河面宽三十六公尺（十市丈零八），底宽二十公尺，计划土方一百八十万立公方。全部工款费用达一百五十万元，国家投资七十万元，计划劳动力一百五十万工日。全部工程预期三个月完成，现正紧张地进行规划工作，准备在12月初施工。

（来源：《东莞报》 1957年11月16日第1版 黎浩权）

东莞大围工程指挥部正式成立

东莞大围工程指挥部已在12月1日（志书记载为11月）正式成立。地点在附城区梨川村旧东湖寺。指挥部设公务、政工、保卫安全、财务、总务等五个股，领导着从石龙区峡口至厚街区石古沿线及运河整个工程。并下设八个工区（实为九个工区）领导民工工作。整个工程预定在12月15日全面施工。

（来源：《东莞报》 1957年12月7日第1版 袁沛）

各地民工纷纷进入工地 东莞大围水利工程全面开工

——民工表示：要以"愚公移山"精神修水利 不全胜不收兵

本报讯：东莞大围水利工程，已全面开始动工。目前全部工程的八个工段（实为九个），成千上万的劳动大军已进入工地，正以火热的革命精神进行建设水利。

东莞大围工程分峡口、常平、企石、石龙、附城、莞城、寮步、大朗等八个工段（实为九个），预计有一万三千名民工参加工程的修建。本月13日开始已陆续有六千五百名民工纷纷进入了工地。再过三五天将还有一倍的民工继续到工地来，千军万马修水利的高潮正在掀起。

来自各地的民工都深深体会到，这次浩大的水利工程是自己的切身利益；是东莞有史以来的创举；是有共产党领导才能做到，是社会主义制度的胜利。因此民工们都纷纷表示不全胜不收兵；有些还集体写下决心书和发起互相间的挑应战，保证要用辛勤的劳动，把水利工程修好。

民工们进入工地后即以最大的劳动热情进行工作。在开工的第一天，常平区工段石坑乡二百二十四人，除开会时间，这天只劳动5小时，平均每人做得1.87土方；该区罗屋小队十九人，平均每人做得2.77土方；石龙工区也有一个小队二十人，平均每人也有两土方以上，都突破了1.8土方的初步工作定额。横江乡青年民工袁端，来了工地一直带病坚持工作，别人劝他，也不休息。寮步工区的民工们，每天早上都有百分之八十的人提前几个钟到工地开工；石龙工区有些民工，一早起床锄了百多担泥才天亮。莞城镇工段的各阶层人民义务劳动热情也很高涨，很多厂长、党支书带头搬石挑土；竹席社有些社员每担挑四泥箕到六泥箕土，坚持一天不减少；木薯社的老社员彭培兴59岁，和本社青年竞赛，劳动热情不亚青年人；莞城镇各街坊分会，原定每天出五十人义务劳动，但目前各分会的居民天天都来了百多人，超过了计划一倍以上。晚上其他工地的民工收工吃饭了，工地附近的爆石工人还继续爆石，还开夜工紧张取石，供应大堤和运河工程的需要。

（来源：《东莞报》1957年12月18日第1版）

动工的第一天

太阳出来的时候，莞城古老的南门城墙上，竖起了红布横条。密集的人群，手拿着铁锄、铁笔，在这里开始了第一天的义务劳动。

来到这城头上工作的五百多人，是东莞大围工程莞城工区的商业、工业大队。他们的任务是：把城墙下的红石拆下，搬到莞城中心区运河工程的两岸。

虽说是十二月的天气，但人们一点也没有这样的感觉。太阳给每个人的脸颊涂了红光，汗水把每个人的身躯油得闪闪发亮。

每个人都在辛勤地工作。国药行的李棠、余德良，他俩专捡大石条搬；鞋业社第一、二队搬了整天麻石条，木屐社的工人知道了，就过来抢着搬；平时被人称为"手拿不起四两铁"的毛巾厂厂长黄婉文，也争着搬运石头；五金社主任罗云东、炮竹厂厂长张日棠抱病抬石的事例，更加鼓舞着每一个人。工程队的黄继枝老伯说："什么时候见过像今天这样关怀我们的政府，开河是我们自己的事，我恨不得多干它几十天。"

太阳快要下山了。在回家的路上，人们在谈论这动工的第一天——12月13日。

（来源：《东莞报》1957年12月18日第1版）

即将完工的东莞大桥

长九丈，阔三丈六尺的东莞大桥，自3月14日动工至25日止，短短十一天时间内，基本完成了四个桥墩工程。现在已转入填倒三合土（混凝土）的阶段。到4月5日，除了一些装饰未完成外，大桥主要工程可以完工。4月底恢复交通。这座大桥全部用钢筋水泥筑成的。像这样大的桥梁还是东莞当前最大的桥之一。大桥完成之后，桥中央可通行汽车，两旁可行人，桥底可通行大只木船，就是在洪水期间也能航行无阻。现在参加大桥建筑的工程技术人员和全体工人用忘我的精神，不怕艰苦，日以继夜地劳动着。

（来源：《东莞报》1958年4月2日第2版 钟天福）

勇猛的干劲

——莞城大桥工地见闻

3月27日晚，莞城搬运站和草织厂的职工五十多名，像战士接受战斗任务一样，严肃地接受了莞城工区给他们的一百六十条大杉装卸搬运任务。他们健步开赴工地。

西北角那么黑，看样子可能下雨了。有位工友坚决地说，不管有雨没雨，任务总得完成，不然就会影响大桥的工程了！

闪时，隆隆的雷声由远而近，呼呼作响的西北风不断地向工地袭来，吹得工地的泥尘滚滚四处飞扬，电光闪闪。片刻，就是倾盆大雨扑打在工友们身上。可是谁也不理会。有的索性脱光衣服光着身子，如龙如虎猛抬、猛推；有的拉着大板车奔赴码头；有的跳到河里去捞杉。卢恩站长还带头下水直到把最后一根杉捞上来才上岸。就这样冒着狂雷暴雨苦战了一夜，不但完成一百六十条杉任务，而且超额了九十五条。任务完成了，时间也超过十二时，工友们带着胜利的微笑，踏上归途。

（来源：《东莞报》1958年4月5日第2版 钟天福）

东莞大围的主要工程之一峡口水闸建成通水

东莞大围峡口水闸在本月5号下午3时正式通水，峡内一带农民的期望实现了。放水的那天，该工区八百多民工，一齐至场观望亲自作的水闸的放水情景。

整个水闸共有二一点五米长，中央设有小门闸三个（每个三米），大门一对（共八点五米），它可以随着水退和水涨自动地开闭，自动通水。

该闸是从去年11月23日动工的，到现在已有四个多月。峡口工区的全体民工，经过战胜天寒地冻，暴风雨的袭击，经常从黑夜苦战到天亮，以忘我精神进行紧张劳动，才把过去的积满淤泥瓦砾的地方，变成为保证农业丰收的大水闸。

（来源：《东莞报》1958年4月12日第2版 袁沛）

东江河畔的夜

——东莞大围企石工地见闻

夕阳慢慢地移下西山去了。

黑夜来临,繁星满天,大地显得特别宁静。沿着东江河岸,从板桥村至柏洲边一带走,却出现一条长长的火龙,远远望去,简直似一条天河。这是一座多么繁荣美丽的城市啊!不!不是城市,而是东莞大围水利工程的一个工段——企石工地。人们的呼叫声,东江河水的急流声,数不清的灯火,这些,划破了天空的黑暗和沉寂。

民工们就在那条火龙的照耀下忘我劳动,冲锋的口号、愉快的歌声响成一片,多么振奋人心。他们就是这样不分白天黑夜、不分晴天雨天活跃在工地上进行艰苦的战斗。他们遇上了突击任务,甚至成为不夜天。他(她)们为了是什么?为了十八万人民的幸福,为了社会主义的明天。

民工们,人们将永远记念着你,光荣是属于你们的。

夜,是个不寻常的夜。

(来源:《东莞报》1958年4月12日第2版 苏秩培)

不平常的回声

——东莞大围工地见闻

劳作在东莞大围工地上的人们,听到了惠阳地区基层党委书记们将在15日来大围工地参观的消息以后,立即响起了一片不平常的回声。他们为了提前完成工程的任务,提出了"决心比石硬,意志比钢坚"这样雄壮的口号。连日来,莞城大桥工地上的民工,打起鼓,响起锣,日以继夜地劳动着;附城工区的民工谢光,创造了一天挑土五百八十一担的新纪录;"工地简讯"也传来了卢灿光每天打炮眼十一个的捷报。

4月15日这个不平常的日子来了。清晨,莞城工地上的麦克风(扩音器)还未响,民工们已开始劳作了。当惠阳地区基层党委书记们来到的时候,东桥工地上的"加油干呀"欢呼声和一百八十眼炮齐鸣声高插入云,继而来的是特别响亮的劳动操作声;在樟村工地上,给党委书记们看的也不是形形式式的欢迎会,而是干劲十足的劳动。一个基层党委书记向民工们问:你们这个工地的任务几天可以完成呀?"三天",他们异口同声地说。看,这是多么重而又有力的回答呀!他们的行动也感动了到工地参观的书记们,好多基层党委书记感动地说:这确是了不起的大事。对,他们说得好。的确,昨天还是理想的事情,今天变成了现实。这个工程在十天以后,承载着石龙、常平、寮步、莞城、厚街等地的二十八万亩的防洪、排涝和灌溉任务。

让没有人性的"龙舟水"再凶恶点吧,告诉你!回答你的,不是任你泛滥任你流,而是要你驯服,让你为人民而歌唱:

运河水,长又长,运河两岸稻米得,今天不同往日样,一年三熟多打粮。

(来源:《东莞报》1958年4月17日第2版 古琴)

大围工地日夜忙

东莞大围工程再有几天就要完成了。这几天中,民工们正在为响应指挥部的号召"苦战几昼夜,争取4月28日通水"而紧张地战斗着。他们准备在已经一昼夜苦战十四五个钟头的基础上再苦战几个通宵。常平工区在22日傍晚召开了战地会议。会上,全体干部提出:苦战再苦战,争取27日提前完成渠道全部工程。寮步工区发起的"跃进中队与突击手"运动,目前正在深入开展中。他们要求:全队平均每人出石2立方,突击手每天打炮眼8个,深度12公尺,或每天担泥700担。石龙工区集中了九个青年突击队的102人,突击落后地段,已经苦战了12天,每天劳动十六七个钟头,在淤泥到膝的泥塘里,每人平均每天能锄担土5.5立方。更动人的是东坑工区角社中队的170个民工。他们在22日晚的大会上表示,为了今年大丰收,"碌地沙"也要按期完成!第二天早上大多数民工为了节省往返宿舍时间,已将行李搬到工地的"露天宿舍"住宿,或者干脆干到天明。

深夜,长长的工地上,撑着无数的灯火在照耀着半个黑空,炮声、"冲锋啊"的喊叫声在冲破静寂的空间。

(来源:《东莞报》1958年4月26日第2版 方光)

欢呼我县水利建设的辉煌成就

——东莞大围建成 运河今天通水

史无前例，工程巨大的东莞大围已经竣工。围内运河决定在今天下午四时许通水，通水典礼在庆祝"五一"劳动节大会后举行。

东莞大围主要是为防洪排涝而建筑的。它是我县有历史以来最大的一项水利工程。这个工程完成后，能基本改变峡口十二万亩埔田的面貌，并对石龙以下东江沿岸的防洪起着保证作用。

这个工程自去年12月13日开工以来，经过成千上万的民工夜以继日地苦战，在春节前就突击完成了大围堤线。春节后，大力挖掘渠道（运河）土方，并组织大批人力，向渠道石方大举进军。民工们干劲很猛，纷纷表示要叫石头让路。民工们手拿铁笔，向顽石猛攻，每日爆破之声四起，就这样坚持到运河挖成。

大围工程非常巨大。从峡口起，至下屯止，筑有长达20千米的堤线，共担了八十九万多土方。人工开凿的排水渠，名叫"东莞运河"，共挖了一百八十多万土方。运河中还爆破和搬运了二十五万多石方。四个多月的苦战，所取得的成绩是巨大的。

大围工程共有木桥三座，水泥砌石的莞城大桥一座，水闸十座。莞城大桥横跨流经莞城的运河两岸，大大改变了莞城镇的面貌。水闸最大的是峡口水闸。闸位高八点七公尺，净宽一六点五公尺，长二十四公尺，通天闸门口宽七点五公尺、高八点七公尺，还有排水眼三个。

这项工程总工款达二百一十万元，国家投资了一百万元，其余全部由群众自筹。整个工程共使用了总工数一百七十多万工人。其中土工占一百零七万多工人，石工占二十三万多工人。

（来源：《东莞日报》 1958年5月1日第1版 骆渝文）

运河在奔流

喜庆的日子到来了！

五一节的早上，阳光普照，市民们以盛大的游行来表达内心的高兴。下关街尹老太太，一早吃过饭去参加游行。记者问她为什么这样高兴，她说："去年发大水，下关街的水浸到心口。现在运河修好了，不再受大水气了，怎叫我不高兴！"

市民是这样高兴，来莞城作客的人，又何尝不在高兴呢？几次把大桥挤得水泄不通，来自一二十里外的农民，为的也是来趁高兴，看看运河通水。坐在文化馆门口等着看通水的两位来自寮步和潢涌的农妇，她们的对话道出了农民的心里话："我们寮步人整天盼着修好这条河，现在河修好了，以后埔田就不再受水浸了。"

"政府真是好计划，替我们想得周到。"

"是好，是好。往后我们可以由寮步一直坐船到东莞城。"

民工比一般人还要高兴。在庆祝通水大会的会场上，记者见到了横江社爆石组的民工们，他们正兴致勃勃地谈着今天早上种树的情况。他们对记者说，虽然明天他们要走了，但今天早晨仍在运河两岸种了一千棵树。

种一千棵树来庆祝运河通水！这是多么好的礼物啊！时间已是五点了，运河快要通水了！人群从四面八方向河边移动。从北门桥头望莞城大桥，两岸红旗飘飘，万人簇拥，五时三十分，鼓在响，狮在舞，人在欢呼，桥头的鞭炮也燃点起来了，鞭炮的红絮迎风飞舞。县委书记袁卫民走下堤堡，拿起银剪，剪断了横过堤上的彩带。

鞭炮的红絮，象征着群众的革命干劲的红絮，飘落河中，染红河水。

紧接着，几十个穿着绿色背心的青年突击手，像一条矫健的游龙奔下堤去，抡起锄头，猛地锄着。看了他们那副紧张样子，可知道这群小伙子谁都想上游的水最早地从自己手锄的缺口流过。

缺口锄开了！第二个缺口锄开了！五时四十五分，六个缺口全锄开了！六条黄色的瀑布，带着鞭炮的红絮，冲击而下，其势如万马奔腾，不可阻挡，滚滚的波涛，把拦河的大石冲得翻来翻去，蔚如壮观。渐渐地，瀑布的长度缩短了，水满了，满了！终于没过河床里的石堤。

运河在奔流，她像全县八十万人民汹涌澎湃的革命热情一样，永不遏息。

（来源：《东莞日报》1958年5月3日第2版）

开凿运河先进事迹报道

他保持着部队的光荣传统

峡口工区有一个民工,提起他的名字,全区民工没有一个不知道。他就是黄满海。

黄满海是去年年底从部队转业回来的复员军人,在到工地后的几个月中,始终保持着部队的光荣传统,工作任劳任怨。今年3月一个风雨交加的晚上,黄满海脱了衣服,赤着身子,坚持担土锄泥。民工们被他忘我劳动的精神感动着,都不顾停工,一直干到早上三点才罢手。在休息时间,黄满海常常讲部队艰苦奋斗的故事,对民工鼓舞很大。他还把在部队学来的爆破技术,教给爆石的民工。由于他工作这样苦干,善于联系群众,所以这次获得大围指挥部的特等奖。

钟主任吃苦在前

附城工区主任钟志,在修建大围中,吃苦在前,事事带头。今年初,寒潮南侵,天气很冷,不少民工认为不能开工了,钟志却照旧去出勤,感动得其他民工也跟着去。4月17、18两日,他又带领了11个民工苦战了两个通宵,把莞城大桥两侧的废物清理好,为国家节约一百多元。

老当益壮的刘吉

获得特等奖的民工刘吉的模范事迹是很感人的。每天,东方还未发白,雄鸡刚报晓——大约是四点钟的时候吧,刘吉就起来锄泥了。他锄了几十担,其他民工才起床。苦干的结果:经常超额完成任务百分之五十。

有一次,刘吉已劳动了一个整天和半个晚上,身体疲乏不堪,本该要休息了,但因工区急需器材用,他又乘夜赶回农业社去拿工具,回来时天快亮了,他也不休息一会儿,又去出工。刘吉今年50岁,真是老当益壮。

挑土能手——黄锦涛

黄锦涛是黄家壆社的社委,又是企石工区的挑土能手。他个儿高,清瘦,年纪已是三十一,但他却参加了青年突击队。而且,又真正起到了突击作用。他挑土最多最快,每担起码二百斤重,创造了企石工区每天完成16.3个土方的最高纪录。黄锦涛还经常鼓励别的民工要好好劳动,争取早日完成大围任务,保证今年农业大丰收。在这次评模中,他获得特等奖。

不平凡的爆石组长——韩尹春

韩尹春是寮步工区石龙坑中队的爆石组长，是个刚从部队复员回来的军人。由于他刻苦钻研，同群众商量，结果得出跟石纹打炮眼的经验，使爆石效率大为提高。4月21日，因火药发生爆炸事故，他当时被炸得晕倒，失了知觉。当在医院醒来时，他就问别的同志的生命安全。经医生检查，他脚被杉和瓦砾压伤，背被火药烧伤。他在医院三番四次要求出院，重返前线。医生被他这种忘我的精神感动，同意出院。由于爆石任务繁重，他带伤苦战通宵。这次他被评为特等模范。

钟袁灼担泥如火箭

大围胜利完成时获得特等奖的挑土能手钟袁灼，他在开始挑土时就提出自己奋斗的目标——争取做个突击手。因此，他不论挑土、抬石，都跑得像火箭，终于创造了高额纪录，每日挑土一千担（二十五公尺远），超定额两倍多。他这样积极地工作，为的什么，目的是工程的早日完成。

优秀小队长——尹柱洪

西溪队有个小队长，名叫尹柱洪。在去年冬潮上涨的时候，泥塘、工具都被潮水淹没了，温度计的红线指着三四度，但民工已来到工地，他看到民工就要罢工，自己就脱了衣服，跳下水去打捞工具，使民工能够及时工作。由于他以身作则，事事带头，民工劳动精神饱满，该小队受到多次的奖励。

打眼能手——陈应根

石埗中队有个陈应根，是个诚实的老农民。在工作中，他联想起去年自己的社，有两千亩田受灾失收，使社员收入减少。因此他在开凿运河的打眼中，出尽九牛二虎之力，进行密打猛插，中途遇到石胆，他毫不畏缩，坚决插下去，创造了大围打炮眼最高纪录。一天打十一个洞，共有十六点三公尺深，在大围竣工评模中，他荣获一等奖。

社里的好干部 大围好模范——钱全树

在大围评模中，荣获特等奖的钱全树，他是社里的好干部，他也是大围的好模范。

他在领导上，能做到发扬民主，以身作则，在最艰苦中挺身而出。当寒潮降临东莞大围的时候，他提出战胜寒潮的口号，当冷到不能开工的时候，自己首先脱了鞋袜，带头出勤，全区民工在他影响下，无一缺勤。为着公路提早通车，他带领青年突击队，苦战一个通宵，把公路桥提前完成。

（原载《东莞日报》1958年5月3日第2版）

样样能干的周金炳

常平工区有个突击队副队长,他的名字叫周金炳。他由始至终艰苦地工作着。他带头组织青年成立打碪突击小组,在打碪时,打得又快又好。在休息时他不休息,又参加挑土,每日能挑一百二十担。在转入爆石时,他又是个打眼能手,当手掌上起了血泡亦坚持工作。大雨后春潮上涨,他带领突击队修堤,苦战一个通宵,保护着整个工区的泥塘不受春潮的侵袭。他的成绩优异,荣获大围的特等奖。

女大力士——卢兰妹

在附城工区提起女大力士是无人不认识的,她就是女民工卢兰妹。她在工作中忘寝忘食,干劲最大。在抬石时,她不怕困难,石头不论大小同样干,每日能抬二百五十次(七十公尺远),比其他民工快五十次。在开夜工时,她亦和男青年一样,苦战到深夜。她在评模中荣获一等奖,这是妇女中的好榜样。

出色的中队长——苏进培

东坑工区中队长苏进培,原是东冲社的生产主任,他很关心大围的工程,他亲自带领社员来参加建设。他对每件工作,都抢先去做,给民工教育很大,个个信心十足,使该队被评为单位特等奖,他自己也荣获一等奖。一年一度的春节,广大民工回家团聚,而他不计较个人利益,自己留下来,做好保卫和排水工作。当暴雨来临的时候无人出勤,他带头领导突击队出勤,感动得其他民工说:"人家做得,为什么我们做不得呢?"从2月21日起他就晚晚坚持开夜工,他的眼睛挨得通红了,民工们劝他休息,他仍坚持工作。

专抬大石的张秀琼

共青团员张秀琼这次荣获大围的特等奖。她在大围的建设中,工作积极肯干。她虽是妇女,但一样做男人的工作,专抬大石,不怕辛苦,民工们看了很感动。她还能做到早出晚归,经常冒雨进行工作。

优秀保健员

尹沛林是寮步工区的优秀保健员,他对工作热情负责,艰苦深入,经常出工地巡回医疗,对民工服务态度很好。在流行感冒时,他亲自动手清理和迁移厕所。民工在他带动下,搞环境卫生,劲头很大,在一天时间内将工棚内外及厕所清理得一干二净。

大围工地的尖兵——上周塘突击队

在大围工地上,有许多支尖兵,他们不怕任何困难,哪里最困难就突击哪里,哪里最艰苦便在哪里出现，石龙工区上周塘突击队就是许许多多尖兵中的一支。在开始担渠线土方时，石龙工区有些工段不是石片、石子多，便是淤泥深，有些民工都不十分愿意到那里去，上周塘突击队员们却自告奋勇到艰苦的工段去，他们带动全体民工，克服了困艰，提前完成任务。2月初，工区还未开始开夜工，突击队为了争取早日完成任务，主动带头夜战，经常做到十点、十一点，第二天天未亮又去出勤。在施工的最后阶段，他们更日做夜做，力争提前完成任务。在劳动竞赛期间，他们是最活跃的一个队，队员陈礼畴、杨海，每天担泥至少十二方，创造工区担泥的最高纪录。顽强战斗的上周塘突击队，是民工的旗帜，在评模中获得优秀突击队的光荣称号。

一支出色的战斗队

商业大队是莞城工区屡次获得流动红旗的模范大队。他们在完成工程任务中，遵循着勤俭办一切事业的方针，充分发挥了劳动积极性，提前完成了任务。12月底的一个晚上，天气很冷。莞城水闸防水堤的椿木断了几次，若不及时抢救，防水堤就会崩塌。商业大队接到抢救通知后，即时组织了一百五十多人前往抢救，从七时一直抢救到十一时。他们中有不少人连晚饭也没来得及吃就去抢救的，他们都不以为苦。这次抢救使国家减少了二千多元的损失。清基工作完成后，原定计划闸基是要打椿的，费用要六千八百多元，后经商业大队和技术人员的试验，证实闸基是可以不打椿的，这样又为国家节省了一笔钱，还减缩了工程时间，在广州水泥工人来到时，商业大队组织了四十多个民工，参加倒三合土工作，连干了四天，使四条隔水墙提前四天完成。商业大队这种发挥当家作主精神，大胆想，大胆干的行为，受到大家的钦敬，商业大队在这次评模中获得单位特等奖。

特等打硪组

常平工区有两个特等打硪组，一个是苏坑组，一个是桥子组。这两个打硪组，干劲大，效率高，质量好，能想办法节省国家资财。这两个组中，以苏坑组最为突出。苏坑组全部是由突击队员组成，他们早上四五点就出工，晚上十点钟才收工。

有一段时间，圆硪不够用，苏坑组想办法用石柱茓来代替。石柱茓每个有三百五十斤，比圆硪重四五倍，用起来极费力，但打得平而实，效率比圆硪快三分之一。在保证规格质量的情况下，苏坑组的民工利用休息时间，包打斜坡，还积极去担泥，在一百二十公尺远距中，每天能担到一百二十担泥，加速了工程进度。

（来源：《东莞日报》1958年5月1—5日第2版）

水质改善环境好　　运河又见白鹭飞

东莞阳光网讯（全媒体记者 苏婵 陈文俊）有一种鸟，有它们在的地方，就意味着空气清新，环境优美。有市民说在莞城运河边，也发现了它的踪迹。

市民甘先生："在运河边走的时候，很惊讶地发现有一只白鹭在那边，其实我也不太确定那只鸟是不是白鹭，还有它在那边出现，是水源干净呢，还是只是一种偶然？"

记者来到莞城运河西二路，等待了一会儿之后，果然发现了一只白色的鸟儿飞来。

市民："有时候两三只都有，天天都来，每天都来河边。"

东莞市观鸟协会副会长阮少壮："它叫白鹭，因为身姿优美，看起来很有仙气，特别是繁殖期的时候，会有一些蓑羽出现，很蓬松。当它站在树顶的时候，就会觉得这种鸟怎么这么漂亮。"

白鹭是国家二级保护动物，它择地而栖，对大气、水质等环境因素非常敏感，是生态环境指标生物之一，被称为空气和水质状况的环境监测鸟。繁殖期较喜群居，平时也有单独生活的情况。白鹭不是候鸟，而是一种涉禽，近年来偏爱在东莞定居。不仅运河附近出现白鹭，东城、万江、中堂、企石、东引运河流域等镇街、河流都有成群白鹭的身影。

东莞市观鸟协会副会长阮少壮："近年来得益于大家对于生态环境的保护，这种鸟目前处于无危状态，一些湿地都能看到这种鸟，在东莞比如同沙生态公园、蔡白湿地、东莞市香蕉蔬菜研究所，还有华阳湖湿地这些地方都可以看到白鹭的身影。"

市林业局专业人士表示，白鹭能在运河现身，与运河水质不断改善、沿岸树木成林有着密切的关系。运河里游动的鱼虾，为白鹭提供了丰富的食物来源。白鹭的到来，反映出东莞的生态环境变得越来越好，东莞人与自然和谐共处的景象已成常态。

东莞市林业局总工程师徐正球："这是整体环境变好的一种征象，这些年各级政府加大力度投入，比如我们林业局加大湿地公园建设，这么多年已经建了 23 个湿地公园，其他部门加强对水污染的治理，整个大环境在变好，在变好的情况下，鸟类就回归自然，数量品种增加。我们呼吁广大市民进一步加强保护野生动物的意识，我相信环境会越来越好，鸟的品种和数量也会越来越多。"

（来源：东莞广播电视台《今日莞事》 2020 年 11 月 19 日）

攻坚克难治污染　东引运河碧水还

冬日的东引运河，微风吹来，河中碧波荡漾，岸边树林中不时地飞起几只白鹭。这条穿城而过河流，一天比一天清澈，一天比一天更加接近它原生态的面貌。

全面打响水污染治理攻坚战以来，市东引运河现场指挥部坚持"科学、系统、精准"的治水原则来推动东引运河樟村国考断面达标工作，通过全流域一张网，大兵团推进治污工程，多方联动，多措并举，东引运河治理取得明显成效。

2020 年 1—12 月，东引运河樟村国考断面水质达Ⅳ类，对比 2019 年同期，水质由劣Ⅴ类好转至Ⅳ类，氨氮平均浓度 1.30mg/L，同比下降 74.4%，总磷平均浓度 0.09mg/L，同比下降 73.5%。根据 2020 年 12 月最新水质检测结果，流域内 278 条河涌，有 241 条消除黑臭，消除黑臭比例达 86.7%。

成效明显　流域内河涌旧貌换新颜

"2019 年以来感觉运河的水比以前更清了，也没有臭味，我有空的时候，也会带着小孩在河边玩。"家住莞城富通自在城的邓先生告诉记者。

不仅干流水质变好，经过综合整治后，东引运河一大批支流水清岸美，成为居民休闲的打卡地。

桥头镇小海河、面前湖排渠，石排镇向西排渠，东坑镇东坑内河，横沥镇石涌新排渠，寮步镇西溪河，东城黄沙河，一条条内河涌成为城市的生态景观带，带动周边人居环境旧貌换新颜，居民的幸福感、获得感明显提升。

从"掩鼻而过"到还水于民，群众生活环境的改善，正是东莞全力攻坚东引运河整治的最好诠释。

东引运河属于东江的一级支流，流域樟村断面上游涉及桥头、企石、横沥、东坑、石排、寮步、茶山、东城、松山湖、大朗、常平、大岭山、黄江等 13 个镇街（园区），常住人口约 323.68 万人，各级河道 278 条，均超过全市总量的三分之一。

工厂多，人口多，小作坊杂乱，污水尚未全面接驳入管，是东引运河治理的难题。在综合整治前，由于污水管网尚未全覆盖导致污水直排，东引运河成了一条纳污河流，干流和支流都存在不同程度的污染。住在河边的居民都知道，早些年由于污染严重，站在东引运河边上，都能闻到臭味。

面对人民群众对美好生活环境的需求，东莞适时打响东引运河流域综合整治攻坚战。2019 年 6 月，东莞成立东引运河流域综合整治现场指挥部，按照全流域一盘棋的思路，在流域内开启大兵团作战。

铁腕治污　攻坚克难啃下"硬骨头"

"以水质达标为导向,以完善污水管网系统为核心下好一盘棋,织好流域'一张网'。"市东引运河现场指挥部的成立,改变了流域过去"碎片化、分段式、工程互不连通"的治理方式。

面对时间紧、任务重的局面,东引运河流域吹响了攻坚的号角。2019年、2020年连续两年市东引运河现场指挥部发起百日攻坚行动,通过明确攻坚目标和思路,采取务实管用举措,落实落细各项攻坚任务,全面统筹推进樟村断面综合治理工作,按照时间节点完成了任务。

为加快推进流域水污染治理工作,倒逼责任主体完成目标任务,我市在东引运河樟村国考断面流域建立了市领导包干督导重点支流污染整治工作机制和领导包干督导重点污水处理厂工作机制,取得了明显成效。

市东引运河现场指挥部利用市—流域—镇街三级指挥联动机制,统一思想、统一路径、统一规程。通过研究制定22项任务要求、12项专项工作、13项重点攻坚任务,为东引运河流域治理明确了攻坚思路,对流域治理中遇到的"硬骨头"问题,及时会商,专人跟进协调解决,确保按时间节点完成。

技术咨询现场解决问题,每日监测水质及时掌握变化,及时通报各镇街工作进度,对滞后的问题进行跟进督办,共发出提醒函、督办函合计212份……种种工作措施形成合力,有效推进了各项工作,确保了东引运河流域各项治理任务的工作进度。

控源截污　流域内短板基本补齐

在全面打响水污染治理攻坚战以前,流域内也存在着水污染治理工程设施不足的短板。

2019年以来,通过统筹推进樟村断面综合治理工程,东引运河从污水收集管网、污水处理设施、雨污分流、河涌综合整治等方面系统发力,经过大兵团作战和百日攻坚行动,流域内水污染治理设施短板逐渐补齐。仅仅污水收集管网一项,截至目前流域内共新建成4290千米。

我市在东引运河流域还将提升污水处理能力作为一项重点工作来抓,污水处理能力从2018年每天108万吨提升至目前的每天171万吨。

2019年以来,东引运河流域对地下管网开展了全面的摸排。"建设雨污分流管网相当于治病,而地下管网摸排就相当于是'把脉',只有摸清地下管网存在的问题,才能对症下药,打造清晰的雨污分流排水系统。"

一组数据可以看出工程量之大,攻坚之难。通过主干管清淤修复、错混接整改、入河排污口整治等工作,流域内完成主干管清淤72千米,修复主干管23千米,完成市政地下排水系统雨污错混接整改9772个,完成入河排污口整治9481个。此外,截至12月底,累计完成了5558个排水单元地块污水接驳以及12349个重点排水户雨污分流。

在控源截污的基础上,流域内对172条河涌开展水环境整治工程,已完成清淤124条,完成全部142条暗渠的清淤任务,并整治了其中的115条。

经过综合整治后,流域内河涌水环境明显改善,流域内278条河涌,有241条消除黑臭,消除黑臭比例达86.7%,有86条河涌达Ⅴ类水以上。

未来,东引运河流域将进一步提升污水处理能力,完善污水收集系统,深入推进河涌水环境整治工程,强化生态环境监管执法,确保流域内实现水清岸美、鱼翔浅底的生态美景。

(来源:《东莞日报》"i东莞" 2021年1月5日,文字:范德全,摄影:程永强,编辑:符德明)

东莞市:"四位一体"推动水务高质量发展

荣获"全国水生态文明城市""国家节水型城市"称号,2020年河湖长制、水土保持目标责任2项工作考核被广东省评为优秀等次,石碣泵站扩建工程、松山湖犀牛陂排渠整治工程获得"大禹奖"……

地处珠江三角洲几何中心地带的广东省东莞市,一个个因水成就的梦想跃然眼前。

华阳湖畔,轻柔的粤剧小调不绝于耳,音乐与湖面波光一同浮动;滨海湾新区滨海驿站,水鸟轻点水面,游人驻足拍照;"三江六岸"滨水岸线示范段,水边绿植叶片随风轻摆,广场上笑声连连……处处可见的人水相亲、人水和谐画面,是东莞市推进水务高质量发展最生动的诠释。

华阳湖国家级湿地公园、生态园国家城市湿地公园、黄沙河海绵城市生态公园和一大批综合整治后的河湖碧道,成了市民亲水休闲游乐胜地。人民群众真正享受到了水资源、水安全、水环境、水生态"四位一体"治理的幸福成果。

目标导向 多方联动,守护一湾碧水清如许

东莞市是粤港澳大湾区重要城市,处东江下游、珠江口东岸,河涌密布,水道纵横交错。东引运河环抱半个东莞,东江干流横亘东西,石马河水纵贯南北,百余座中小水库点缀其中。历经几代东莞水务人的艰苦奋斗,百姓饱受"洪、涝、旱、咸、潮"五患之苦的景象不复存在,今天的东莞,已是岭南水乡中的一颗璀璨明珠。

品质东莞,以水为要。东莞市围绕融入粤港澳大湾区,以"促进建设宜居、宜业、宜游的品质新东莞"为目标,搭建水资源、水安全、水环境、水生态"四位一体"治理体系,以目标为导向,加强顶层设计,精准施策发力,持续在"强"字上下功夫、在"准"字上谋实招，书写水务高质量发展新篇章。在全面推行河长制工作中，市领导担任市级河长，市四套班子领导挂点督导重点河涌，市镇村三级河长实现河湖管护责任全覆盖。

东莞市水务局近年来以党建为引领，全面加强政治建设、思想建设、组织建设和作风纪律建设，全面推进党建与业务工作深度融合。立足整体目标，不断夯实基础，保障防灾减灾安全；持续开源节流，保障水资源安全；围绕提标提质，保障城市供水安全；强化治理保护，保障水环境安全，实现黑臭河涌清零的目标。

治理成果来之不易，百姓也倍加珍惜越来越好的水生态环境。自2017年至今，累计有200万人次参与市河长办举办的"河湖保洁日""河湖治理大家谈""跟着河长走碧道"徒步活动，参评"最美河长""最美河涌""最美巡河志愿者"评选活动。"民间河长""河莞家"志愿者等民间力量日益壮大，凝聚治水合力，营造人人爱水的社会氛围。

"目前我们正在推进'智慧水务'的设计工作，以及河长制综合管理平台和'生态绿币'激励机制建设工作。同时，探索利用卫星遥感数据完成河湖'四乱'（乱占、乱采、乱堆、乱建）问题核查工作，提升监管效能。"东莞市水务局工作人员表示，"十四五"时期，智慧水利建设是水利高质量发展的重要实施途径，也将助力水环境治理的提档升级。

从"河涌黑臭，蚊子乱飞"到"水清岸明，花红柳绿"，水务改革发展彰显出的全新面貌，是东莞水务人智慧与汗水的结晶。

绿色为先　安全为本，打造百姓亲水生活圈

东莞市沿江靠海，是一座依水而居、因水而兴的现代都市。

面对台风侵袭，东莞市多年来全力推动水务责任体系构建、隐患排查整治、防洪投入保障、应急演练抢险等"四个全覆盖"，有效应对"妮妲""天鸽"等台风及强降雨灾害。

在加快补齐堤防存在薄弱环节的基础上，东莞市将防洪排涝工作融入万里碧道、城市品质提升及海绵城市等工作，加快推进沿海水乡片、石马河干流堤防达标建设。"十三五"期间，东莞市累计完成102个易涝点整治任务，每逢强降雨期间，安排专人24小时值班备勤，确保群众生命财产安全。

东莞曾是工业大市，电子科技产业的发展带动经济飞速增长，但生产生活污水直排入河曾十分普遍，生态环境遭到破坏。

治河必先截污。近年来，东莞市全部封闭沿河排污口，居民生活污水接入市政污水处理管网，实现雨污分流。"一边控制污水来源，一边通过污水净化设施及生物处理方法等，提升河流净化能力。"市水务局工作人员说。

"抓住国省考达标这个关键点，市里建立了治污指挥新体系。"据相关负责人介绍，东莞市建立了市级—流域—镇级水污染治理指挥体系，三级治水指挥部系统共有730人，以大兵团作战方式开展茅洲河、石马河、东引运河、东江下游片区四大重点流域综合治理，确保完成国家、省下达的水质考核目标。全方位综合施策、全流域统筹治理之下，9个国省考断面水质保持达标，茅洲河、石马河等重点流域水质全面达标，2020年国省考断面水质综合指数改善幅度排名全国第三、全省第一。

东莞市人口超千万，规模以上工业企业上万家。虽河涌密布，但水源单一，全市90%的供水来自东江，属于缺水型城市。保障供水安全、优化水资源配置，对东莞而言意义重大。

对此，东莞市出台《东莞市供水安全保障规划》，推进珠江三角洲水资源配置工程东莞配套工程建设，建成石马河河口东江水源保护一期工程，构建东江西江、水库、水厂互联互通的供水格局。预计到2024年，东莞市民和在莞企业就能通过"地下长河"用上西江水。

按照《东莞市"供水一张网"整合工作方案》，东莞市推进全市"供水一张网"建设。"十三五"期间，东莞市新建改造老旧供水管网2656.69千米，整合镇村水厂59座，全市出厂水水质平均综合合格率为99.82%，供水管网漏损率低于10%，均达到国家"水十条"的有关要求。不仅千万市民用水得到了保障，而且成功创建"水生态文明城市"和"国家节水型城市"，走出了一条发展与保护并进、资源节约与环境友好共存之路。

在东莞市东江南支流沿岸，清澈的江水倒映着绿树红花。水务局总工程师谭淦标回忆，多年前他所在的办公区紧邻东引运河，但"夏天再闷热，也不会开窗通风"。那时的东引运河黑臭难闻，经过几年治理，如今已恢复清澈，重焕生机。

治污只是开端，长效管护才能实现长治久清。谭淦标介绍，东莞市2019年出台《东莞市河涌水环境综合治理攻坚战三年（2019—2021年）行动计划》，同时结合河长制，严格开展水行政执法，高质量推进碧道建设。

截至目前，全市完成整治污染河涌610条，22条城市黑臭水体稳定消除黑臭，纳入省河湖"清四乱"范围的503宗河湖问题全部完成销号，完成全市669条河涌（1146段河段）两岸"清6米"，麻涌镇华阳湖18.3千米碧道成功纳入省级万里碧道"1+10"试点建设范围并完成建设，全市建成碧道约140千米。

在"一环一网、多廊串珠"的碧道建设总体布局中，东莞竭力打造"水清岸绿、鱼翔浅底、水草丰美、白鹭成群"的碧道，力争实现到2022年完成不少于350千米、2025年完成不少于600千米、2030年建设1000千米的碧道建设总体目标。

一张交织安全、生态的绿色巨大水网，在东莞大地上缓缓铺开，守护水乡沃土，造福莞邑百姓。

融合发展　共享成果，开启幸福河湖建设新篇章

2020年，作为国家湿地公园试点和广东省万里碧道试点的麻涌镇华阳湖国家湿地公园，正式通过评估验收并挂牌。今年，这个集休闲旅游、农耕体验、科普文化、城市生态功能于一体的湿地公园又增添了"一抹红色"——公园北侧广场上搭建的党建学习走廊，成了全市各部门单位开展党建活动的红色教育基地。

"看，这片原来是小制造企业的彩钢板房，现在引进了科技型企业。"在华阳湖国家湿地公园门口的展示墙前，镇农林水务局副局长莫灼华指着公园打造对比图说，几年前，华阳湖周边是鸡棚鸭舍和私挖鱼塘，土地租给小企业、作坊的价格仅为每平方米1元。如今，虽然租金涨至45元每平方米，仍有花卉园、观光园、农业生态园等园区争相入驻。在华阳湖周边，"古梅乡韵""曲水岸香"等14个生态宜居美丽乡村各具特色，村民在华阳湖国家湿地公园及周边园区从事香蕉种植、管护等工作，实现就近就业。

"今后，我们将打造更多像华阳湖一样的美丽河湖、湿地公园，让综合效益充分释放，更好惠及发展、惠及社会、惠及市民。"市水务局工作人员说。

万江街道滘联社区毗邻东江支流，拥有700多年的历史，素有"龙舟窦"（即"龙舟藏身之所"）的称号。"社区以污染防治攻坚、环境生态修复、人居环境提升、传统水文化弘扬为切入点，打造'美丽乡村、厚德滘联'名片。"社区书记李婉乔介绍，经过近几年的集中整治和规划，村庄一改"路不通、水不畅"旧貌，成了"一步一景"的水美社区。每年"正丫起龙"活动和龙舟赛事，吸引国内外游人前来观看。

从百年古村到活力水乡，兼具传统魅力与现代活力的滘联社区，传承弘扬龙舟文化，让居民乐享美好生活。在东莞市，蝶变的水岸乡居越来越多，美丽乡村描绘乡村振兴新画卷。

坚持不懈治水、管水、护水、爱水，换来硕果累累。在美好水生态、水环境的基础上，东莞还结合水文化、科教产业、商业综合体等，打造连片滨水产业，建设高品质滨水公共空间，为区域经济发展注入新动能。

水，是东莞发展的命脉所在，也是粤港澳大湾区发展的重要支撑和纽带。展望未来，东莞市将坚定贯彻习近平生态文明思想，坚持"节水优先、空间均衡、系统治理、两手发力"的治水思路，立足"双万"新赛道并冲刺更高发展目标，充分发挥河湖长制作用，建设美丽健康幸福河湖，系统构建与东莞现代化建设进程相适应、与市民群众美好生活需要相匹配的水务高质量发展体系，为东莞在"双万"新起点上加快高质量发展提供坚实的水务支撑和保障。

（来源：《中国水利报》 2021年12月14日 郑贤）

后 记

东莞运河，至善至美，春去秋来，汩汩流淌。她是天南海北东莞人难以忘怀的情结，是东莞厚德务实的精神象征。数十年来，岁月流逝，悄无声息，有关运河前世今生的记载还碎片化地散落在卷帙浩繁的文件里，尘封在一代代水利人的脑海中。人们千呼万唤、望眼欲穿，企盼能有一本详细全面记载运河历史的典籍出现在世人的面前。

2022年3月，东莞市水务局研究决定启动东引运河纪实编纂项目。经过调查研究、资料搜集、经费筹措等前期充分准备，8月正式印发《东引运河纪实编纂项目编纂工作方案》，成立以陶谨为主任，刘毅聪、莫雪峰、王建龙为副主任的编纂委员会和以王建龙为主编的编辑部，特邀刘丹老师担任志书总纂，邀请退休老领导、老同志为志书顾问，由市水务局办公室总统筹，联合市运河治理中心，全面展开编纂工作。

志书编写历经三载寒暑，2022年启动当年底即形成初稿，前后经历4次大的调整和若干次小修改，纲目从最初的16章整合精简到7章，内容丰富到45万字，经广东省水利厅指导、东莞市人民政府地方志办公室审查，终于2024年定稿成书。顺应人们的殷切期望、凝聚莞邑人文特质、绽放东莞水利精彩的《东莞运河志》正式出版发行，可喜可贺。

志书的付梓出版，是集智聚力、众手成书的结晶，离不开各级领导、专家和社会人士以及相关单位的大力支持。陶谨局长非常重视志书编纂，部署推动，督导推进，把关审定。王建龙调研员悉心组织指导，严格全面审核，逐篇逐句逐字修改志稿。李集坚主任联系老领导、老同志积极参与志书审稿，对志书编写提出真知灼见。袁满洪、罗进生、叶赖成、卢李波、王国强、刘应芳等老领导投入满腔热情，分享运河真实故事，提出多方面的宝贵意见。志书编写过程中，得到中共东莞市委办公室、市委老干部局、市委党史研究室、市人民政府地方志办公室、莞城街道办、市自然资源局、市生态环境局、市统计局、市交通运输局、市气象局、市档案馆、市方志馆、市城建档案馆、市测绘院、市水利勘测设计院、市水利学会、市文化馆、市博物馆、市规划展览馆、东莞展览馆、东莞航道事务中心、东莞中学和水污染治理指挥部等单位的热心支持。市水务局、市运河治理中心各科室为志书提供了大量资料。另外，志书还参考选用了媒体记者、摄影师、专家学者等各界热心人士的珍贵照片和文稿，提升志书可读性和使用价值。恕不一一列举，在此，一并致以诚挚的谢意！

由于志书的时间跨度比较大，专业性强，受编写人员的水平和见识所限，疏漏错误之处在所难免，恳请各位专家和读者谅解并指正。

《东莞运河志》编辑部
2024年12月